高职高专系列教材

化学实验技术(上册)

(第二版)

姜　璋　索陇宁　主编

中国石化出版社

内 容 提 要

本书主要以无机化学、有机化学实验的一般知识为主，内容包括无机化学、有机化学实验常识，基本操作，无机物制备和分析，化学实验基本操作，有机物基本分离技术，有机化合物的制备技术等。

本书适用于从事石油化工生产、石油化工科研工作的实验人员以及石油化工类大专院校相关专业的师生学习参考。

图书在版编目(CIP)数据

化学实验技术．上册／姜璋，索陇宁主编．—2版．—北京：中国石化出版社，2013.2(2024.8重印)
高职高专系列教材
ISBN 978-7-5114-1800-5

Ⅰ．①化… Ⅱ．①姜… ②索… Ⅲ．①化学实验－高等职业教育－教材 Ⅳ．06-3

中国版本图书馆CIP数据核字(2012)第275293号

中国石化出版社出版发行
地址:北京市东城区安定门外大街58号
邮编:100011 电话:(010)57512500
发行部电话:(010)57512575
http://www.sinopec-press.com
E-mail:press@sinopec.com
北京中石油彩色印刷有限责任公司印刷
全国各地新华书店经销
*
787×1092毫米 16开本 12.5印张 295千字
2013年2月第2版 2024年8月第2次印刷
定价:30.00元

前　　言

为了适应我国经济和社会的发展，培养祖国的建设人才，教育战线也发生了深刻的变化，从过去的学科体系为中心向职业技术培养为中心转变。职业技术教育更加强调人的整体素质和动手能力。为此，兰州石化职业技术学院着手成立《化学实验技术》编写委员会，修订了教学计划，优化组合了无机化学、有机化学、分析化学、物理化学等四门课的实验，综合形成一门具有更加重视实践技能的《化学实验技术》课。

化学历来具有理论与实验并重的好传统。过去“四大化学”在讲课的同时，都开设相应的实验课，大多为印证性实验，以增加学生的感性认识，这是很必要的，但由于实验课不是独立设置，学生对实验课不够重视，往往只注意照方抓药，忽视了科学思维与动手能力的培养，学生在化学实验室的独立工作能力不强。为了加强学生在实验室的动手能力，培养学生掌握较全面的化学实验知识和具备较强的独立工作能力，为学习后续课程及将来从事化工生产小试、质量检验、环境检测等工作打下基础，教学编写委员会决定将“四大化学”的实验课综合成独立设置的《化学实验技术》课。这门课程按化学实验基本操作技术、基本测量技术、物质的物理常数测定技术、混合物分离技术、物质的制备技术、定量分析技术、化学和物理变化参数测定技术等分类，删繁就简，避免不必要的重复，由易到难，循序渐进，增添一些新的实验内容，特别重视强调基本操作、基本技能及方法的训练。这样做无疑将使学生更重视化学实验，提高实验兴趣，并接受较系统的训练，将来更加适应化工生产第一线的需要。

《化学实验技术》编写委员会以汝宇林为主任委员，以史文权、冯文成为副主任委员，姜璋、高兰玲、索陇宁、白小春、郭薇薇、甘黎明、陈淑芬、乔南宁、孙金禄、郭世华为委员。姜璋、郭薇薇编写《化学实验技术》(上册)无机化学部分，索陇宁、陈淑芬、郭世华编写有机化学部分；高兰玲、甘黎明、乔南宁编写《化学实验技术》(下册)分析化学部分，白小春、孙金禄编写物理化学部分。

本书也适应于从事化工企业化验室、化学化工类科研机构、矿产与冶金等行业的人员作为参考书。

限于作者水平，书中还有不尽如人意的地方，在教学过程中还会发现一些错误和疏漏之处，希望广大师生在使用这本书的时候，提出宝贵意见。

《化学实验技术》编写委员会

目　　录

无机化学部分

有机化学部分

无机化学部分

第一章　化学实验室常识

第一节　化学实验常用器皿

化学实验常用的仪器、器皿、用具种类繁多，成套成台的仪器设备将在今后实验使用时单独说明，本节仅介绍常用的玻璃仪器及其他常见简单器皿和用具。

一、常用玻璃仪器和其他器皿

1. 试管与试管架

(1) 规格及表示方法：

① 试管按质料分为硬质、软质试管；又有普通试管和离心管之分。普通试管有平口、翻口，有刻度、无刻度、有支管、无支管、具塞、无塞等几种(离心试管也有具刻度和无刻度的)。无刻度试管以直径×长度(mm)表示其大小规格，有刻度的试管规格以容积(mL)表示。

② 试管架有木质和金属制品两类。

(2) 一般用途：

① 试管用作少量试剂的反应容器，便于操作和观察；也用于收集少量气体，离心试管用于沉淀分离。

② 试管架用于承放试管。

(3)使用注意事项：

① 普通试管可直接用火加热，硬质的可加热至高温，但不能骤冷。

② 离心试管不能用火直接加热，只能用水浴加热。

③ 反应液体不超过容积的1/2，加热液体不超过容积的1/3。

④ 加热前试管外壁要擦干，要用试管夹。加热时管口不要对着人，要不断振荡，使试管下部受热均匀。

⑤ 加热液体时，试管与桌面成45°角，加热固体时管口略向下倾斜。

试管　　试管架　　烧杯

2. 烧杯

(1)规格及表示方法：

有一般型和高型，有刻度和无刻度等几种。

规格以容积(mL)表示，还有容积为1mL、5mL、10mL的微型烧杯。

(2)一般用途：

用作反应物量较多的反应容器，配制溶液和溶解固体等，还可用作简易水浴。

(3)使用注意事项：

① 加热时先将外壁水擦干，放在石棉网上。

② 反应液体不超过容积 2/3，加热时不超过 1/3。

3. 具塞三角瓶、锥形瓶

(1) 规格及表示方法：

有具塞、无塞等种类，规格以容积(mL)表示。

(2) 一般用途：

用作反应容器，可避免液体大量蒸发，用于滴定的容器，方便振荡。

(3) 使用注意事项：

① 滴定时所盛溶液不超过容积的 1/3。

② 其他同烧杯。

4. 碘量瓶

(1) 规格及表示方法：

具有配套的磨口塞，规格以容积(mL)表示。

(2) 一般用途：

与锥形瓶相同，可用于防止液体挥发和固体升华的实验。

(3)使用注意事项：同锥形瓶。

5. 量筒和量杯

(1) 规格及表示方法：

上口大下部小的叫量杯，量筒有具塞和无塞两种。

规格以所能量度的最大容积(mL)表示。

(2)一般用途：量取一定体积的液体。

(3)使用注意事项：

① 不能加热。

② 不能作反应容器使用，也不能用作混合液体或稀释的容器。

③ 不能量取热的液体。

④ 量度亲水溶液的浸润液体，视线与液面水平，读取与弯月面最低点相切刻度。

6. 吸管

(1) 规格及表示方法：

吸管又叫吸量管，有分刻度线直管型和单刻度线大肚形两种；还可分为完全流出式和不

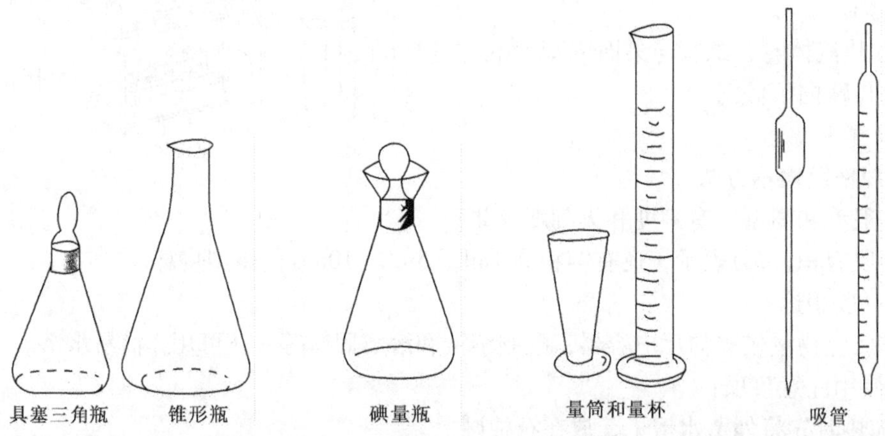

完全流出式，此外还有自动移液管，规格以所能量取的最大容积(mL)表示。

(2) 一般用途：准确量取一定体积的液体或溶液。

(3) 使用注意事项：

① 用后立即洗净。

② 具有准确刻度线的量器不能放在烘箱中烘干，更不能用火加热烘干。

③ 读数方法同量筒。

7. 容量瓶

(1)规格及表示方法：

塞子是磨口塞，也有用塑料塞的。

有量入式和量出式之分，规格以刻线所示的容积(mL)表示。

(2)一般用途：用于配制准确浓度的溶液。

(3)使用注意事项：

① 塞子配套，不能互换。

② 其他同吸管。

8. 滴定管

(1)规格及表示方法：

具有玻璃活塞的为酸式管，具有橡皮滴头的为碱滴定管。用聚四氟乙烯制的则无酸碱式之分，此外还有微量滴定管。

规格以刻度线所示最大容积(mL)表示。

(2)一般用途：

用于准确测量液体或溶液的体积，是容量分析中的滴定仪器。

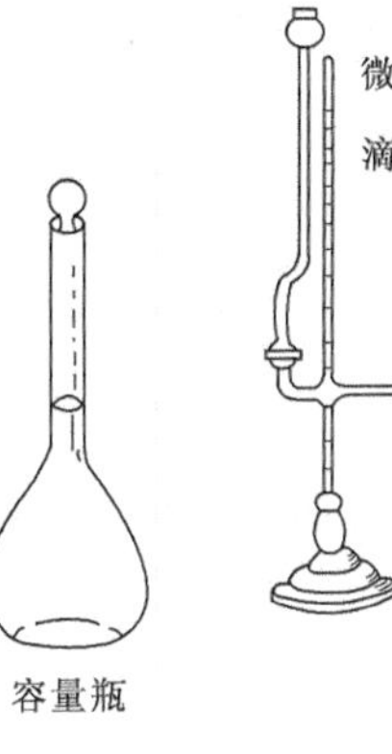

容量瓶

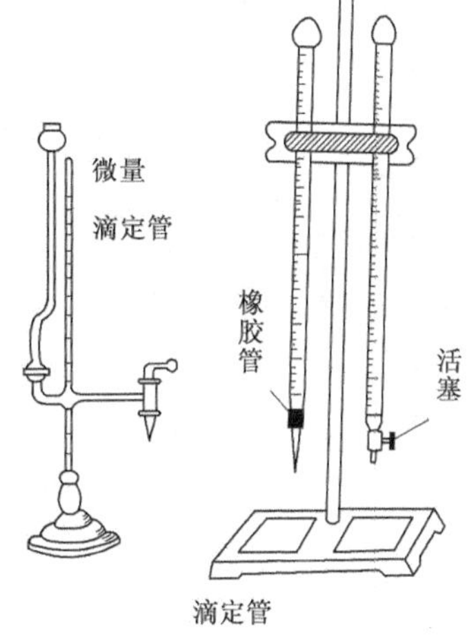

滴定管

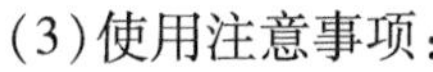

(3)使用注意事项：

① 酸式滴定管的活塞不能互换，不能装碱性溶液。

② 其他同吸管。

9. 比色管

(1) 规格及表示方法：

用无色优质玻璃制成。规格以环线刻度指示容量(mL)表示。

(2) 一般用途：盛装溶液来比较溶液颜色的深浅。

(3) 使用注意事项：

① 比色时必须选用质量、口径、厚薄、形状完全相同的比色管。

② 不能用毛刷擦洗，不能加热。

③ 比色时最好放在白色背景的平面上。

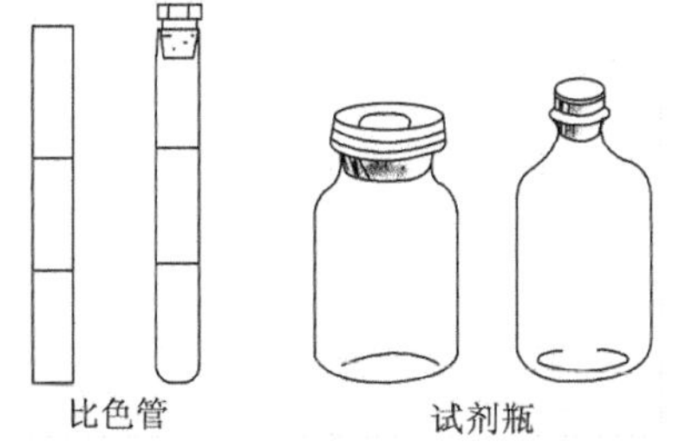
比色管　　试剂瓶

10. 试剂瓶

(1) 规格及表示方法：

有广口、细口、磨口、非磨口、无色、棕色等种类。

规格以容积(mL)表示。

（2）一般用途：

广口瓶盛放固体试剂，细口瓶盛放液体试剂。棕色瓶用于盛放见光易分解和不太稳定的试剂。

（3）使用注意事项：

① 不能加热。

② 盛碱性溶液要用胶塞或软木塞。

③ 使用中不要弄乱、弄脏塞子。

④ 试剂瓶上必须保持标签完好，液体试剂瓶倾倒时标签要对着手心。

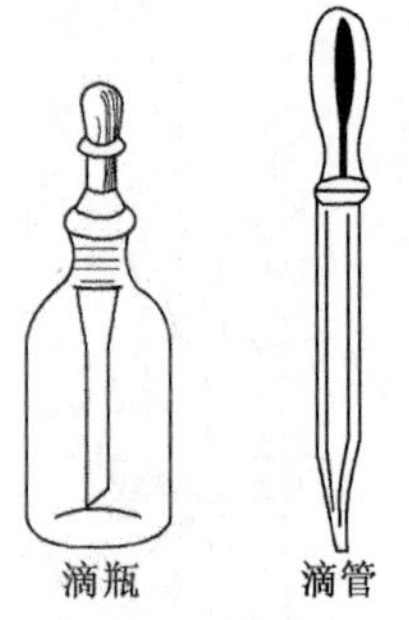
滴瓶　滴管

11. 滴瓶和滴管

（1）规格及表示方法：

有无色、棕色两种，滴管上配有橡皮胶帽。

规格以容积(mL)表示。

（2）一般用途：盛放液体或溶液。

（3）使用注意事项：

① 滴管不能吸的太满，也不能倒置，保证液体不进入胶帽。

② 滴管专用，不得弄乱、弄脏。

③ 滴管要保持垂直，不能使管端接触受液容器内壁，更不能插入其他试剂瓶中。

12. 称量瓶

（1）规格及表示方法：

分低形和高形两种。规格以外径×高(cm)表示。

（2）一般用途：用于称量、测定物质的水分。

（3）使用注意事项：

① 不能加热。

② 盖子是磨口配套的，不能互换。

③ 不用时洗净，在磨口处垫上纸条。

13. 表面皿

（1）规格及表示方法：

规格以直径(cm)表示。

（2）一般用途：

用来盖在蒸发皿上或烧杯上，防止液体溅出或落入灰尘，也用作称取固体药品的容器。

（3）使用注意事项：

① 不能用火直接加热。

② 当作盖用时直径要比容器口直径大些。

③ 用作称量试剂时要事先洗净、干燥。

14. 漏斗

（1）规格及表示方法：

有短颈、长颈、粗颈、无颈等种类。

规格以斗径(mm)表示。

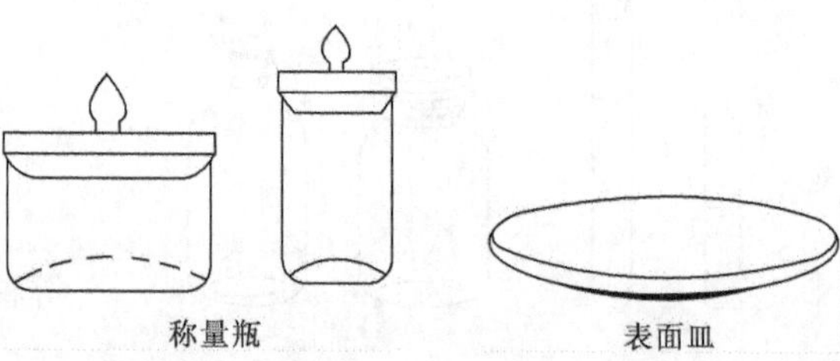
称量瓶　表面皿

（2）一般用途：

用于过滤；倾注液体导入小口容器中；粗颈漏斗可用来转移固体试剂。长颈漏斗常用于装配气体发生器，作加液用。

（3）使用注意事项：

① 不能用火加热，过滤的液体也不能太热。

② 过滤时漏斗颈尖紧贴承接容器的内壁。

③ 长颈漏斗在气体发生器中作加液用时，颈尖端应插于液面之下。

15. 分液、滴液漏斗

（1）有球形、梨形、筒形、锥形等。

规格以容积(mL)表示。

（2）一般用途：

① 互不相溶的液－液分离。

② 在气体发生器中作加液用。

③ 对液体的洗涤和进行萃取。

④ 作反应器的加液装置。

(3)使用注意事项：

① 不能用火直接加热。

② 漏斗活塞不能互换。

③ 进行萃取时，振荡初期应放气数次。

④ 作滴液加料到反应器中时，下尖端应在反应液下面。

16. 抽滤瓶或吸滤瓶和布氏漏斗

(1)规格及表示方法：

① 布氏漏斗有瓷制或玻璃制品，规格以直径(cm)表示。

② 吸滤瓶以容积(mL)表示大小。

（2）一般用途：

连接到水冲泵或真空系统中进行晶体或沉淀的减压过滤。

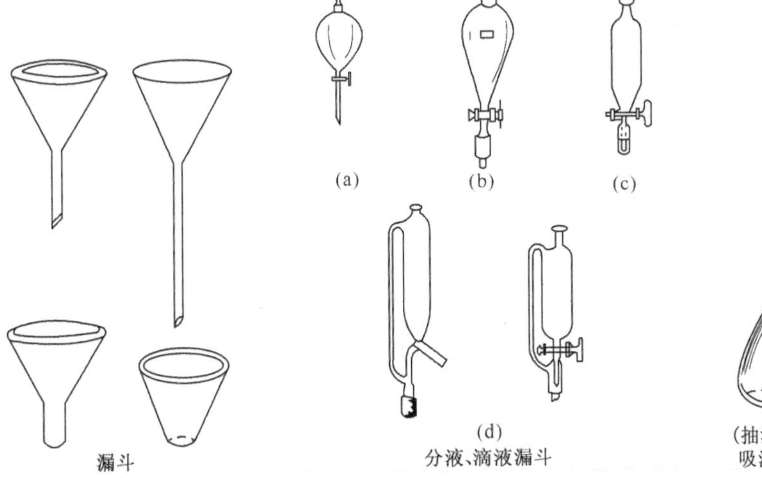

漏斗　分液、滴液漏斗

(抽滤瓶或吸滤瓶)　布氏漏斗

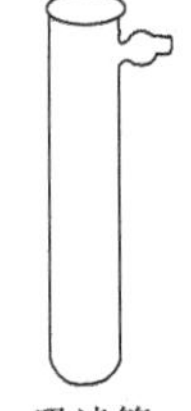
吸滤管

（3）使用注意事项：

① 不能直接用火加热。

② 漏斗和吸滤瓶大小要配套，滤纸直径要略小于漏斗内径。

③ 过滤前先抽气，结束时先断开抽气管与抽滤瓶连接处再停止抽气，以防止液体倒吸。

17. 洗瓶

（1）规格及表示方法：

有玻璃和塑料的两种，大小以容积(mL)表示。

（2）一般用途：盛装蒸馏水，用来洗涤沉淀和容器。

（3）使用注意事项：

① 不能装自来水。

② 不能加热。

18. 启普发生器

（1）规格及表示方法：规格以容积(mL)表示。

（2）一般用途：

用于常温下固体与液体反应制取气体。通常固体应是块状或颗粒，且不溶于水，生成的气体难溶于水。

（3）使用注意事项：

① 不能用来加热或加入热的液体。

② 使用前必须检查气密性。

19. 洗气瓶

（1）规格及表示方法：规格以容积(mL)表示。

（2）一般用途：内装适当试剂，用于除去气体中的杂质。

（3）使用注意事项：

① 根据气体性质选择洗涤剂，洗涤剂应为容积的1/2。

② 进气管和出气管不能接反。

20. 干燥器、真空干燥器

（1）规格及表示方法：

分普通干燥器和真空干燥器两种。

以内径(cm)表示大小。

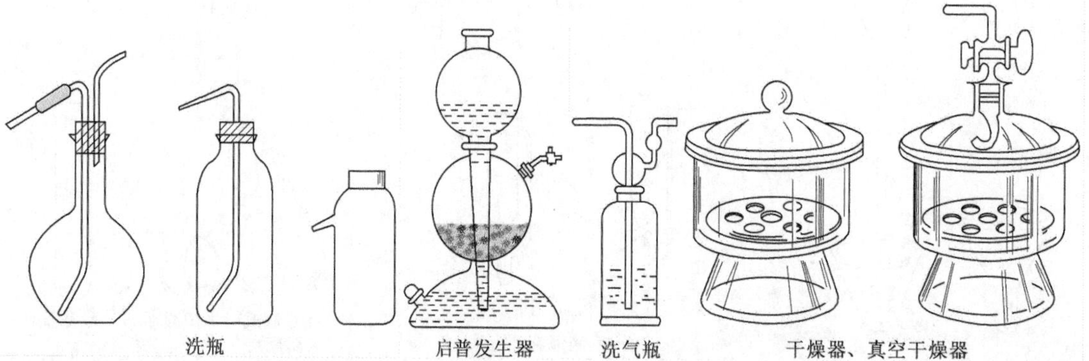

洗瓶　启普发生器　洗气瓶　干燥器、真空干燥器

(2) 一般用途：

存放试剂防止吸潮；在定量分析中将灼烧过的坩埚放在其中冷却。

(3) 使用注意事项：

① 放入干燥器的物品温度不能过高。

② 下室的干燥剂要及时更换。

③ 使用中要注意防止盖子滑动打碎。

④ 真空干燥器接真空系统抽去空气，干燥效果更好。

21. 蒸发皿

(1) 规格及表示方法：

有瓷、石英、铂等材质制品。

以上口直径(mm)或容积(mL)表示大小。

(2) 一般用途：

蒸发或浓缩溶液，也可作反应器，还可用于灼烧固体。

(3) 使用注意事项：

① 能耐高温，但不宜骤冷。

② 一般放在铁环上直接用火加热，但要预热后再提高加热强度。

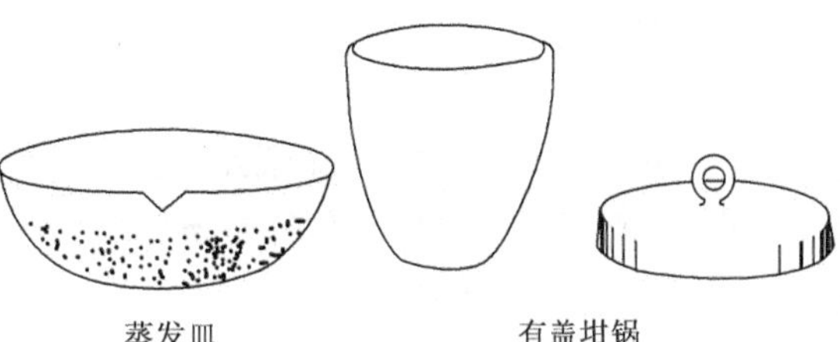

蒸发皿　　有盖坩锅

22. 有盖坩埚

(1) 规格及表示方法：

有瓷、石墨、铁、镍、铂等材质制品。

以容积(mL)表示大小。

(2) 一般用途：熔融和灼烧固体。

(3) 使用注意事项：

① 根据灼烧物质的性质选用不同材质的坩埚。

② 耐高温，直接用火加热，但不宜骤冷。

③ 铂制品使用要遵守专门的说明。

23. 研钵

(1) 规格及表示方法：

有玻璃、瓷、铁、玛瑙等材质。以口径(mm)表示大小。

(2)一般用途：混合、研磨固体物质。

(3)使用注意事项：

① 不能当作反应容器使用，放入物质量不超过容积的 1/3。

② 根据物质性质选用不同材质的研钵。

③ 易爆物质只能轻轻压碎，不能研磨。

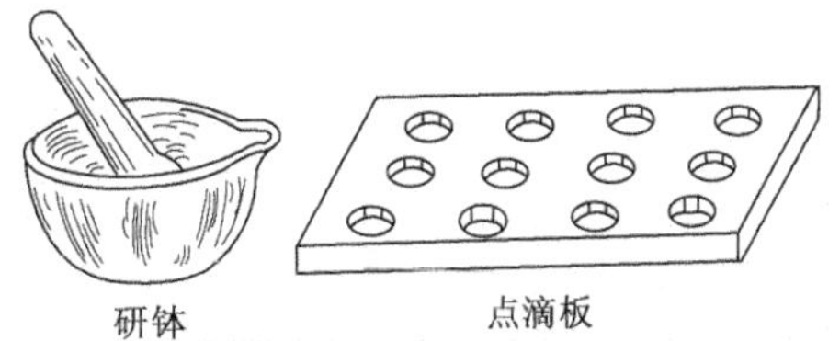

研钵　　点滴板

24. 点滴板

(1) 规格及表示方法：

上釉瓷板，分黑、白两种。

(2) 一般用途：在上面进行点滴反应，观察沉淀生成或沉淀颜色。

25. 水浴锅

(1) 规格及表示方法：有铜、铝、不锈钢等材料制品。

(2) 一般用途：用作水浴加热。

(3) 使用注意事项：

① 选择好圈环，使受热器皿浸入锅中 2/3。

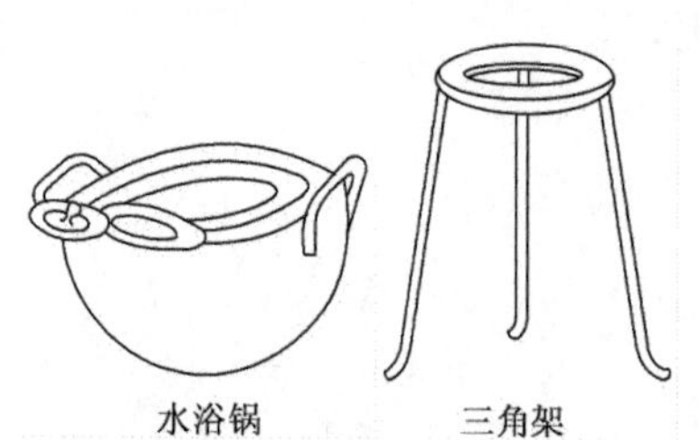
水浴锅　三角架

② 注意补充水，防止烧干。

③ 使用完毕，倒出剩余的水，擦干。

26. 三角架

(1) 规格及表示方法：铁制品，有大、小、高、低之分。

(2) 一般用途：放置加热器。

(3) 使用注意事项：

① 加热前先垫上石棉网。

② 保持平稳。

27. 石棉网

(1) 由铁丝编成，涂上石棉层，有大、小之分。

(2) 一般用途：承放受热容器使加热均匀。

(3) 使用注意事项：

① 不要浸水或扭拉，损坏石棉。

② 石棉致癌，已逐渐用高温陶瓷代替。

28. 泥三角

(1) 规格及表示方法：由铁丝编成，上套耐热瓷管，有大、小之分。

(2) 一般用途：坩埚或小蒸发皿直接加热的承放物。

(3) 使用注意事项：

① 灼烧后不要滴上冷水，保护瓷管。

② 选择泥三角的大小要使放在上面的坩埚露在上面的部分不超过本身高度的 1/3。

29. 坩埚钳

(1) 规格及表示方法：铁或铜合金制成，表面镀铬。

(2) 一般用途：夹取高温下的坩埚或坩埚盖。

(3) 使用注意事项：必须先预热再夹取。

30. 药匙

(1) 规格及表示方法：由骨、塑料、不锈钢等材料制成。

(2) 一般用途：取固体试剂。

(3) 使用注意事项：

根据实际选用大小合适的药匙，取量很少时用小端。用完洗净擦干，才能取另外一种药品。

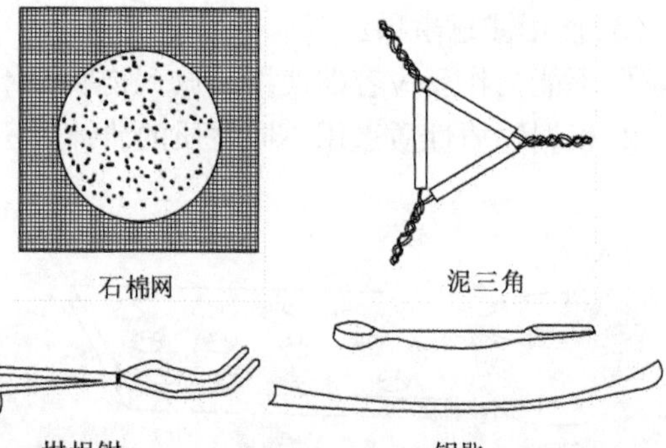
石棉网　泥三角

坩埚钳　钥匙

31. 毛刷

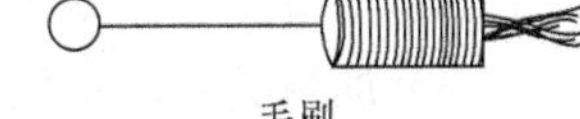
毛刷

(1)规格及表示方法：

规格以大小和用途表示，如试管刷、滴定管刷、烧杯刷等。

(2)一般用途：洗刷仪器。

(3) 使用注意事项：

毛不耐碱，不能浸在碱性溶液中。洗刷仪器时小心顶端戳破仪器。

32. 铁架台、铁圈和铁夹

(1) 规格及表示方法：

铁架台用高度(cm)表示，铁圈以直径(cm)表示。铁夹又称自由夹，有十字夹、双钳、三钳、四钳等类型；也有铝、铜等材质的制品。

(2) 一般用途：固定仪器或放容器，铁环可代替漏斗架使用。

(3) 使用注意事项：

① 固定仪器应使装置重心落在铁架台底座中部，保证稳定。

② 夹持仪器不宜过紧或过松，以仪器不转动为宜。

33. 试管夹

(1) 规格及表示方法：用木材、钢丝制成。

(2) 一般用途：夹持试管加热。

(3) 使用注意事项：

① 夹在试管上部。

② 手持夹子不要把拇指按在管夹的活动部位。

③ 要从试管底部套上或取下。

34. 夹子

(1) 规格及表示方法：有铁、铜制品，常用的有弹簧夹和螺旋夹两种。

(2) 一般用途：夹在胶管上沟通、关闭流体通路，或控制调节流量。

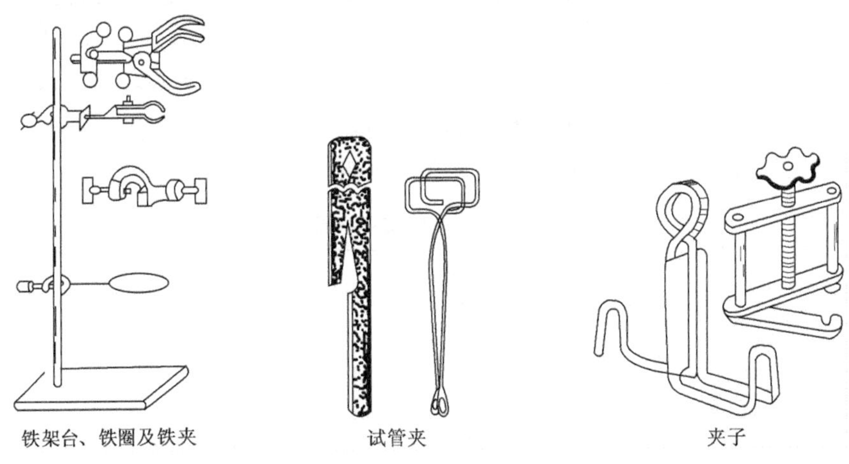
铁架台、铁圈及铁夹　　试管夹　　夹子

二、常用仪器分类(按用途分类)

(1) 计量类：用来测量物质某种特定性质的仪器。如天平、温度计、吸管、滴定管、容量瓶、量筒(杯)等。

（2）反应类：用来进行化学反应的仪器。如试管、烧杯、锥形瓶、多口烧瓶等。

（3）加热类：能提供热源来加热的器具。如电炉、高温炉、烘干箱、酒精灯等。

（4）分离类：用于过滤、分馏、蒸发、结晶等物质分离提纯的仪器。如蒸馏瓶、布氏漏斗、分液漏斗等。

（5）容器类：盛装药品、试剂的器皿。如试剂瓶、滴瓶、培养皿等。

（6）干燥类：用于干燥固体、气体的器皿。如干燥器、干燥塔等。

（7）固定夹持类：固定、夹持各种仪器的器具。如各种夹子、铁架台、漏斗架等。

（8）配套类：在组装仪器时用来连接的器具。如各种塞子、磨口接头、玻璃管、T形管等。

（9）电器类：干电池、蓄电池、开关、导线、电极等。

（10）其他类。

思考题

1. 实验室中常用来量取液体体积的仪器有哪些？
2. 实验室中可用酒精灯加热的仪器有哪些？
3. 烧杯有哪些用处？

第二节　化学试剂的一般知识

化学试剂广义的指实现化学反应而使用的化学药品，狭义的指化学分析中为测定物质的成分或组成使用的纯粹化学药品。

一、化学试剂的等级

化学实验室中有各种各样的试剂，根据用途可分为通用试剂和专用试剂，专用试剂大都只有一个级别，如生物试剂、生化试剂、指示剂等。通用试剂按我国国家标准 GB 15346—94分为三级，见表 1－1。

表 1－1　化学试剂纯度级别

名　称	优级纯	分析纯	化学纯
标签颜色	深绿	金光红	中蓝

一些高纯试剂常常还有专门的名称，如光谱试剂、色谱纯试剂、基准试剂等，每种常用试剂都有具体的标准，例如，GB 642—86 对重铬酸钾规定见表 1－2。

表 1－2　重铬酸钾标准

级　别		优级纯	分析纯	化学纯
$K_2Cr_2O_7$ 含量/%	不小于	99.8	99.8	99.5
杂质最高含量	水不溶物/%	0.003	0.005	0.01
	干燥失重/%	0.06	0.05	
	氯化物(Cl)/%	0.001	0.002	0.005
	硫酸盐(SO_4^{2-})/%	0.005	0.01	0.02
	钠(Na)/%	0.02	0.05	0.1
	钙(Ca)/%	0.002	0.002	0.01
	铁(Fe)/%	0.001	0.002	0.005
	铜(Cu)/%	0.001		
	铅(Pb)/%	0.05		

试剂纯度愈高其价格愈高，应该按实验的目的要求选用不同规格的试剂，技术配套、经济合理、满足要求是实验取用试剂的基本原则。

二、试剂的取用

固体试剂装在广口瓶中，液体试剂和配制的溶液则盛在细口瓶中或带有滴管的滴瓶中，见光易分解的试剂如硝酸银、高锰酸钾等盛放在棕色瓶中，每一瓶试剂瓶上都必须保持标签完好，注明试剂名称、规格、制备日期、浓度等。可以在标签外面涂上一层薄蜡来保护。

取用试剂应先核对标签上说明，看其与欲取试剂是否一致，打开瓶塞并将其反放在桌面上，如果瓶塞顶不是平顶而是扁平的，则用食指和中指夹住瓶塞（或放在清洁的表面皿上），绝不可以将它横放桌上受到污染。不得用手直接接触化学试剂，取量要合适，既能节约试剂又能得到良好的实验结果，取完试剂后一定要把瓶塞即时盖好，将试剂瓶放回原处，标签朝外。

1. 固体试剂的取用

（1）取固体试剂要用洁净干燥的药匙，它的两端分别是大小两个匙，取较多试剂时用大匙，取少量试剂时或所取试剂要加入到小口径试管中时，则用小匙。应专匙专用，用过的药匙必须洗净擦干后才能再使用。

（2）不要超过指定用量的取药，多取的不能倒回原瓶，可以放到指定的容器中供他人用。

（3）取用一定质量的试剂时，把固体试剂放在称量纸上称量，具有腐蚀性或易潮解的固体应放在干燥洁净的表面皿上或玻璃容器内称量。

（4）往试管特别是湿试管中加入固体试剂，用药匙或将药品放在由干净光滑的纸对折成的纸槽中，伸进试管约 2/3 处，如图 1－1、图 1－2 所示。加入块状固体应将试管倾斜，使其沿管壁慢慢滑下，以免碰破管底，如图 1－3 所示。

（5）固体颗粒较大需粉碎时，放入洁净而干燥的研钵中研磨，放入的固体量不得超过钵容量的 1/3，如图 1－4 所示。

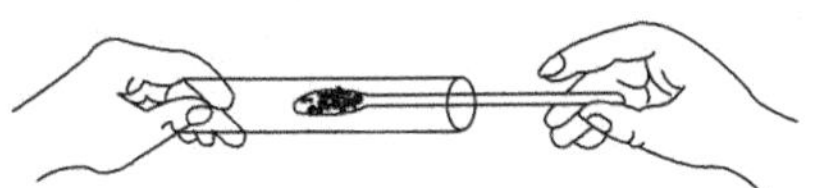

图 1－1　用药匙往试管里送入固体试剂

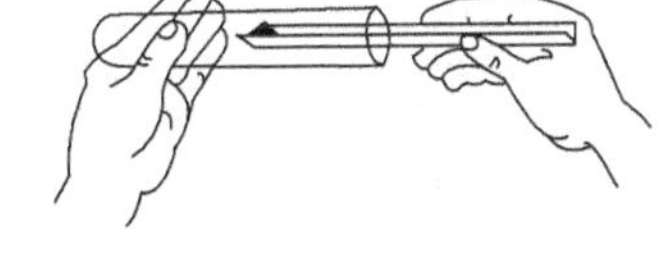

图 1－2　用纸槽往试管里送入固体试剂

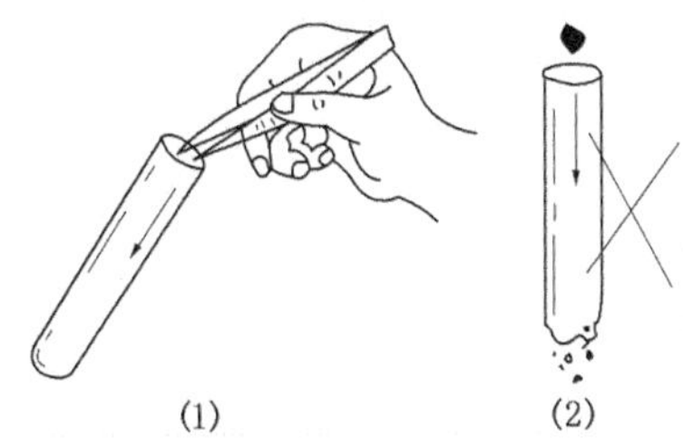

图 1－3　块状固体加入法

（1）沿壁滑下（正确加入）；（2）垂直悬空投入（错误加入）

图 1－4　块状固体研磨法

（6）有毒药品要在教师指导下取用。

2. 液体试剂的取用

（1）从滴瓶中取用液体试剂，不能将滴管伸入试管，也不能盛液倒置或管口向上倾斜放置，避免试液被胶帽污染，滴管不能充有试剂放置在滴瓶中，如图 1－5、图 1－6、图 1－7

所示。取用试液时，提取滴管使管口离开液面，用手指紧捏胶帽排出管中空气，然后插入试液中放松手指吸入试液，再提取滴管垂直地放在试管口或承接容器上方将试剂逐滴滴下，切不可将滴管伸入试管中如图 1－8 所示。用毕将滴管中余下试液挤回原瓶随即放回原处，滴管只能专用。

有些实验试剂用量不必十分准确，要学会估计液体量，一般滴管 20～25 滴约为 1mL，10mL 试管中试液约占 1/5，则试液约为 2mL。

（2）从细口瓶中取用试剂用倾注法，将塞子取下反放在桌面上或用食指与中指夹住，手心握持贴有标签的一面，逐渐倾斜瓶子让试剂沿着洁净的试管内壁流下，或者沿着洁净的玻璃棒注入烧杯中，如图 1－9 所示。取出所需量后，应将试剂瓶口在容器口边或玻璃棒上靠一下，再逐渐竖起瓶子以免遗留在瓶口的液滴流到瓶的外壁，如图 1－10 所示。悬空而倒和瓶塞底部沾桌都是错误的，如图 1－11 所示。

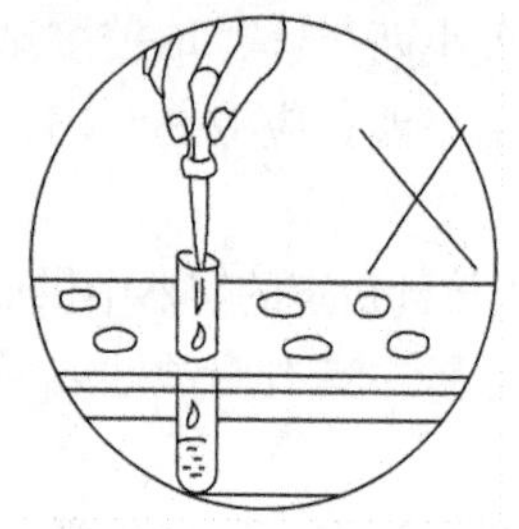

图 1－5　滴管伸入试管

图 1－6　滴管盛液倒置

图 1－7　滴管充有试液放置

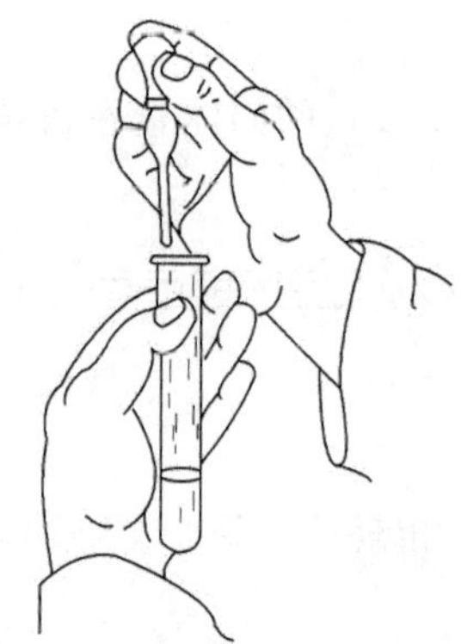

图 1－8　滴加试剂

图 1－9　倾注法

图 1－10　最后瓶口靠一下

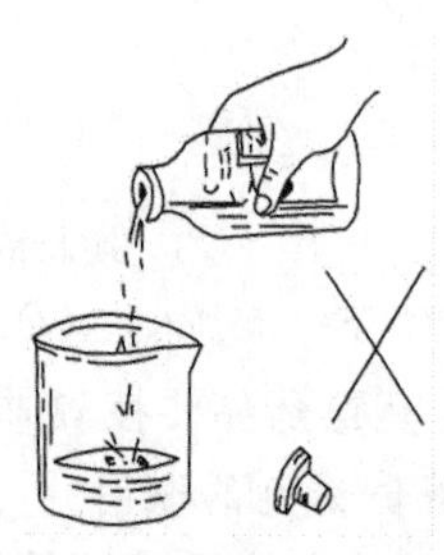

图 1－11　悬空而倒、塞底沾桌

（3）用量筒（杯）定量取用试剂，选用容量适当的量筒（杯）按图1－12、图1－13所示要求量取，对于浸润玻璃的透明液体（如水溶液），视线应与量筒（杯）内液体凹液面最低点水平相切；对浸润玻璃的有色不透明液体或不浸润玻璃的液体（如水银），则要看凹液面上部或凸液面的上部。

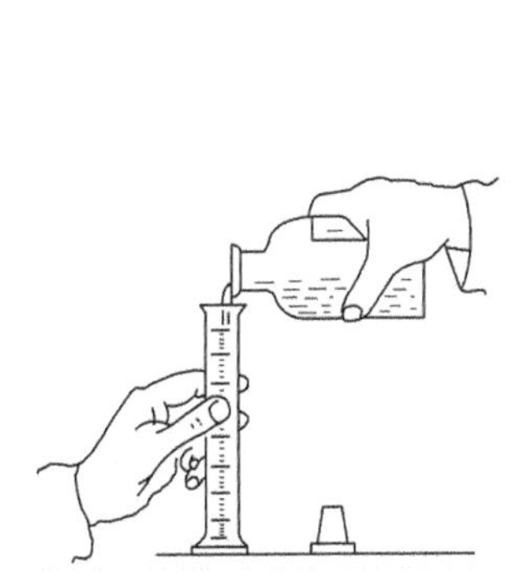

图1－12　用量筒倾注法量取液体

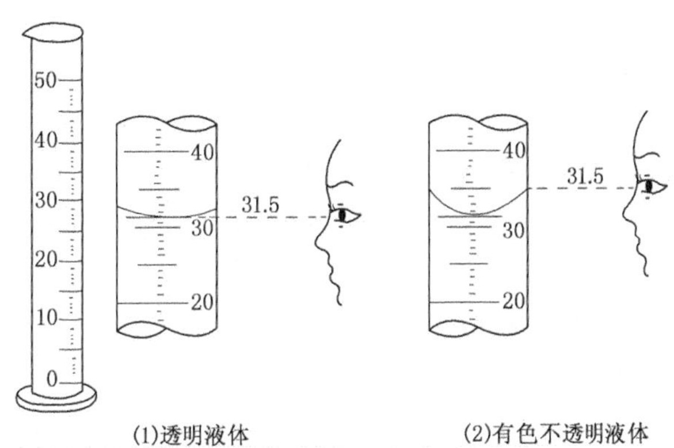

图1－13　对量筒内液体体积读数

三、化学试剂的保管

实验室内应根据药品的性质、周围环境和实验室设备条件，确定药品的存放和保管方式，既要保证不发生火灾、爆炸、中毒、泄漏等事故，又要防止试剂变质失效、标签脱落使试剂混淆等，从而达到保质、保量、保安全的要求，使实验能够顺利进行，一般原则是根据试剂性质和特点分类保管。

1. 易燃类

（1）可燃气体：凡遇火、受热、与氧化剂接触能引起燃烧或爆炸的气体。

（2）可燃液体：易燃烧而在常温下呈液态的物质。闪点小于45℃的称易燃液体，闪点大于45℃称可燃液体。

（3）可燃性固体物质：凡遇火、受热、撞击、摩擦或与氧化剂接触能着火的固体物质，燃点小于300℃的称易燃物质，燃点高于300℃称可燃物质。

储存条件：气体储存于专门的钢瓶中，阴凉通风，温度不超过30℃；与其他易产生火花的器物和可燃物质隔开存放；有特殊标志，闪点在25℃以下的理想存放温度为－4～4℃。

试剂举例：

（1）氢气、甲烷、乙炔、乙烯、煤气、液化石油气等可燃气体；氧气、空气、氯气、氧化亚氮、氧化氮、二氧化氮等助燃气体。

（2）乙醚、丙酮、汽油、苯、乙醇等易燃液体；正戊醇、乙二醇、甘油等可燃液体。

（3）赤磷、黄磷、三氯化磷、五氯化磷等可燃性固体。

2. 剧毒类

特点：通过皮肤、消化道和呼吸道侵入人体内破坏人体正常生理机能的物质称毒物，毒物的毒性指标常用半致死量 LD_{50}（$mg \cdot kg^{-1}$）或半致死浓度 LD_{50}（$\mu g \cdot g^{-1}$）表示。

$LD_{50} < 10mg \cdot kg^{-1}$剧毒；

$LD_{50} = 11 \sim 100mg \cdot kg^{-1}$高毒；

$LD_{50} = 101 \sim 1000mg \cdot kg^{-1}$中等毒。

实验室习惯将 $LD_{50} < 50mg \cdot kg^{-1}$ 者归入此类。

储存条件：固体、液体与酸类隔开，阴凉干燥，专柜加锁，特殊标记。

试剂举例：氰化物、三氧化二砷及其他剧毒砷化物、汞及其他剧毒汞盐、硫酸二甲酯、铬酸盐、苯、一氧化碳、氯气等。

3. 强腐蚀类

特点：对人体皮肤、黏膜、眼、呼吸器官及对金属有极强腐蚀性的液体和固体。

储存条件：阴凉通风，与其他药品隔离放置，选用抗腐蚀材料作存放架，架不宜过高，以保证存取搬动安全，温度 30℃以下。

试剂举例：发烟硫酸、浓硫酸、浓盐酸、硝酸、氢氟酸、苛性碱、醋酐、氯乙酸、浓醋酸、三氯化磷、溴、苯酚、硫化钠、氨水等。

4. 燃烧爆炸类

特点：① 本身是炸药或易燃物。② 遇水反应猛烈，发生燃烧爆炸。③ 与空气接触氧化燃烧。④ 受热、冲击、摩擦、与氧化剂接触燃烧爆炸。

储存条件：温度在 30℃以下，最好在 20℃以下保存，与易燃物、氧化剂隔开，用防爆架放置，在放置槽内以砂为垫并加木盖，特殊标记。

试剂举例：① 硝化纤维、苦味酸、三硝基甲苯、叠氮和全氮化合物、乙炔银等；高氯酸盐、氯酸钾等。

② 钠、钾、钙、电石、氢化锂、硼化合物等。

③ 白磷等。

④ 硫化磷、红磷、镁粉、锌粉、铝粉、萘、樟脑等。

5. 强氧化剂类

特点：过氧化物或强氧化能力的含氧酸盐。

储存条件：阴凉、通风、干燥、室温不超过 30℃，与酸类、木屑、炭粉、糖类、硫化物等还原性物质隔开，包装不要过大，注意通风散热。

试剂举例：硝酸盐、高氯酸及其盐、重铬酸盐、高锰酸盐、氯酸盐、过硫酸盐、过氧化物等。

6. 放射类

特点：具有放射性的物质。

储存条件：远离易燃易爆物，装在磨口玻璃瓶中放入铅罐或塑料罐中保存。

试剂举例：醋酸、铀酰、硝酸钍、氧化钍、钴 -60 等。

7. 低温类

特点：低温才不致聚合变质或发生事故。

储存条件：温度在 10℃以下。

试剂举例：苯乙烯、丙烯腈、乙烯基乙炔、其他易聚合单体、过氧化氢、浓氨水。

8. 贵材类

特点：价格昂贵及特纯的试剂，稀有元素及其化合物。

储存条件：小包装，单独存放。

试剂举例：钯黑、铂及其化合物、锗、四氯化钛等。

9. 指示剂及有机试剂类

储存条件：专柜按用途分类存放。

10. 易潮解类

特点：易吸收空气中水分潮解变质的物质。

储存条件：温度在30℃以下，湿度在80%以下，干燥通风或密闭封存。

试剂举例：三氯化铝、醋酸钠、氧化钙、漂白粉、绿矾等。

11. 其他类

特点：除上述10类外的有机、无机药品。

储存条件：阴凉通风，在25～30℃保存，可按酸、碱、盐分类保存。

思考题

1. 化学试剂的标签上包含哪些内容？
2. 如何取用固体试剂？
3. 如何取用液体试剂？
4. 用量筒量取10mL水、$KMnO_4$溶液、碘溶液时，如何读数？如果是水银温度计，应该怎样读数。
5. 分别写出3～5种实验室中常用的易燃易爆、强腐蚀性、剧毒的化学药品的名称？

第三节　化学实验用水

水是一种使用最广泛的化学试剂，特别是用作最廉价的溶剂和洗涤液，在人们的生活、生产、科学研究中都离不开它。水质的好坏直接影响化工产品的质量和实验结果。各种天然水由于长期和土壤、空气、矿物质等接触，都不同程度地溶有无机盐、气体和某些有机物等杂质。无机盐主要是钙和镁的酸式碳酸盐、硫酸盐、氯化物等；气体主要是氧气、二氧化碳和低沸点易挥发的有机物等。一般来讲，水中离子性杂质含量多少的顺序是：盐碱地水 > 井水(或泉水) > 自来水 > 河水 > 塘水 > 雨水；有机物杂质多少的顺序是：塘水 > 河水 > 井水 > 泉水 > 自来水。因此，天然水、自来水都不宜直接用来做化学实验。我国实验室用水已经有了国家标准，GB 6682—92 规定实验用水的技术指标见表1－3。

表1－3　实验室用水级别及主要指标

指标名称		一级	二级	三级
pH值范围(25℃)①		—	—	5.0～7.5
电导率(25℃)/($mS \cdot m^{-1}$)	≤	0.01	0.10	0.50
吸光度(254nm，1cm光程)	≤	0.001	0.01	
二氧化硅/($mg \cdot L^{-1}$)	≤	0.02	0.05	
可氧化物限度试验②		—	符合	符合

① 高纯水的pH值难以测定，故一、二级水没有规定其要求。

② 取样100mL，加10.0mL密度为98g·L^{-1}硫酸溶液和1.0mL 0.01mol·L^{-1}的高锰酸钾溶液，加盖煮沸5min，与加热对照水样比较，淡黄色未完全消失，则符合规定，说明该水中易氧化的有机物杂质没有超标。

天然水要达到上述技术标准，必须进行净化处理以制备纯水，常用的制备方法有蒸馏法、离子交换法、电渗析法。

一、蒸馏水的制备

经蒸馏器蒸馏而得的水为蒸馏水。天然水汽化后冷凝就可制得，水中大部分无机盐杂质不挥发而被除去。蒸馏器有各种各样的，一般是由玻璃、镀锡铜皮、铝、石英等材料制成。蒸馏水较为洁净，但仍含有少量杂质：有蒸馏器材料带入的离子，有 CO_2 及某些低沸点易挥发物随水蒸气带入，少量液态水成雾状飞出直接进入蒸馏水中，也有微量的冷凝管材料成分也可能带入蒸馏水中。故只能作为一般化学实验之用。

二次蒸馏水又叫重蒸馏水。用硬质玻璃或石英蒸馏器。在蒸馏水中加入少量高锰酸钾的碱性溶液(破坏水中的有机物)重新蒸馏，弃掉最初馏出的1/4，收集中段即重蒸馏水。如果仍不符合要求，还可再蒸一次得三次蒸馏水，用于要求较高的实验。实验证明，更多次的重复蒸馏无助于水质的进一步提高。

高纯度的蒸馏水要用石英、银、铂、聚四氟乙烯蒸馏器。同时采用各种特殊措施，如近年来出现的石英亚沸蒸馏器，它的特点是在液面上加热，使液面始终处于亚沸状态，蒸馏速度较慢，可将水蒸气带出的杂质减至最低。又如蒸馏时头和尾都弃1/4，只收中间段的办法也是很有效的。还可根据具体要求在二次蒸馏中加入适当的试剂进行处理，以达到其目的，如加入甘露醇可抑制硼的挥发，加碱性高锰酸钾可破坏有机物和抑制 CO_2，煮沸12h可除 O_2；一次蒸馏加 NaOH 和 $KMnO_4$，二次蒸馏加 H_3PO_4 除 NH_3，三次蒸馏用石英蒸馏器除痕量碱金属杂质；在整个蒸馏过程中避免与大气接触可制得 $pH \approx 7$ 的高纯水。

二、去离子水的制备

用离子交换法制取的纯水叫去离子水。天然水经过离子交换树脂处理能除去绝大部分阴、阳离子，但不能除去大部分有机杂质。

离子交换树脂是由苯酚、甲醛、苯乙烯、二乙烯等各种原料合成的高分子聚合物，通常呈半透明和不透明球状物，颜色有浅黄、黄、棕色等。离子交换树脂不溶于水，对酸、碱、氧化剂、还原剂、有机溶剂具有一定的稳定性。

在离子交换树脂的网状结构的骨架上有许多可以与溶液中离子起交换作用的活性基团。根据活性基团不同，阳离子交换树脂又分为强酸性和弱酸性；阴离子交换树脂又分为强碱性和弱碱性两种，市场上售的离子交换树脂一般为强酸性的钠型和强碱性的氯型，用来净化水。

钠型树脂用稀盐酸浸泡转变成氢型。

阳离子树脂在水中交换顺序：$Fe^{3+} > Al^{3+} > Ca^{2+} > Mg^{2+} > K^{+} > Na^{+} > H^{+} > Li^{+}$。

氯型树脂用稀 NaOH 溶液，浸泡转变成氢氧型。

阴离子树脂在水中的交换顺序：$PO_4^{3-} > SO_4^{3-} > NO_3^{-} > Cl^{-} > HCO_3^{-} > CSiO_3^{-} > H_2PO_4^{-} > HCOO^{-} > OH^{-} > F^{-} > CH_3COO^{-}$。交换出来的 H^+ 和 OH^- 结合成水，水中绝大部分的其他阴、阳离子都吸附在树脂上，从而使水得到纯化。交换后的树脂用稀盐酸、稀 NaOH 处理，又恢复原型的过程叫做树脂再生。再生的树脂可继续使用。

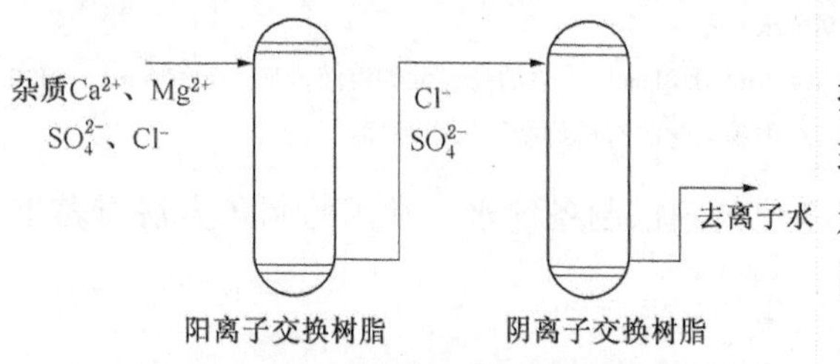

图1－14　离子交换树脂净化水示意图

离子交换树脂净化水的过程，在离子交换柱中进行，实验室中柱材料一般用有机玻璃，柱内装树脂，净化过程如图1－14所示。图中表示自来水经过阳离子交换柱除去阳离子，再通过阴离子交换柱除去阴离子。

三、电渗析法制纯水

把树脂制作成阴、阳离子交换膜，在外

加电场的作用下，利用膜对溶液中离子选择性对杂质进行分离。

思考题

1. 自来水为什么不能用来做定性和定量的化学实验?

2. 将自来水制备成实验室用水有哪些方法? 有人说，连续下雪天的第三天的雪水可用来做化学实验，这种说法是否可行?

第四节　托盘天平及其使用

托盘天平又称台秤，是化学实验室中常用的称量仪器，用于精度不高的称量，一般能精确至0.1g，也有能精确到0.01g 的托盘天平，托盘天平形状和规格种类很多，常用的按最大称量分为四种，见表1－4。

表1－4　托盘天平的种类

种类	最大称量/g	能精确至最小量/g	种类	最大称量/g	能精确至最小量/g
1	1000	1	3	200	0.2
2	500	0. 5	4	100	0.1

一、托盘天平构造

常用的各种托盘天平构造是类似的。一根横梁架在底座上，横梁的左右两端各有一个金属柄和秤盘一起构成杠杆。横梁的中部有指针与刻度盘相对应，根据指针在刻度盘左右的摆动情况可以看出托盘天平是否处于平衡状态，如图1－15所示。

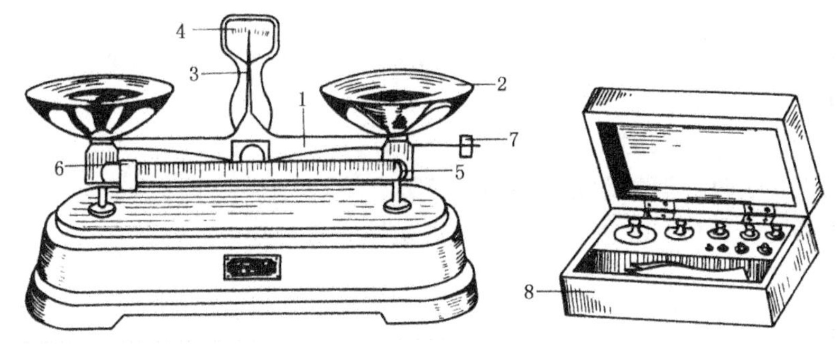

图1－15　托盘天平

1—横梁；2—秤盘；3—指针；4—刻度盘；5—游码标尺；6—游码；7—调零螺丝；8—砝码盒

二、使用方法

1. 调整零点

将游码拨到游码标尺的“0”位处，检查天平指针是否停在刻度盘的中间位置，如不在中间位置，调节托盘右侧的平衡调节螺母，使指针在离刻度盘的中间位置左右摆动幅度大致相等时，则天平处于平衡状态。此时指针停至刻度盘的中间位置就称天平的零点。

2. 称量

左盘放称量物，右盘放砝码。砝码用镊子夹取，先加大砝码，后加小砝码，最后用游码调节，使指针在刻度盘左右两边摇摆的幅度几乎相等为止，当天平处于平衡状态时，指针所停止的位置称为停点。停点与零点相符时(停点与零点之间允许偏差1小格以内)，砝码值和游码在标尺上刻度数值之和即为所称量物的质量。

三、称量注意事项

（1）不能称量热的物品。

（2）称量物不能直接放在托盘上。根据实际情况，酌情用称量纸、洁净干燥的表面皿或烧杯等容器来盛装药品。

（3）称量完毕，将砝码放回砝码盒中，游码调到刻度“0”处，将托盘放在一侧或用橡皮圈架起，以免天平摆动。

（4）保持天平整洁。

第五节　试　　纸

试纸是用滤纸浸渍了指示剂或液体试剂制成的，用来定性检验一些溶液的性质或某些物质是否存在，操作简单，使用方便。本节介绍几种实验室常用的试纸。

一、检验溶液酸碱性的试纸

1. pH 试纸

国产 pH 试纸分为广泛 pH 试纸和精密 pH 试纸两种。广泛 pH 试纸按变色范围分为 1～10、1～12、1～14、9～14 四种，最常用的是 1～14 的 pH 试纸。精密 pH 试纸按变色范围分类更多，如变色范围在 2.7～4.7、3.8～5.4、5.4～7.0、6.8～8.4、8.2～10.0、9.5～13.0 等。精密 pH 试纸测定的 pH 值，其变化值小于 1，很容易受空气中酸碱性气体影响，不易保存。

2. 石蕊试纸

分红色和蓝色两种。酸性溶液使蓝色试纸变红，碱性溶液使红色试纸变蓝。

3. 其他酸碱试纸

酚酞试纸：白色，遇碱性介质变红。

苯胺黄试纸：黄色，遇酸性介质变红。

中性红试纸：有黄色和红色两种，黄色遇碱性介质变红，遇强酸变蓝；红色试纸遇碱变黄，在强酸中变蓝。

二、特性试纸

1. 淀粉碘化钾试纸

将 3g 可溶性淀粉加 25mL 水搅匀，倾入 225mL 沸水中，再加 1gKI 和 $1gNa_2CO_3$，用水稀释成 500mL。将滤纸浸入浸渍，取出在阴凉处晾干成白色，剪成条状储存于棕色瓶中备用。

淀粉碘化钾试纸用来检验 Cl_2、Br_2、NO_2、O_2、HClO、H_2O_2 等氧化剂，使试纸变蓝。例如，Cl_2 和试纸上的 I^- 作用。

$$2I^- + Cl_2 = I_2 + 2Cl^-$$

I_2 立即与淀粉作用呈蓝紫色，如果氧化剂氧化性强，浓度又大，可进一步反应。

$$I_2 + 5Cl_2 + 6H_2O = 2HIO_3 + 10HCl$$

使 I_2 变成了 IO_3^-，结果使最初出现的蓝色褪去。

2. 醋酸铅试纸

将滤纸用 3% 的 $Pb(AC)_2$ 溶液浸泡后，在无 H_2S 的环境中晾干而成，用来检验 H_2S 是否存在。H_2S 气体与润湿的 $Pb(AC)_2$ 试纸反应生成 PbS 沉淀，反应如下：

$$Pb(AC)_2 + H_2S = PbS\downarrow + 2HAC$$

沉淀呈黑褐色并有金属光泽，有时颜色较浅，但一定有金属光泽为特征。若溶液中的 S^{2-} 的浓度较小，加酸酸化逸出的 H_2S 太少，用此试纸就不易检出。

3. 硝酸银试纸

将滤纸放入 2.5% 的 $AgNO_3$ 溶液中浸泡后，取出晾干，保存在棕色瓶中备用。试纸为黄色，遇 AsH_3 有黑斑形成。

$$AsH_3 + 6AgNO_3 + 3H_2O = 6Ag(\text{黑斑}) + 6HNO_3 + H_3AsO_3$$

4. 电极试纸

1g 酚酞溶于 100mL 乙醇中，5gNaCl 溶于 100mL 水中，将两溶液等体积混合，取滤纸浸入混合液中浸泡后，取出干燥即成。将这种试纸用水润湿，接到电池的两个电极上，电解一段时间，与电池负极相接的地方呈现酚酞与 NaOH 作用的红色。

$$2NaCl + 2H_2O \xlongequal{\text{电解}} 2NaOH + H_2\uparrow + Cl_2\uparrow$$

三、试纸的使用

1. 石蕊试纸和酚酞试纸的使用

用镊子取一小块试纸放在干净的表面皿边缘上或滴板上。用玻璃棒将待测溶液搅拌均匀，然后用棒端沾少量溶液点在试纸中部，观察试纸颜色的变化，确定溶液的酸碱性。切勿将试纸直接投入溶液中，以免污染溶液。

2. pH 试纸的使用

用法同石蕊试纸，待试纸变色后与色阶板的标准色阶比较，确定溶液的 pH 值。

3. 淀粉碘化钾试纸的使用

将一小块试纸用蒸馏水润湿后，放在盛待测溶液的试管口上，如有待测气体逸出，试纸则变色。必须注意不要使试纸直接接触待测物。

醋酸铅和硝酸银试纸用法与淀粉 KI 试纸基本相同，区别是湿润后的试纸盖在试管的口上。

使用试纸时，每次用一小块即可。取用时不要直接用手，以免手上沾有化学药品污染试纸。从容器中取出所需试纸后要立即盖好容器，使剩余试纸不受空气中杂质的污染。用过的试纸投入废物缸中。

第六节　实验室的安全和环保常识

化学实验是在一个十分复杂的环境中进行的科学实验，为了本人和他人的安全和健康，为了国家财产免受损失，为了实验和训练顺利进行，每个实验者都必须高度重视安全工作，严格遵守实验室安全守则。每个实验者都必须熟悉实验室中水、电、气的正确使用，各种仪器设备的性能，化学药品的性质，防止意外事故的发生。还必须了解一些救护措施，一旦发生事故能及时处理。懂得一些环境保护措施，对废气、废液和废料要进行适当处理，以确保实验室环境不受污染。

一、化学实验室的安全守则

(1) 严禁在实验室饮食、吸烟或存放饮食用具。实验完毕，必须洗净双手。

（2）绝对不允许随意混合各种化学药品，以免发生意外事故。

（3）熟悉实验室中水、电、气的开关以及消防器材、安全用具、急救药箱的位置，万一遇到意外事故，可及时关闭阀门，采取相应措施。

（4）不能用湿手、物接触电源，水、电、气、高压气瓶等一经使用完毕就立即关闭。点燃的火柴杆用后立即熄灭。纸屑等废弃物品不许乱扔，必须放到指定的地方。

（5）煤气、高压气瓶、电器设备、精密仪器等使用前必须熟悉使用说明和要求，严格按要求使用。

（6）对强腐蚀性、易燃易爆、有刺激性、有毒物质的使用，要严格遵守使用方法，防止出现意外。

（7）加热试管，管口不要指向自己和他人。倾注试剂、开启浓氨水等试剂瓶和加热液体时，不要俯视容器口，以防液体溅出或气体冲出伤人。

（8）实验室内严禁嬉闹喧哗。

（9）化学试剂使用完毕后，放回原处，剩余的有毒物质必须交给老师。实验室中的药品或器具不得随意带出室外。

二、安全用电常识

实验室中加热、通风、电源仪器设备、自动控制等都要用电，如用电不当极易引起火灾和造成对人体的伤害。电对人体的伤害可以是电外伤（电灼伤、电烙伤、皮肤金属化）和电内伤（即电击）。另外电弧射线也会对眼睛造成伤害。是否触电与电压、电流都有关系，一般交流电比直流电危险，工频交流（50～60Hz）最危险。通常把10mA以下的工频交流电或50mA以下的直流电看作是安全电流。所谓安全是相对的而不是绝对的，在电压一定时，电阻愈小电流就愈大，人体电阻包括表皮电阻和体内电阻。体内电阻基本不受外界因素影响，大约在500Ω左右，表皮电阻则随外界条件不同而变化很大，皮肤干燥时可达万欧姆，皮肤湿时可降为几百欧姆，电压也是触电的重要因素，根据环境不同采用相应的“安全电压”，至今其数值在国际上尚未统一，如国标GB 3805—83安全电压标准中规定有6V、12V、24V、36V、42V五个等级。在实验室中为了降低人体的电流，规定了容易与人接触的交流电压36V以下为安全电压，在金属容器内或者潮湿处，不能超过12V，直流电压可为50V。为了保证安全用电，必须注意下列事项。

（1）在使用电器设备前，应先阅读产品使用说明书，熟悉设备电源接口标记和电流、电压等标识，核对是否与电源规格相符合，只有在完全吻合下才可正常安装使用。

（2）要求接地或接零的电器，应做到可靠的保护接地或保护接零，并定期检查是否正常良好，一切电器线路均应有良好的绝缘。

（3）有些电器设备或仪器，要求加装“保险丝”或各种各样的熔断器，他们大都由铅、锡、锌等材料制成，必须按要求选用，严禁用铁、铜、铝等金属丝代替。

（4）初次使用或长期不用的电器设备，必须检查线路、开关、地线是否安全妥当。并且先用试电笔试验是否漏电，只有在不漏电时才能正常使用。为防止人体触电，电器应安装“漏电保护器”。不使用电器时，要及时地拔掉插头使之与电源脱离。不用电时要拉闸，修理检查电器要切断电源，严禁带电操作。电器发生故障在原因不明之前，切忌随便打开仪器外壳，以免发生危险和损坏电器。

（5）不得将湿物放在电器上，更不能将水洒在电器设备或线路上，严禁用铁柄毛刷或湿抹布清刷电器设备和开关，电器设备附近严禁放置食物和其他用品，以免导电燃烧。

(6) 电压波动大的地区，电器设备等仪器应加装稳压器，以保证仪器安全和实验在稳定状态下进行。

(7) 使用直流电源设备，千万不要把电源正负极接反。

(8) 设备仪器以及电线的线头都不能裸露，以免造成短路，裸露的地方必须用绝缘胶带包好。

三、易燃、强腐蚀性和有毒化学品的使用

熟悉化学品的性质是正确使用和处理药品的前提。

1. 易燃、易爆物的使用

易燃、易爆物在本质上都是可燃性物质，在空气中发生氧化反应，易燃、易爆化学品注意的核心问题就是防止燃烧和爆炸。

爆炸的危险性主要是针对易燃的气体和蒸气而言。可燃气体或蒸气在空气中足以使火焰蔓延的最低浓度称为该气体爆炸下限(或着火下限)；同样足以使火焰蔓延的最高浓度称为爆炸上限(或着火上限)。可燃物浓度在下限以下及上限以上与空气的混合物都不会着火或爆炸。化学物质易燃的危险程度用爆炸危险度表示。

$$\text{爆炸危险度} = \frac{\text{爆炸上限浓度} - \text{爆炸下限浓度}}{\text{爆炸下限浓度}}$$

典型气体的爆炸危险度见表 1－5。

表 1－5　典型气体的爆炸危险度

序号	名　称	爆炸危险度	序号	名　称	爆炸危险度
1	氨	0.87	6	汽油	5.00
2	甲烷	1.83	7	乙烯	9.6
3	乙醇	3.30	8	氢	17.78
4	甲苯	4.8	9	苯	5.7
5	一氧化碳	4.92	10	二硫化碳	59.00

燃烧的危险性是针对易燃液体和易燃固体来说的。闪点是液体易燃性分级的标准，见表 1－6。固体的燃烧危险度一般以燃点高低来区分。一级易燃固体如红磷、五硫化磷、硝化纤维、二硝基化合物等；二级易燃固体如硫磺、镁粉、萘、樟脑等。有些液体、固体在低温下能自燃，危险性更大。可燃性物质在没有明火作用的情况下发生燃烧叫自燃，发生自燃的最低温度叫自燃温度，一些物质的自燃温度：黄(白)磷 34～35℃，三硫化四磷 100℃，二硫化碳 102℃，乙醚 170℃等。

表 1－6　易燃和可燃性液体易燃性分级表

类　别	级　别	闪点/℃	举　例
易燃液体	一级	低于 28	汽油、苯、酒精
	二级	28～45	煤油、松香油
可燃液体	三级	45～120	柴油、硝基苯
	四级	高于 120	润滑油、甘油

使用易燃、易爆化学品要十分注意以下事项：

（1）实验室内不要存放大量易燃、易爆物，少量的也要密闭存放在阴凉背光和通风处，并远离火源、电源及暖气等。

（2）实验室中可燃气体浓度较大时，严禁明火和出现电火花。实验必须在远离火源的地方或通风橱中进行。对易燃液体加热不能直接用明火，必须用水浴、油浴或可调节电压的加热包。

（3）蒸馏回流可燃液体，须防止局部过热产生爆沸，为此可加入少许沸石、毛细管等，但必须在加热前而不能在加热途中，以免爆沸冲出着火，加热可燃液体量不得超过容器容积的 1/2 ~ 2/3。冷凝管中的水流须预先通入保持畅通，使用干燥管必须畅通，仪器各连接处必须保证密闭不泄漏，以免蒸气逸出着火。

（4）比空气重的气体和蒸气如乙醚等常聚集在工作台面流动，危险性很大，用量较大时在通风橱中进行。用过和用剩的易燃品不得倒入下水道，必须想法收回。含有有机溶剂的废液、废渣、燃着的火柴头都不能丢入废物篓中，应将它们埋入地下或经过燃烧除去。

（5）金属钾、钠、钙等遇水易起火爆炸，故须保存在煤油或液体石蜡中。黄磷保存在盛有水的玻璃瓶中，银氨溶液久置后会产生爆炸物质，故不能长期存放。

（6）强氧化剂和过氧化物与有机物接触，极易引起爆炸起火，所以严禁将它们随意混合或放在一起。混合危险一般发生在强氧化剂和还原剂间。例如，黑色炸药是由硝酸钾、硫磺、木炭粉组成，高氯酸炸药含有高氯酸铵、硅铁粉、木炭粉、重油，礼花是硝酸钾、硫磺、硫化砷的混合物。浓硫酸与氯酸盐、高氯酸盐、高锰酸盐等混合产生游离酸或无水的 Cl_2O_5、Cl_2O_7、Mn_2O_7，一接触有机物（包括纸布、木材）都会着火或爆炸。液氯和液氨接触生成很易爆炸的 NCl_3，从而产生大爆炸，硝酸与松节油、过氯酸与乙醚、高锰酸钾与甘油、硝化纤维与间苯二甲胺、乙醇与过氧化钠、锌粉与溴等混合均会迅速燃烧甚至爆炸。

2. 强腐蚀药品的使用

高浓度的硫酸、盐酸、硝酸、强碱、溴、苯酚、三氯化磷、硫化钠、无水三氯化铝、氟化氢、氨水、浓有机酸等都有极强的腐蚀性，溅到人体皮肤上会造成严重伤害，对一些金属材料产生破坏作用。使用时应注意以下几点：

（1）使用强腐蚀性药品须戴防护眼镜和防护手套。用吸管取液时不能用口吸。

（2）强腐蚀性药品溅到桌面或地上，可用砂土吸收，然后用大量水冲洗，切不可用纸片、木屑、干草、抹布清除。

（3）熟悉药品性质，严格按要求操作和使用。如氢氟酸不能用玻璃容器，苛性碱溶于水大量放热，配制碱溶液时必须在烧杯中，决不能在小口瓶或量筒中进行，以防止容器受热破裂造成事故；开启浓氨水瓶前，必须冷却，瓶口朝无人处；对橡胶有腐蚀作用的溶剂不用橡皮塞，稀释硫酸时必须慢且充分搅拌，应将浓硫酸注入水中等。

3. 有毒化学品的使用

化学品毒性分级，习惯上以 LD_{50} 或 LC_{50} 作为衡量各种毒性急性大小的指标，见表 1 - 7。

1985 年我国颁布了 GB 5044—85 职业性接触毒物危害程度的国家标准，考虑了毒物的各种因素，见表 1 - 8。

表 1-7　急性毒性分级表

毒性分级	小鼠一次口服 LD_{50}/(mg·kg^{-1})	小鼠一次口服 LC_{50}/(μg·g^{-1})	小鼠一次口服 LD_{50}/(mg·kg^{-1})
剧　毒	<10	<50	<10
高　毒	11~100	51~500	11~50
中等毒	101~1000	501~5000	51~500
低　毒	1001~10000	5001~50000	501~5000
微　毒	>10000	>50000	>5000

表 1-8　职业性接触毒物危害程度分级表

指　标	分级			
	Ⅰ	Ⅱ	Ⅲ	Ⅳ
	极度危害	高度危害	中度危害	轻度危害
急性中毒				
吸入 LD_{50}/(mg·kg^{-1})	<200	200~<2000	2000~<20000	>20000
经皮 LD_{50}/(mg·kg^{-1})	<100	100~<500	500~<2500	>2500
经口 LD_{50}/(mg·kg^{-1})	<25	25~<500	500~	
急性中毒状况	易发生中毒，后果严重	可发生中毒，愈后良好	偶发中毒	未见中毒，但有影响
慢性中毒状况	患病率高>5%	患病率较高<5%和症状发生率>20%	偶发中毒或症状发生率>10%	未见中毒，但有影响
中毒后果	脱离接触后继续进展或不能治愈	脱离接触后可基本治愈	脱离接触后，可恢复，无严重后果	脱离接触后能自行恢复，无不良后果
致癌性	人体致癌物	可使人体致癌	实验动物致癌	无致癌性
MAC①/(mg·m^{-3})	<0.1	0.1<1.0	1.0<10.0	>10.0

① MAC—英文字头，最高容许浓度。

按表 1-8 的项目从国标 GB 5044—85 中摘出实验室中较易遇到的 25 种毒物的定级资料列入表 1-9。

表 1-9　常见毒物毒性分级表

毒物名称	急性中毒目标		最高容许浓度	慢性危害指标			定级	特殊依据
	毒性	中毒状况		发病状况	中毒后果	致癌性		
汞及其无机化合物	2	2	1	1	1	4	Ⅰ	
苯	2	3	4	1	1	1	Ⅰ	
砷及其无机化合物	1	2	2	1	2	1	Ⅰ	
氯乙烯(单体)	4	3	4	1	1	1	Ⅰ	
铬酸盐及重铬酸盐	3	3	1	2	2	1	Ⅰ	致癌
铍及其化合物	2	2	1	2	1	2	Ⅰ	
羰基镍	1	1	1	2	1	1	Ⅰ	致癌
氰化物	1	2	2	4	4	4	Ⅰ	急性
氯甲醚	2	4	1	3	1	1	Ⅰ	致癌
铅及其无机化合物	2	2	1	2	1	4	Ⅱ	
光　气	1	2	2	4	2	4	Ⅱ	
二硫化碳	3	3	3	2	2	4	Ⅱ	
氯　气	2	2	3	2	2	4	Ⅱ	

续表

毒物名称	急性中毒目标		最高容许浓度	慢性危害指标			定级	特殊依据
	毒性	中毒状况		发病状况	中毒后果	致癌性		
丙烯腈	2	2	3	2	2	2	Ⅱ	
四氯化碳	3	4	4	3	2	2	Ⅱ	
硫化氢	2	2	3	3	3	4	Ⅱ	
一氧化碳	3	2	4	3	3	4	Ⅱ	急性
镉及其他合物	2	2	2	2	2	2	Ⅱ	
硫酸二甲酯	1	1	2	4	2	2	Ⅱ	
金属镍	2	4	2	3	2	1	Ⅱ	致癌
环氧氯丙烷	2	4	2	4	3	2	Ⅱ	
甲　醇	3	3	4	3	3	4	Ⅲ	
甲　苯	3	3	4	3	3	4	Ⅲ	
丙　酮	4	4	4	4	4	4	Ⅳ	
氨	4	4	4	3	4	4	Ⅳ	

有毒化学品的使用要特别注意：

（1）剧毒药品应指定专人收发保管。

（2）取用剧毒药品必须完善个人防护。穿防护服、戴防护眼镜、防护手套、防毒面具或防毒口罩、长胶鞋等。严防毒物从口、呼吸道、皮肤特别是伤口侵入人体。

（3）制取、使用有毒气体必须在通风橱中进行。多余的有毒气体应先进行化学吸收后再排空。

（4）有毒的废液残渣不得乱丢乱放，必须进行妥善处理。

（5）设备装置尽可能密闭，防止实验中冲、溢、跑、冒事故，尽量避免危险操作。应尽量用最小剂量完成实验，毒物量较大时，应按照工业生产要求采取各种安全防护措施。

四、实验室废弃物的处理

1. 废气的处理

实验室废气的特点，一是量少，二是多变。废气处理应满足两点要求：一是使在实验环境中有害气体，不得超过规定的最高允许浓度；二是排出气体不得超过居民大气中有害物最高允许浓度。为此，必须有通风、排毒装置。

实验排出的少量有害气体，可允许直接放空，根据安全要求放空管不应低于附近房顶3m，放空后被空气稀释。废气量较多或毒性大的废气，一般应通过化学处理后再放空。例如，CO_2、NO_2、SO_2、Cl_2、H_2S、HF等废气应先用碱溶液吸收；NH_3用酸吸收；CO可先点燃转变成CO_2等。对个别毒性很大或者数量多的废气，可参考工业废气处理方法，用吸附、吸收、氧化、分解等方法进行处理。

2. 废液和废渣处理

对污染环境的废液、废渣不应直接倒入垃圾堆，必须先经过处理使其为无害物，最好是埋入地下。例如，氰化物可用$Na_2S_2O_3$溶液处理使其生成毒性较低的硫氰酸盐，也可用$FeSO_4$、$KMnO_4$、NaClO代替$Na_2S_2O_3$；含硫、磷的有机剧毒农药可用CaO继而用碱液处理使其迅速分解，失去毒性；酸碱废物先中和为中性废物再排放；硫酸二甲酯先用氨水，继而用漂白粉处理；苯胺可用盐酸或硫酸处理；汞可用硫磺处理生成无毒的HgS；废铬酸洗液可用

$KMnO_4$再生；少量废铬液加入碱或石灰使其生成$Cr(OH)_3$沉淀，将其埋入地下。含汞盐或其他重金属离子的废液加Na_2S使其生成难溶的氢氧化物、硫化物、氧化物等，将其埋入地下。

五、实验室中一般伤害的救护

（1）玻璃割伤。先排出伤口里的玻璃碎片，抹些红药水或紫药水，必要时使用创可贴或撒些消炎粉并包扎。

（2）烫伤。切勿用水冲洗，在伤处用$KMnO_4$溶液揩洗或抹上黄色的苦味酸溶液、烫伤膏或万花油。

（3）酸蚀。立即用大量水冲洗，然后用饱和碳酸氢钠溶液冲洗，再用水冲净。若酸溅入眼内，先用大量水冲洗，再送医院治理。

（4）碱蚀。立即用大量水冲洗，再用约2%的醋酸溶液或饱和硼酸溶液冲洗，最后用水冲洗。若碱溅入眼内，则先用硼酸溶液洗，再用水洗。

（5）溴蚀。先用甘油或苯洗，再用水洗。

（6）苯酚蚀。用4份20%的酒精和1份$0.4mol \cdot L^{-1}$的$FeCl_3$溶液的混合液洗，再用水洗。

（7）白磷灼伤。用1%的$AgNO_3$溶液，1%的$CuSO_4$溶液或浓$KMnO_4$溶液洗后包扎。

（8）吸入刺激性或有毒气体。吸入Cl_2、HCl时，可吸入少量酒精和乙醚的混合蒸气解毒；吸入H_2S而感到不适，要立即到室外呼吸新鲜空气。

（9）毒物误入口内。将浓度约为5%的$CuSO_4$溶液5～10mL加入到一杯温水中，内服后，用手指伸入咽喉部，促使呕吐，然后立即送医院治疗。

（10）触电。首先切断电源，必要时进行人工呼吸。

（11）起火。既要灭火，又要迅速切断电源，移去旁边的易燃品阻止火势蔓延。一般小火，用湿布、石棉布或砂子覆盖，即可灭火。火势较大要用各种灭火器来灭火，灭火器要根据现场情况及起火原因正确选用，如有电器设备在现场只能用二氧化碳灭火器或四氯化碳灭火器，而不能用泡沫灭火器，以免触电。衣服着火切勿惊乱，赶快脱下衣服或用石棉布覆盖着火处。

对中毒、火灾受伤人员，伤势较重者，应立即送往医院。火情很大，应立即报告火警。

六、灭火常识

目前国际上根据燃烧物质的性质，统一将火灾分为A、B、C、D四类。

A类：木材、纸张、棉布等物质着火。

B类：可燃性液体着火。

C类：可燃性气体着火。

D类：可燃性金属K、Na、Ca、Mg、Al、Ti等固体与水反应生成可燃气体着火。

灭火的一切手段基本上是围绕燃烧的三个条件中的任何一个来进行。

（1）隔离法。将火源处或周围的可燃物质撤离或隔开，这是釜底抽薪的办法。所以，一旦起火要将火源附近的可燃、易燃、助燃物搬走；关闭可燃气、液体管道的阀门，切断电源。

（2）冷却法。将水或二氧化碳灭火剂直接喷射到燃烧物或附近可燃物质上，使温度降到燃烧物质燃点以下，燃烧也就停止了。A类物质着火用隔离法和用水扑灭，既有效，又方便。

（3）窒息法。阻止助燃物质如 O_2 流入燃烧区或者冲淡空气使燃烧物质没有足够的氧气而熄灭。如用石棉毯、湿麻袋、湿棉被、泡沫、黄沙等覆盖在燃烧物上，有时用水蒸气、CO_2 或惰性气体等覆盖燃区，阻止新鲜空气进入。窒息法对付一般小火灾和 D 类火灾比较有效。

（4）化学中断法。使灭火剂参与燃烧反应，在高温下分解产生游离基与反应中的 H^+、OH^- 活性基团结合生成稳定分子或活性低的游离基，从而使燃烧的连锁反应中断。例如，1211 灭火器中的灭火剂为二氟一氯一溴甲烷（CF_2ClBr），1211 就是用元素原子个数构成的代号。

$$CF_2ClBr \xrightarrow{\triangle} CF_2Cl\cdot + Br\cdot$$
$$Br\cdot + H\cdot \longrightarrow HBr$$
$$HBr + OH^- \longrightarrow H_2O + Br^-$$

这类卤代烃类灭火剂，卤素原子量愈大抑制效果愈好，对付 B、C 类火灾这类灭火器很有效。

用水灭火，人们习以为常，既廉价又方便，但是 D 类火灾、比水轻的 B 类火灾、酸碱类火灾现场、未切断电源的电器火灾、精密仪器、贵重文献档案等失火都有不能用水扑救。近年来出现一种所谓“轻水”灭火剂，它实际上是水中加一种表面活性剂氟化物。实际密度比水重，由于表面张力低，所以灭火时能迅速覆盖在液面，故名“轻水”。它有特殊灭火功能，如速度快、效率高、不怕冷、不怕热、保存时间长等。

灭火器是实验室的常备设备，它们有多种类型，在火势的初起阶段用灭火器是特别有效的。火势到了猛烈阶段，必须由专业消防队来扑救。为了正确使用各种灭火器，现将几种常见的灭火器列于表 1 - 10 中。

表 1 - 10　常见灭火器的使用

灭火器种类	内装药剂	用　途	性　能	用　法
泡沫灭火器	$NaHCO_3$ $Al_2(SO_4)_3$	扑灭油类火灾，电器火灾不适用	10kg 灭火器射程 8m，喷射时间 60s	倒过来摇动或打开开关。1.5 年更换 1 次药剂。用后 15min 内打开盖子
酸碱灭火器	H_2SO_4 $NaHCO_3$	非油类和电器火灾之外的其他一般火灾	10kg 射程 10m，喷射时间 50s	倒过来。1.5 年换 1 次药剂
二氧化碳灭火器	压缩液体二氧化碳	扑灭贵重仪器电器火灾，不能用于扑灭 D 类火灾	喷射距离 1.5 ~ 3m 接近着火点。液态 CO_2 的沸点约为 -70℃，注意冻伤	拿好喇叭筒，打开开关。3 个月检查 1 次 CO_2 量
四氯化碳灭火器	液体 CCl_4	扑灭电器失火，不能扑灭 D 类、乙炔、乙烯、CS_2 等火灾	3kg 射程 3m，时间 3s。有毒	打开开关
干粉灭火器	$NaHCO_3$ 粉，少量润滑剂、防潮剂，高压 CO_2 或 N_2	扑灭 B 类、电器火灾、C 类、D 类火灾。不能防止复燃	射程 5m，时间 20s 左右	拉动钢瓶开关。储备时不要受潮
1211 灭火器	液体 CF_2ClBr	除 D 类火灾外的火灾	可燃气体中混进 6% ~ 9.3% 的 1211 便不能燃烧。射程 3 ~ 5m，时间 10 ~ 41s	握紧压把开关，1 年检查 1 次 1211 量

思考题

1. 怎样取用浓硫酸来配制稀硫酸才能保证安全?
2. 制备 Cl_2 应当如何进行?
3. 使用剧毒的氰化钠应注意什么?
4. 不慎将酒精灯中的酒精洒出着火，应怎样扑灭?
5. 做 Na 和水反应实验时，从煤油中取出的钠块溅水起火爆炸，怎么处理?
6. 有学生将铬酸洗液碰倒洒出，如何妥善处理?
7. 从用电安全的角度看，使用烘箱应注意哪些事项?

第七节 实验室规则

实验室规则是人们从长期实验工作中归纳总结出来的。它可有效预防意外事故，保证正常的实验环境和工作程序，是做好实验的重要环节。每个实验者都必须遵守。

(1) 实验前要认真预习，明确实验目的，了解原理、方法和步骤。

(2) 进入实验室首先检查所需的药品、仪器是否齐全。要做规定外的实验，要预先准备并事先报告教师得到同意。

(3) 在实验室中遵守纪律，不大声谈笑，不到处乱走。保持实验室安静有序，不许嬉闹做恶作剧。不得无故缺席，因故未做的实验应该补做。

(4) 实验中要遵守操作规程，执行一切安全措施。

(5) 实验中要集中精力，认真操作，仔细观察，积极思考，如实详细地做好记录。

(6) 爱护国家财产，小心使用仪器和设备，注意节约药品、水、电、煤气。不得动用他人的实验仪器，公用仪器和非常用仪器，用后立即洗净送回原处。发现仪器损坏要追查原因，填写仪器损坏单，登记补领。

(7) 按规定量取用药品，称取药品后及时盖好原瓶盖。放在指定地方的药品不得擅自拿走。

(8) 对于精密贵重仪器要特别爱护，细心操作，避免粗枝大叶而损坏仪器。如发现仪器有故障，应立即停止使用，报告教师以及时排除故障。

(9) 随时注意工作环境的整洁。废纸、火柴梗、碎玻璃等倒入垃圾箱内；废液倒入废液缸中，必要时经过处理后再倒到指定地方，切不可随便倒入水槽。

(10) 实验结束应洗净仪器放回原处，整理实验台面，仪器药品摆放整齐，桌面清洁。然后检查水、煤气、门窗是否关闭和断开电源。每次实验后由同学轮流值日，负责打扫和整理实验室。

(11) 在实验室中严禁饮食、喝水和抽烟。若出现意外事故应保持镇静，及时报告老师并听从指挥，积极进行处理。

第八节 实验记录和数据处理

一、原始记录

原始记录是化学实验工作原始情况的记载。为确保记录真实可靠，实验者应有专门的实验记录本按顺序编号，不能随便撕去。实验过程中的各种测量数据及有关现象应及时、准确、详实地记录下来，切忌夹杂主观因素，更不能随意抄袭拼凑和伪造数据。原始记录的基本要求：

（1）用钢笔或圆珠笔填写，对文字记录应清晰工整，对数据记录尽量采用一定的表格形式。

（2）实验过程中涉及的各种特殊仪器的型号和标准溶液浓度等应及时记录下来。

（3）记录实验过程中的测量数据，应注意有效数字的位数，即只保留最后一位可疑数字。如常用的几个重要物理量的测量误差一般为质量：±0.0001g（万分之一天平）；容器：±0.01mL（滴定管、容量瓶、吸量管）；pH：±0.01；电位：±0.0001V；吸光度：±0.001单位等。由于测量仪器不同，测量误差可能不同。因此，应根据具体实验情况及测量仪器的精度正确记录测量数据。

表示精密度时，通常只取一位有效数字。只有测定次数很多时，方可取两位且最多取两位有效数字。

（4）原始数据不准随意涂改，不能缺项。在实验过程中，如发现数据算错、记错或测错需要改动时，可将该数据用一横线划去，并在其上方写上正确数字。

二、有效数字及其运算规则

（一）有效数字

一个有效的测量数据，既要能表示出测量的大小，又要能表示出测量的准确度。例如，用分析天平称得某试样0.6180g，此数据既表示称出的试样质量是0.6180g，同时又表示出，由于分析天平的感量是±0.0001g，此数据的最后一位“0”是不能完全确定的，该试样的质量实际是0.6180±0.0001g之间，即称量的绝对误差是在±0.0001g，相对误差（‰）则为：

$$\frac{\pm 0.0001}{0.6180} \times 1000 = \pm 0.2$$

如果把结果记为0.618g，显然是错误的。因为它表明试样实际质量在0.618±0.001之间，即绝对误差为±0.001g，而相对误差（‰）则为±2。又如，从滴定管读出某溶液消耗的体积为25.60mL，由于最后一位“0”是读数时根据滴定管的刻度估计的，“0”是不确定数字，该溶液消耗的体积实际为（25.60±0.01）mL。绝对误差是±0.01mL，相对误差（‰）为±0.4，如果把结果记为25.6mL显然是错误的。所以，有效数字是指在测量中实际能测量到的数字，在记录一个测量数据时所保留的有效数字中只有最后一位是不确定的，有效数字是由全部确定数字和一位不确定数字构成的。上述称量的0.6180g和体积读数25.60mL均为四位有效数字。同理：

配合物稳定常数	4.90×10^{10}	三位有效数字
溶液的浓度	$0.1010 mol \cdot L^{-1}$	四位有效数字
	$0.2 mol \cdot L^{-1}$	一位有效数字
质量分数	55.08%	四位有效数字
	0.5206	四位有效数字

有效数字中的“0“有不同的意义。

（1）“0”在数字前，仅起定位作用，“0”本身不是有效数字。如0.256中是三位有效数字；0.05，是一位有效数字。

（2）“0”在数字中，则是有效数字。如25.08，是四位有效数字。

（3）“0”在小数点后，也是有效数字。如25.00，是四位有效数字；0.0080，是两位有效数字。

（4）以“0”结尾的正整数，其有效数字的位数不定，如25000，可能是两位、三位、四位，甚至是五位有效数字。这种数值应根据有效数字的位数情况，用科学记数法改写为10的整数次幂来表示。若是两位，则写成 2.5×10^4；若是三位，则写成 2.50×10^4；若是五位，则定成 2.5000×10^4。

含有对数的有效数字位数的确定，取决于小数部分数字的位数，整数部分只说明这个数的方次。如 pH=11.02 的溶液，$[H^+]=9.6\times10^{-12}mol\cdot L^{-1}$，是二位有效数字。

对于计算公式中含的自然数，如测定次数 $n=4$，化学反应计量系数2.3，π、e等常数，等系数 $\sqrt{2}\frac{1}{2}$ 将均不是测量所得，可视为无穷多位有效数字。另外，若某一数据的第一位有效数字等于或大于8，则有效数字的位数可多算一位，如0.0876、0.0980可视为四位有效数字。

（二）有效数字运算规则

有效数字运算规则是指数字修约规则和数据运算规则。

1. 数字修约规则

实验的最终结果，常常需要若干测量参数经各种数字运算才能求得，而各测量参数的有效数字又不尽相同，根据有效数字的要求舍去测量数据中某些多余数字的处理称为数字修约。对数字的修约过去采用“四舍五入”的原则，显然逢5就进位的办法，从统计规律分析，会使数据偏向高的一边，引起系统的舍入误差，现在对各种测量、计算的数值需要修约时，应按国家标准（GB 8170—87）《数值修约规则》进行。

（1）进舍规则（四舍六入五留双）。

① 拟舍弃数字的最左一位数字小于5时，则舍去，即保留的各位数字不变，例如，将12.1498修约到三位有效数字，得12.1。

② 拟舍弃数字的最左一位数字大于5或者等于5，而其后跟有并非全部为“0”的数字时，则进一，即保留的末位数字加1，例如：将1268修约成三位有效数字，得127×10。又如：将10.502修约到二位有效数字，得11。

③ 拟舍弃数字最左一位数字为5，而其后无数字或皆为“0”时，若所保留的末位数字为奇数则进一，为偶数则舍弃。例如，将下列数据修约到两位有效数字：

1.050→1.0　　　　73.5→74

0.0325→0.032　　　　0.8150→0.82

④ 负数修约时，先将它的绝对值按上述①～③规定进行修约，然后在修约值前面加上负号，例如，将下列数字修约到两位有效数字。

$-355\to-36\times10$　　　　$-325\to-32\times10$

$-365\to-36\times10$　　　　$-0.0365\to-0.36\times10^{-1}$

（2）不许连续修约，拟修约数字应在确定修约位数后一次修约获得结果，而不得按（1）规定连续修约。应根据拟舍弃数字的最近一位数字的大小，按（1）规定的规则处理。例如，将15.4546修约到两位有效数字。正确的做法是15.4546→15。不正确的做法是15.4546→15.455→15.46→15.5→16。

2. 有效数字运算规则

对测量数值进行运算时，每个测量值的准确度不一定完全相等，这就要求必须按有效数字的运算规则进行计算。

（1）加减法。几个数据相加或相减时，它们的和或差的有效数字位数的保留，应以小数点后位数最少(绝对误差最大)的数据为准。一般不得在加减之前，先把小数点后多余位数进行舍入修约，然后再加减；也不得在加减之前，把小数点后位数较多的数进行舍入修约；应当使其比小数点后位数最少的数多一位小数，然后再加减，最后对计算结果小数点后多余位数进行舍入修约，使其与原有效数字中小数点后位数最少者相同。

例1：求 $0.0121+25.64+1.0435=?$

解：$0.0121+25.64+1.0435=26.6956\xrightarrow{\text{按运算规则修约为}}26.70$

若对“例1”在相加前，先把小数点后多余位数进行舍入修约，然后再相加，则是错误的。

$0.01+25.64+1.04=26.69$(此数值是错的)

例2：$5.007-1.0025-1.05=?$

解：$5.007-1.0025-1.05=2.9545\xrightarrow{\text{按运算规则修约为}}2.95$

若对“例2”在相减之前，先把小数后位数较多的数进行舍入修约，使其比小数点后位数最少的数多一位小数，然后再相减，最后对计算结果小数点后多余位数进行舍入修约，使其与原有效数字中小数点后位数最少者相同，则是错误的。

$$5.007-1.002-1.05=2.955\xrightarrow{\text{舍入修约为}}2.96\text{(此数值是错的)}$$

例3：$18.12+13.8551-9.123=22.8521\xrightarrow{\text{按运算规则修约为}}22.85$

（2）乘除法。几个数据相乘或相除时，它们积或商的有效数字位数应以有效数字位数最少(相对误差最大)的数据为准，即所得积或商的有效数字位数应与原有效数字位数最少者的位数相同。一般不得在相乘除之前，先把多余位数进行舍入修约，然后再相乘除。

例4：

$$\frac{15.32\times0.1232}{5.32}=0.354778947\xrightarrow{\text{按运算规则修约为}}0.355$$

若对“例4”在乘除之前，先把小数点后多余位数进行舍入修约，然后再乘除，则是错误的。

$$\frac{15.3\times0.123}{5.32}=0.353740601=0.354\text{(此数值是错的)}$$

（3）乘方和开方。对测量数值进行乘方开方运算时，原数值有几位有效数字，计算结果可保留几位有效数字。

例如：$12^2=144=1.4\times10^2$

又如：$\sqrt[3]{2.28\times10^3}=13.16168873=13.2$

三、实验报告

做完实验之后，更为重要的是分析实验现象，整理实验数据，把直接的感性认识提高到理性认识阶段，对所学知识举一反三，得到更多的东西，这些工作都需要通过书写实验报告来训练和完成。实验报告是实验结果的记录，是思维的记录，是实验的永久性记录，因此，要用钢笔或圆珠笔简洁、准确填写，字迹端正、清晰，数字最好用印刷体。

由于实验类型不同，对实验报告的要求、格式等也有所不同，但对实验报告的内容大同小异，一般包括三部分，即预习部分、记录部分和数据整理部分。

1. 预习部分(实验前完成)

预习部分通常包括下列内容：

(1) 实验题目。

(2) 实验日期。

(3) 实验目的。

(4) 仪器药品。所用仪器型号、重要的仪器装置图等；药品规格及溶液浓度等。

(5) 实验原理。简要地用文字和化学反应式说明，对特殊仪器的实验装置应画出装置图。

(6) 简明扼要写出实验步骤。

2. 记录

又称原始记录，要根据实验类型自行设计记录项目或表格，在实验中及时记录。这部分内容一般包括实验现象、检测数据。有的实验数据直接由仪器自动记录或画成图像。

3. 数据整理及结论(实验后完成)

这部分包括结果计算、实验结论、问题讨论及现象分析等。

结果计算与结论：对于制备与合成类实验要求有理论产量计算、实际产量及产率计算；对于分析类实验要求写出计算公式和计算过程，并计算实验误差且报告结果；对于物理化学参数测定有必要的计算公式和计算过程，并用列表法或图解法表达出来。

问题讨论：对实验中遇到的问题、异常现象进行讨论，分析原因，提出解决办法，对实验结果进行误差计算和分析，对实验提出改进意见。

实验总结：对所做实验进行总结并做出结论。

思考题

1. 对原始记录的基本要求有哪些？

2. 什么叫有效数字？“0”在有效数字中有什么特殊意义？

3. 国家标准中数值的修约规则有哪些？

4. 下列各数的有效数字是几位？

① 0.00058　② 3.6×10^{-5}　③ 48.01%　④ 0.0987　⑤ 0.020430

⑥ 3.500×10^{4}　⑦ 0.002000　⑧ 35000　⑨ =4.12　⑩1000.00

⑪ 2.64×10^{-7}　⑫ 1.2340

5. 将下列数据按所示的有效数字位数进行修约：

① 2.346　修约成三位有效数字；

② 3.2374　修约成四位有效数字；

③ 2.31664　修约成四位有效数字；

④ 4.3650　修约成三位有效数字；

⑤ 2.0511　修约成二位有效数字；

⑥ 23.455　修约成四位有效数字；

⑦ 7.54946　修约成二位有效数字；

⑧ 78.51　修约成二位有效数字。

6. 按有效数字计算规则，计算下列各式。

① $0.0025+2.5\times10^{-3}+0.1025$

② $\frac{51.38}{8.709\times0.09460}$

③ $\sqrt{\frac{1.5\times10^{-8}\times6.1\times10^{-8}}{3.3\times10^{-5}}}$

④ $\frac{31.0\times4.03\times10^{4}}{3.152\times0.002034}+5.8$

⑤ $\frac{0.1000(25.00-1.52)\times246.47}{1.000\times1000}\times100\%$

⑥ K_2CrO_7的摩尔质量：$39.0983\times2+51.996\times2+15.9996\times7$

实验 1－1　参观和练习

一、目的要求

（1）了解实验室的布置和设施；

（2）认识常见仪器和药品；

（3）熟悉量筒、台秤、滴管和试纸的使用方法。

二、仪器和试剂

台秤、量筒、烧杯、滴管、玻璃棒、表面皿、广泛试纸、酚酞指示剂 $NaHCO_3$、试管。

三、步骤

1. 参观实验室

（1）观察并记住电源闸、煤气开关、水开关的位置。

（2）了解常见仪器和药品的存放位置。

（3）记录一种化学试剂的标签(外观、格式和内容)。

（4）记录常用量具的名称和规格。

（5）记录可直接加热的常用玻璃仪器的名称和规格。

2. 台秤称量练习

用表面皿作容器在台秤上称取 1g $NaHCO_3$放入烧杯中。

3. 用量筒读数练习

用量筒量取 100mL 水倒入放有 1g $NaHCO_3$的烧杯中，用玻璃棒搅拌溶解完全。将溶液完全转入 100mL 的试剂瓶中，并自写一个标签贴上。

4. 液体试剂取样练习和滴管使用练习

（1）用 10mL 小量筒从试剂瓶中取出 10mL，最后几滴用滴管滴加。

（2）用小量筒和滴管测试 1mL 大约相当于多少滴。

（3）取一支试管从试剂瓶中取约 5mL 试液，滴入几滴酚酞指示剂，观察试液呈现的颜色。

5. 试纸的使用

用广泛 pH 试纸测试所配溶液的 pH 值，测三次，看看读数是否相同。再自选一种精密 pH 试纸再测一次，观察与前三次数值是否相同。

6. 倾注法取液体试剂

将试剂瓶中的试液用倾注法倒回烧杯中。

第二章　化学实验基本操作技术

第一节　化学实验常用玻璃器皿的洗涤和干燥

一、常用玻璃仪器的洗涤

1. 洗涤液的类型

水是最普通、最廉价、最方便的洗涤液，除此之外实验室还常用一些其他的洗涤液。

（1）酸性洗涤液。

① 铬酸洗涤液。将重铬酸钾研细成末，放置于烧杯中，每 20g$K_2Cr_2O_7$加 40mL 蒸馏水加热溶解，冷却后在充分搅拌下缓缓加入 360mL 浓 H_2SO_4至溶液呈深褐色，置于密闭容器中备用。

铬酸洗液具有强酸性和强氧化性，适用于洗涤无机物沾污的玻璃器皿和器壁残留的少量油污。用洗液浸泡沾污器皿一段时间，效果更好。洗涤液失效后呈绿色，可用 $KMnO_4$再生。

② 工业盐酸和草酸洗涤液。工业浓盐酸或 1∶1 盐酸溶液主要用于洗去碱性物质以及大多数无机物残渣。草酸洗液是将 5～10g$H_2C_2O_4$溶于 100mL 水中，再加少量浓盐酸配成，主要用来洗涤 MnO_2和三价铁的沾污。

③ 硝酸溶液。浓度为 6mol · L^{-1}的 HNO_3溶液也经常用来洗涤某些还原性物质的沾污。玻璃砂芯漏斗耐强酸和强氧化性，故在使用后，常用 HNO_3溶液浸泡一段时间，再用蒸馏水涤净抽干。

（2）碱性洗涤液。

① 热肥皂液和合成洗涤剂液。将肥皂削成小片用热水溶解配成约 10% 左右的溶液，也可用洗衣粉等合成洗涤剂配成热溶液，洗涤油脂类污垢效果良好。

② 碱溶液一般为 20% 的碳酸钠溶液，也可用效力相似的 10% 左右的 NaOH 溶液，适用于洗涤油脂沾污的器皿。

③ 碱－乙醇洗涤液。在 120mL 水中溶解 120g 固体 NaOH，用 95% 的乙醇稀释成 1L，用于铬酸洗液无效的各种油污。但凡浓度大的碱液都能浸蚀玻璃，故不要加热和长期与玻璃器皿接触，通常储存于塑料瓶中。

④ 碱性 $KMnO_4$溶液。4g$KMnO_4$溶于少量水中再加入 10gNaOH 溶解并稀释成 100mL。使用时倒入被清洗器皿浸泡 5～10min 后倒出，油污和其他有机污垢均能除去，但会留下褐色 MnO_2痕迹，须用盐酸或草酸洗涤液洗去。

（3）有机溶剂。乙醇、苯、乙醚、丙酮、汽油、石油醚等有机溶剂均可用来洗各种油污。用酒精和乙醚等体积混合液洗油腻的有机物很有效，用过的废液经蒸馏回收后还可再用。有机溶剂易着火，有的还有毒，使用时应注意安全。将 2 份煤油和 1 份油酸的混合液与等体积的浓氨水和变性酒精的混合液搅拌混合均匀，用来清洗油漆很有效，如将油漆刷子浸入洗液过夜，再用温水充分洗涤即可。

（4）特殊洗涤液。这类洗涤液对“症”洗涤某些特定污垢，特别是一些难溶污垢。

① 碘 - 碘化钾溶液。1gI_2和 2gKI 溶于少量水中，再稀释至 100mL，用来洗去 $AgNO_3$黑色褐色沾污。

② 乙醇 - 浓消酸溶液。用一般方法很难洗净的有机沾污，先用乙醇润湿后倒去过多的乙醇留下不到 2mL，向其中加入 10mL 浓 HNO_3静止片刻，立即发生激烈反应并放出大量热和红棕色气体 NO_2(小心!)，反应停止后用水冲洗。这个过程必须在通风条件下完成，还应特别注意，绝不可先将乙醇和浓硝酸混合。

(5) 其他洗涤液。一些沾污用通常洗涤液还不能除去，就应当根据附着物的性质，采用适当的药品处理。例如，器壁上沾有硫化物可用王水溶解，沾有硫磺时可用 Na_2S 处理，AgCl 沉淀沾污用氨水或 Na_2SO_3处理，MnO_2棕色斑痕也可用 $FeSO_4$和稀 H_2SO_4溶液洗涤。

2. 洗涤方法

玻璃仪器的洗涤应根据实验的目的要求、污物的性质及沾污程度，有针对性地选用洗涤液，分别采用下列洗涤方法。

(1) 振荡洗涤。振荡洗涤又叫冲洗法，对于可溶性污物可用冲洗法，利用水把可溶污物溶解而除去。为了加速溶解，必须振荡。往仪器中加入不超过容积 1/3 的自来水，稍用力振荡后倒掉，反复冲洗数次。试管和烧瓶的振荡如图 2 - 1 和图 2 - 2 所示。

(2) 刷洗法。内壁有不易冲洗掉的污垢，可用毛刷刷洗，准备一些适用于各种容量仪器的毛刷，如试管刷、烧瓶刷、滴定管刷等。用毛刷蘸水或洗涤液对容器进行刷洗，利用毛刷对器壁的摩擦使污物去掉，用毛刷洗涤试管的步骤如图 2 - 4、图 2 - 5、图 2 - 6 所示。

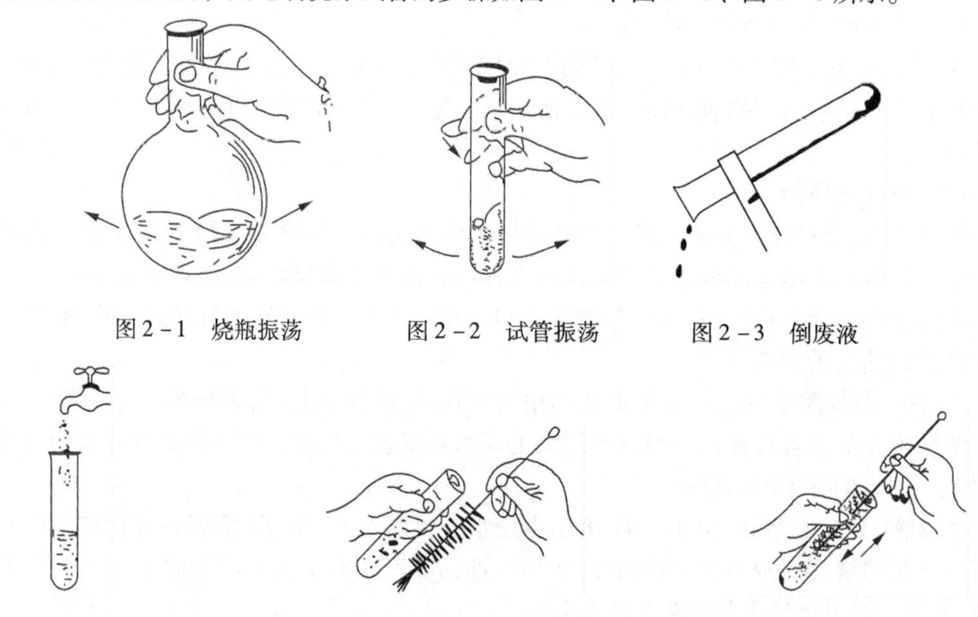

图 2 - 1　烧瓶振荡　图 2 - 2　试管振荡　图 2 - 3　倒废液

图 2 - 4　注入一半水　图 2 - 5　选好毛刷确定手拿部位　图 2 - 6　来回柔力刷洗

(3) 浸泡洗涤。又叫药剂洗涤法，利用药剂与污垢溶解和反应转化成可溶性物质而除去。对于不溶性的用水刷洗也不能去掉的污物，就要考虑用药剂或洗涤剂洗涤。例如，先把仪器中的水倒尽，再倒入少量铬酸洗液，使仪器倾斜并慢慢转动，让仪器内壁全部被洗液湿润，转几圈后将洗液倒回原处。用热洗液浸泡一段时间效果更好。又如砂芯玻璃漏斗，对漏斗上的沉淀物选用适当的洗涤液浸泡 4 ~ 5h，再用水冲洗，晾干。

3. 洗涤中的注意事项

（1）刷洗时所用的毛刷，通常根据所洗仪器的口径大小来选取，过大过小都不合适，不能使用无直立竖毛的试管刷和瓶刷，刷洗不能用力过猛，以免击破仪器底部；手握毛刷的位置不宜太高，以免毛刷柄抖动和弯曲及毛刷端头铁丝头撞击仪器底部。

（2）用肥皂液或合成洗涤剂等刷洗不干净，或仪器因口小、管细不便用毛刷洗时，一般选用洗液洗涤。使用洗液时仪器中不宜有水，以免稀释使洗液失效；储存洗液要密闭，以防吸水失效，洗液中如有浓硫酸，在倒入被洗仪器中时要先少量，以免发生的反应过分激烈，溶液溅出伤人；洗液中如含有毒 Cr^{3+} 要注意安全；切忌将毛刷放入洗液中。

（3）洗涤时通常选用自来水(不能为了凑效再用肥皂液、合成洗涤剂等刷洗)，仍不能除去的污垢采用洗液或其他特殊洗涤法，洗完后都要用自来水冲洗干净，必要时再用蒸馏水洗。

（4）洗涤中蒸馏水的使用目的在于冲洗经自来水冲洗后留下的某些可溶性物质，所以，只是为了洗去自来水才用蒸馏水，使用时应尽量少用，符合少量多次(一般三次)的原则。

（5）仪器洗净的标志是把仪器倒转过来，水顺着器壁流下只留下均匀薄薄的一层水膜，不挂水珠，证明仪器已洗洁净。

（6）已洗净的仪器不能再用布或纸擦拭，因为布和纸的纤维或上面的污物反而将仪器弄得更脏。

二、玻璃仪器的干燥

有的实验要求无水操作，这就要求把洗净的仪器干燥。干燥除水可采用下列方法。

（1）晾干或风干法。将洗净的仪器倒置于沥水木架上或放在干燥的柜中过夜，让其自然干燥，自然干燥最简单也最方便，但要防尘。

（2）烤干。利用加热能使水分迅速蒸发的方法，使仪器干燥。此法常用于可加热或耐高温的仪器，如试管、烧瓶、烧杯等。加热前先将仪器外壁擦干，然后用小火烤，烧杯等放在石棉网上，如图 2－7 所示。试管用试管夹夹住，在火焰上来回移动保持试管口低于管底，直到不见水珠后再将管口向上赶尽水气，如图 2－8 所示。

（3）有机溶剂干燥又叫快干法，对一些不能加热的厚壁仪器如试剂瓶、比色皿、称量瓶等，或有精密刻度的仪器如容量瓶、滴定管、吸管等，可加入 3～5mL 易挥发且与水互溶的有机溶剂，转动仪器使溶剂将内壁湿润后回收溶剂。借残余溶剂的挥发把水分带走，如图 2－9 所示。如同时用电吹风往仪器中吹入热风，更可加速干燥，如图 2－10 所示。

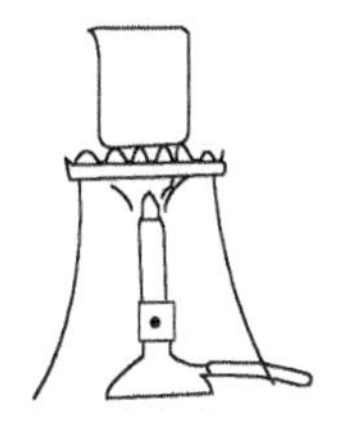

图 2－7　烧杯烤干

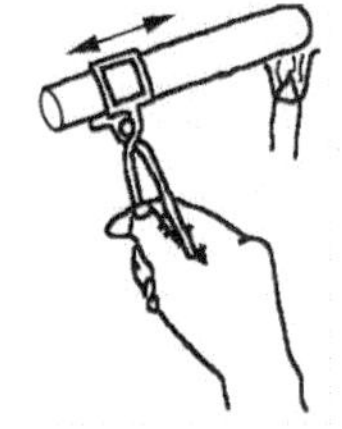

图 2－8　试管烤干

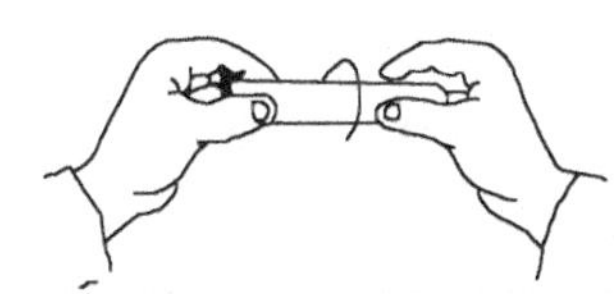

图 2－9　快干(有机溶剂法)

（4）吹干。使用电吹风对小型和局部干燥的仪器比较适用，它常与有机溶剂法并用。

使用方法：一般先用热风吹，后用冷风吹。近年来实验室已普遍使用气流烘干器来干燥某些玻璃仪器，如图 2－11 所示。

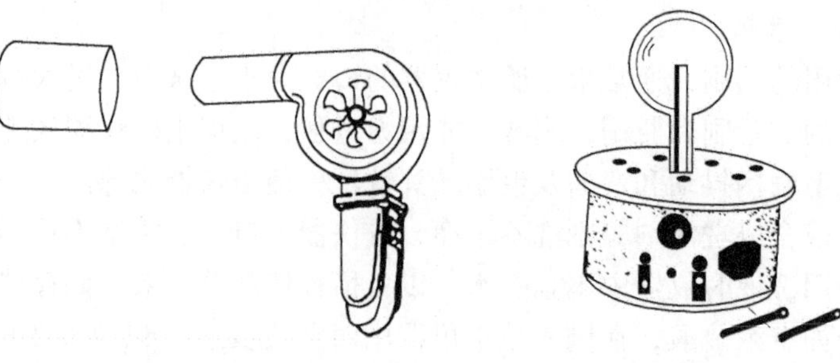

图 2－10　吹干　　图 2－11　气流烘干器

（5）烘干法。烘箱又叫电热鼓风干燥箱，是干燥玻璃仪器的常用设备，也用来干燥化学药品。烘箱适用于需要干燥较多的仪器时使用，一般是将洗净的仪器倒置控水后，放入箱内的搁板上，关上门，将箱内温度控制在 105～110℃左右，恒温约 30min 即可。

三、电热恒温干燥箱的使用

电热恒温干燥箱又叫电热鼓风干燥箱，简称烘箱，如图 2－12 所示。箱的外壳是由薄钢板制成的方形隔热箱，内腔叫工作室，室内有几层孔状或网状隔板又叫搁板，用来搁放干燥物品。箱底有进气孔，顶上有可调节孔径的排气孔，达到换气目的。排气孔中央插入温度计以指示箱内温度。箱门有两道，里道是高温而不易破碎的钢化玻璃，外道是具有绝热层的金属隔热门。箱侧有温度控制器、指示灯、鼓风用的电动机、电热开关及电器线路等部件。

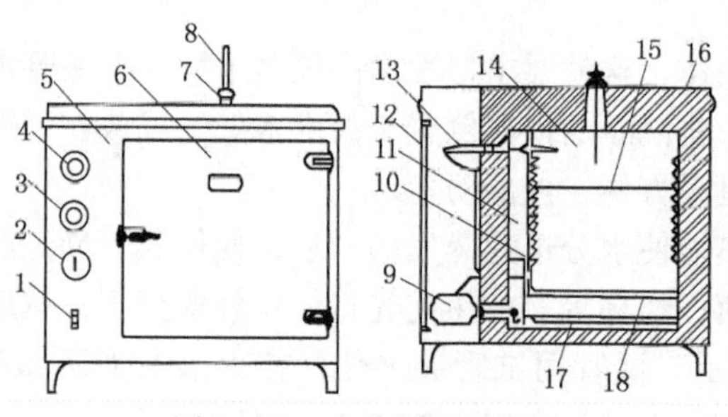

图 2－12　电热恒温干燥箱

1—鼓风开关；2—加热开关；3—指示灯；4—控温器旋钮；5—箱体；6—箱门；7—排气阀；8—温度计；9—鼓风电动机；10—搁板支架；11—风道；12—侧门；13—温度控制器；14—工作室；15—试样搁板；16—保温层；17—电热器；18—散热板

烘箱的热源是外露式电热丝，装在瓷盘中或绕在瓷管上，固定在箱底夹层中。大型烘箱电热丝分两大组，一组为恒温电热丝，由温度控制器控制，是烘箱的主发热体；另一组为辅助电热丝，直接与电源相连，是辅助发热体，用来短时间升温到 120℃以上的辅助加热。两组热丝合并在转换开关旋钮上，常见的是四档旋钮开关，旋钮指“0”干燥箱断电不工作；指“1”档和“2”档时恒温加热系统工作；指“3”和“4”时恒温系统和辅助都在加热工作。有的烘箱只分成“预热”和“恒温”两档，还有分 3 档的。

烘箱常用温度是 100～150℃，在 50～300℃可任意选定温度。烘箱的型号不同，升温、恒温的操作方法及指示灯的颜色亦有差异。使用前要熟读随箱所带的说明书，按说明书要求进行操作。图 2－12 所示的电热鼓风干燥箱使用时，应先接上电源，然后开启两组加热开关，将控温器旋钮由“0”位顺时针旋至适当指数（不表示温度）处，箱内开始升温，指示灯发亮，同时开动鼓风机。当温度升至所需工作温度（从箱顶温度计上观察）时，将控温器旋钮逆时针慢慢旋回至指示灯熄灭，再仔细微调至指示灯复亮，指示灯明暗交替处即为所需温度的恒定点。此时再微调至指示灯熄灭，令其恒温。

烘箱使用时注意：

(1) 烘箱应安装在室内通风、干燥、水平处，防止震动和腐蚀。

(2) 根据烘箱的功率、所需电源电压，配置合适的插头、插座和保险丝，并接好地线。

(3) 往烘箱放入欲干燥的玻璃仪器，应先尽量把水沥干，自上而下依次放入。在烘箱下层放一搪瓷盘承接从仪器上滴下的水，防止水滴到电热丝上。

(4) 先打开箱顶的排气孔，再接上电源，升温、恒温干燥完成后取出仪器，要防止烫伤，仪器在空气中冷却时，要防止水气在器壁上冷凝，必要时移入干燥器中存放。

(5) 易燃、易挥发、有腐蚀性物质不能进入烘箱，以免发生火灾和爆炸事故。

(6) 保持箱内清洁，不得放入其他杂物，更不能放饮食加热或烘烤。

(7) 升温阶段不能无人照看，以免温度过高，导致水银温度计炸裂。

思考题

1. 一位同学拿起一支试管，用蒸馏水注满，上下振荡冲洗，仅重复了三次。整个过程有什么错误?

2. 玻璃仪器洗干净的标志是什么?

3. 一只污染了黑色 MnO_2 的锥形瓶，怎样将它洗干净，以用来做滴定分析用?

4. 一只被油污沾污的烧瓶怎样将它洗干净，以便用来蒸馏粗乙醇实验用?

5. 使用烘箱要注意哪些事项?

实验 2－1 化学实验仪器的认领和洗涤

一、目的要求

(1) 认识化学实验中的常用仪器；

(2) 了解各种玻璃仪器的规格和性能；

(3) 掌握常用玻璃仪器的洗涤和干燥方法。

二、实验步骤

1. 检查仪器

根据实验室提供的仪器登记表对照检查实验仪器的完好性，认识各种仪器的名称和规格，然后分类摆放整齐。

2. 玻璃仪器的洗涤

(1)按下列步骤，洗涤一个普通试管、一个离心试管、一个烧杯、一个锥形瓶。

洗涤时先外后里，先用自来水冲洗，选用适当的毛刷；蘸取洗涤液(肥皂水、洗衣粉或去污粉)刷洗，用自来水冲洗干净后再用蒸馏水冲洗 2 ~ 3 次，然后检查是否洗净，加少量蒸馏水振荡几下倒出，将仪器倒置，如果仪器透明不挂水珠而是附着一层均匀的水膜就说明仪器已经洗净。

(2) 选择一个带有重污垢的烧瓶用自来水冲洗后，用适量的铬酸洗液浸泡 5 ~ 10min(铬洗液回收)，再用自来水冲洗干净后，最后用少量蒸馏水冲洗 2 ~ 3 次。

(3) 洗一支滴定管，先用自来水冲洗后，左手持酸式滴定管上端，使滴定管自然垂直，用右手倒入洗涤液约 10mL，然后换手，右手持滴定管上端，左手持下端稍倾斜，两手手心向上拇指向上，食指向下旋转滴定管，使滴定管边倾斜，边慢慢转动(小心玻璃活塞掉下)，将滴定管内壁全部被洗涤液润湿后，再转动几圈，放出洗涤液，用自来水把滴定管中的残液冲洗干净，再用少量蒸馏水冲洗2～3次。如果未洗干净也可选用铬酸洗液浸泡洗涤。

碱式滴定管的洗涤方法基本同上，但应该注意铬酸洗液不能直接接触乳胶管，否则会使乳胶管氧化变硬破裂。

洗涤时可先取下胶管部分，倒置，用吸耳球吸入铬酸洗液进行浸洗。

(4)洗一支吸量管。洗涤时通常用右手的大拇指和中指拿住管颈标线以上近管口处，把吸管插入洗涤液液面以下15～20mm深度(用烧杯盛洗涤液)，不要插入过深也不要插入过浅，以免吸管外壁带液过多或液面下降时吸空。

左手拿吸耳球，先把球内空气排出，把球尖端按住吸量管管口，慢慢松开手指，此时洗涤液逐渐吸入管内，并注意观察，当洗涤液吸入管内容积的1/3左右时，迅速移离吸耳球，右手食指快速按住管口，将吸量管横持，左手扶住管下端，管下口接烧杯，右手食指慢慢松开管口，边转动边降低管口端，使吸量管内壁全部被洗涤液润湿，然后从吸量管下口把洗涤液放出，再以同样的操作用自来水把吸量管中的残留液冲洗干净。

洗涤后的玻璃仪器，稍静置待水流尽后，器壁上应不挂水珠为宜。至此再用蒸馏水洗涤2～3次，除去自来水中带入的杂质。

3. 玻璃仪器的干燥

(1)将洗净的离心试管、烧瓶、锥形瓶放入烘箱中，温度控制在105℃左右，恒温半小时即可。也可倒插在气流干燥器口干燥。

(2)将洗好的滴定管倒夹在滴定台上自然晾干。

(3)将洗净的普通试管用酒精灯焰烤干。

(4)将洗净的烧杯用电吹机吹干，必要时注入5～10mL无水乙醇后转动烧杯使溶剂沿内壁流动，待烧杯内壁全部被乙醇润湿后倒出(回收)，再吹干。

三、注意事项

(1)用毛刷刷洗玻璃仪器时用力不要过猛，以免捅坏仪器扎伤皮肤。

(2)准确量度溶液体积的仪器如滴定管、容量瓶、吸量管等，不能用毛刷和去污粉刷洗，以免降低其准确度。

(3)铬酸洗液具有强酸性、强氧化性，毒性较大，对皮肤、衣物等都有较强的腐蚀性，使用时应格外仔细，小心操作，以免溅出造成损伤。使用前应先倾干仪器中的水分，使用后应倒回原瓶保存。

思考题

1. 使用铬酸洗液应注意哪些问题?

2. 如何使用烘箱干燥玻璃仪器?

3. 精密玻璃量具能否用去污粉和毛刷刷洗？为什么?

第二节　加热和化学品的干燥技术

一、热源

1. 灯焰热源

实验中的明火主要指灯焰，实验室常用的有酒精灯、酒精喷灯、煤气灯等。

（1）酒精灯。酒精灯构造简单，如图 2－13 所示。灯焰可分为焰心、内焰、外焰，如图 2－14 所示。

酒精灯的使用，如图 2－15 ~ 图 2－19 所示，加入酒精量为酒精灯体积的 1/3 ~ 2/3。

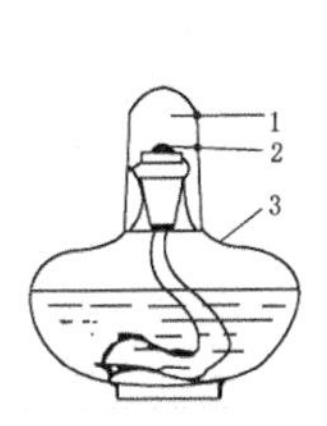

图 2－13　酒精灯的构造

1—灯帽；2—灯芯；3—灯壶

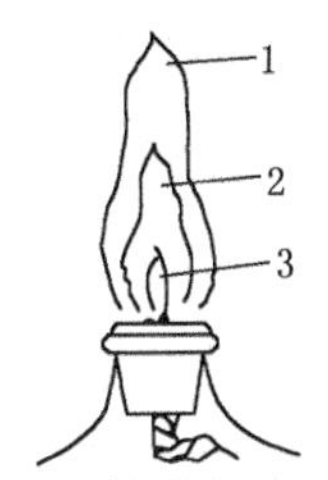

图 2－14　酒精灯的灯焰

1—外焰；2—内焰；3—焰心

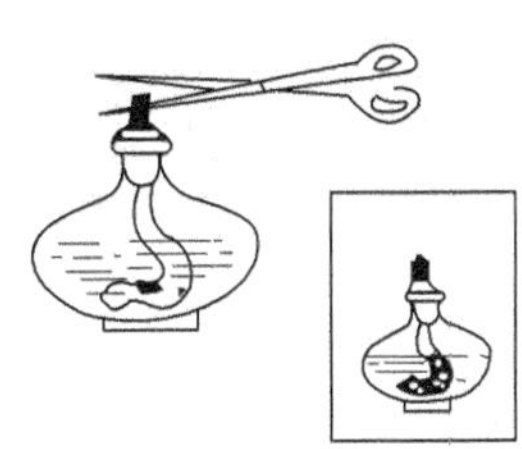

图 2－15　修整灯芯

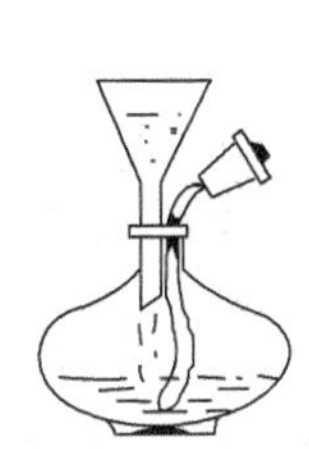

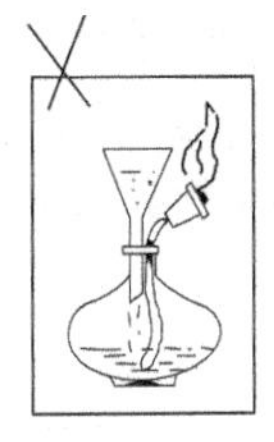

图 2－16　添加酒精

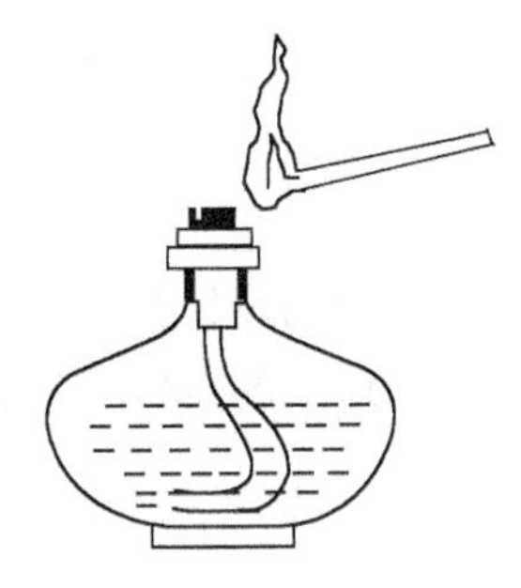

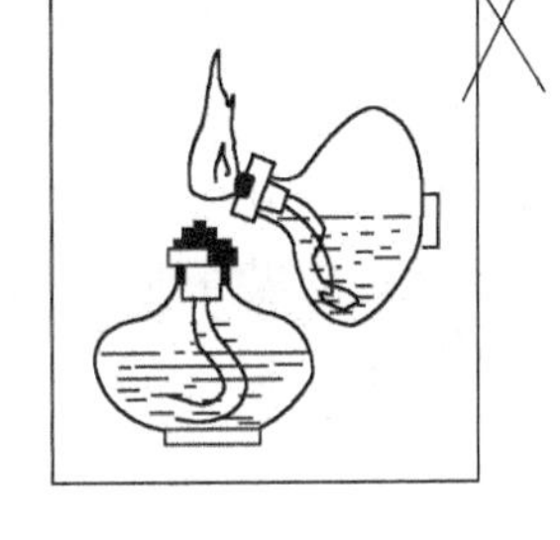

图 2－17　点燃

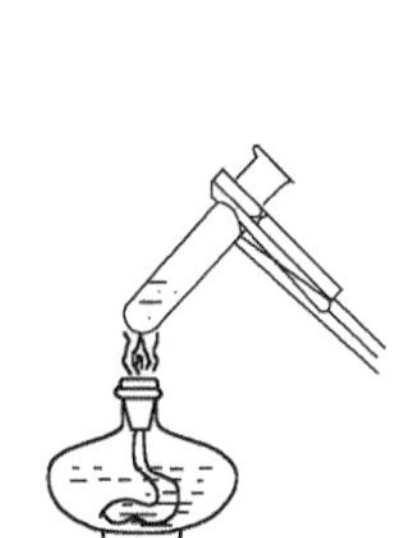

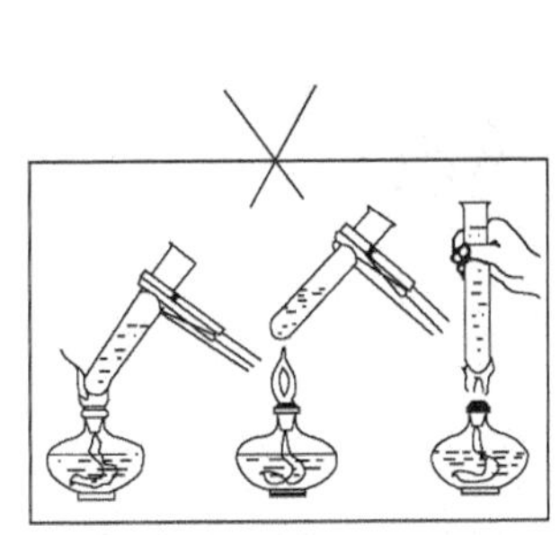

图 2－18　加热

图 2－19　盖灭

（2）酒精喷灯。常见的有座式和挂式两种，如图 2－20、图 2－21 所示。

使用挂式酒精灯时，在酒精储罐中加入适量工业酒精，挂到距喷灯约 1.5m 左右的上方，在预热盆中注入少量酒精，点燃以加热灯管，待盆内酒精接近烧完时，小心开启开关，使酒精进入灯管后受热汽化上升，用火柴在管口上方点燃，调节酒精进入量和空气孔的大小，即可得到理想的火焰。座式喷灯，酒精储在壶中，用法与挂式相似，但是座式喷灯因酒精储量少，连续使用不能超过半小时，如需较长时间使用，应先熄灭、冷却，再添加酒精。

挂式喷灯用毕，必须立即先将酒精储罐的下口关闭，当灯管没有充分预热好，或室温低且火焰小时，酒精在灯管内不能完全汽化，会有液体酒精从灯管口喷出形成“火火雨”，此时最易引起火灾，必须立即关闭，重新预热为正常状态方可使用。

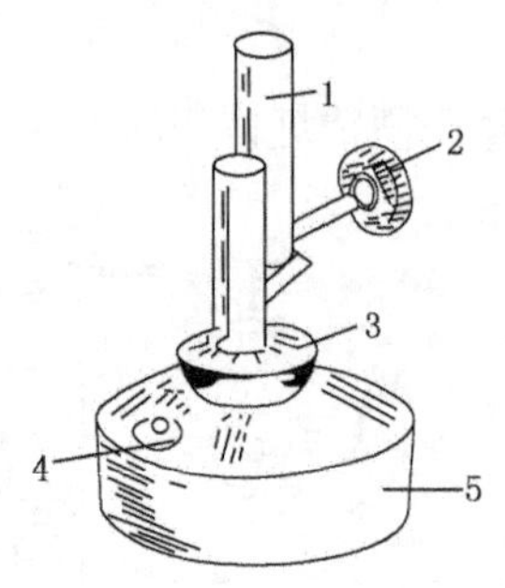

图 2－20　座式喷灯

1—灯管；2—空气调节器；3—预热盘；4—铜帽；5—酒精壶

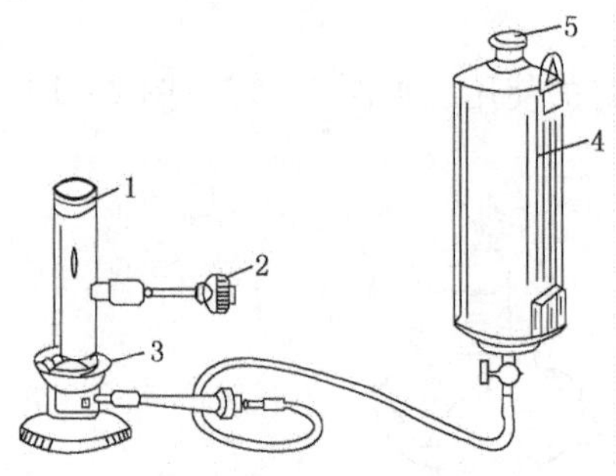

图 2－21　挂式喷灯

1—灯管；2—空气调节器；3—预热盘；4—酒精储罐；5—盖子

（3）煤气灯。煤气灯式样很多，但构造原理基本相同，最常见的煤气灯如图 2－22 所示。它由灯座和金属管两部分组成，金属灯管的下部有螺旋与灯座相接，灯管下部有几个圆孔是空气进口，旋动灯管可以调节空气的进入量，灯座侧面煤气的进口另一侧（或下方）有一螺旋针，用来调节煤气的进入量。使用煤气灯时先旋转金属灯管将灯上的空气入口关闭，用橡皮管联结灯的煤气进口和煤气管道上的出口，开启煤气灯旋塞并将灯点燃，如图 2－23 和图 2－24 所示。

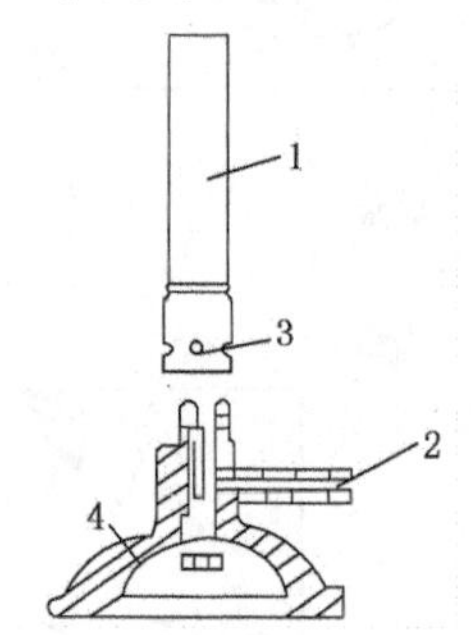

图 2－22　煤气灯的构造

1—灯管；2—煤气入口；3—空气入口；4—螺旋形针阀

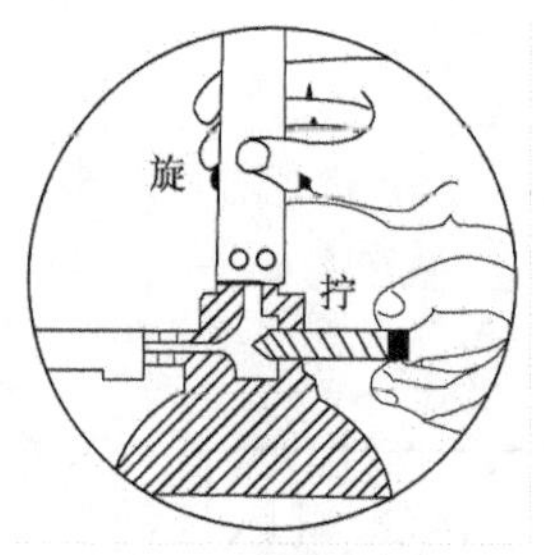

图 2－23　煤气灯的调节

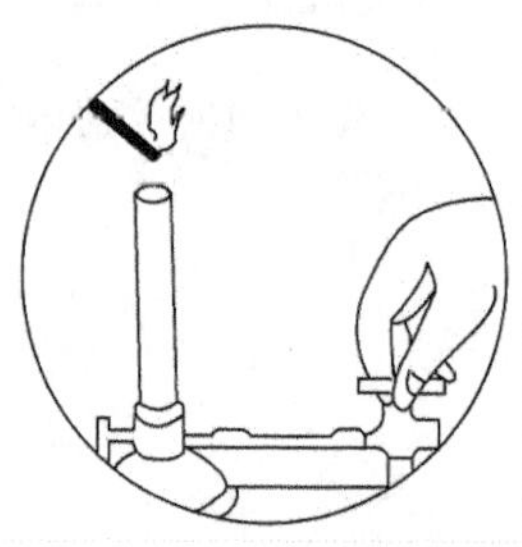

图 2－24　煤气灯的点燃

刚点燃的火焰温度不高，呈黄色。旋转金属灯管逐渐加大空气的进入量，煤气的燃烧较完全，产生出正常的火焰，如图 2－25 所示，正常火焰是无色的，可分成三个锥形区域。内层焰心，煤气与空气混合呈黑色，温度约 300℃；中层为还原焰，煤气没有完全燃烧，部分分解为含炭产物，故该区域的火焰具有还原性，火焰呈淡蓝色，温度较高，外层是氧化焰，过剩的空气使这部分火焰具有氧化性，火焰呈紫色，温度最高达 900～1000℃。实验中都用氧化焰加热。

当空气和煤气的进入量调节得不适当时，会产生不正常的火焰。当煤气和空气进入量都过大，就会临空燃烧，产生“临空火焰”；当煤气量进入过少，而空气量很大，煤气就在灯管内燃烧，还会产生特殊的嘶嘶声和一根细长的火焰叫做“侵入火焰”，如图 2－26、图 2－27所示。有时在使用过程中，煤气量因某种原因而减少，这时就会产生侵入火焰，这种现象叫“回火”，当遇到临空火焰和侵入火焰时，应关闭煤气开关，重新点燃和调节。

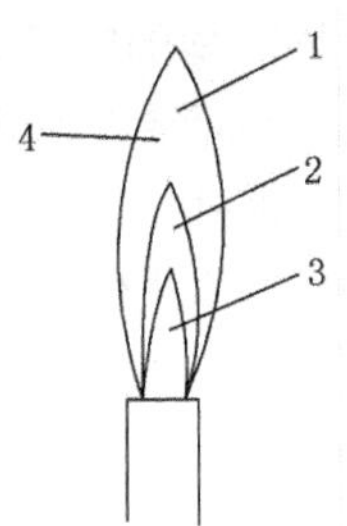

图 2－25　正常火焰

1—氧化焰；2—还原焰；3—焰心；4—最高温度处

图 2－26　临空火焰

（煤气、空气量都过大）

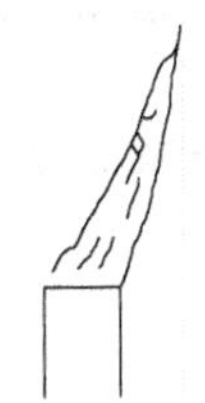

图 2－27　侵入火焰

（煤气量小，空气量大）

一般煤气中都含有 CO 等有毒成分，在使用过程中绝不可把煤气逸到室内，煤气中一般都含少量带有特殊臭味的杂质，漏气时容易发现，一旦觉察漏气，立即停止实验，及时查清漏气原因并排除。煤气灯是 1855 年德国化学家本生发明的，故过去一些书上又叫它本生灯。

2. 电设备热源

（1）电炉、电热板、电热包。

① 电炉。电炉是能将电能转变成热能的设备，是实验室最常用的热源之一。电炉由电阻丝、炉盘、金属盘座组成。电阻丝电阻越大产生的热量就越大。

按发热量不同有 500W、800W、1000W、1500W、2000W 等规格，瓦数（W 表示）大小代表了电炉功率。

电炉按结构不同，又有暗式电炉、球形电炉、加热套（包）等，最简单的盘式电炉如图 2－28所示。

使用电炉时最好与自耦变压器配套使用，自耦变压器也叫调压器，如图 2－29 所示，输入电压 220V，输出电压可在 0～240V 任意调节，将电炉接到输出端，调节输出电压，就可控制电炉的温度。调压器常见的规格有 0. 5kW、1kW、1. 5kW、2kW 等，选用时功率必须大于用电器功率。

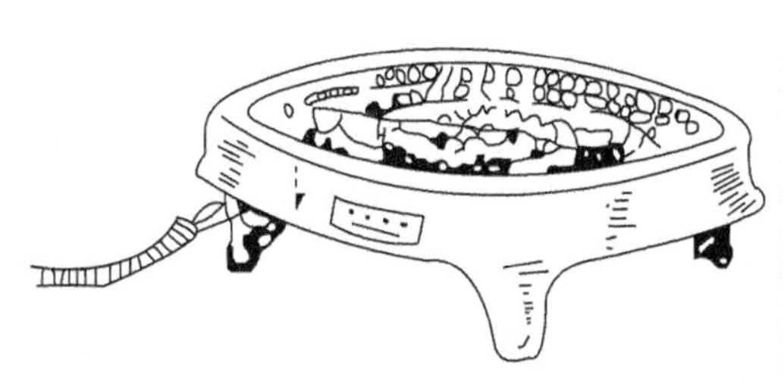

图 2－28　盘式电炉

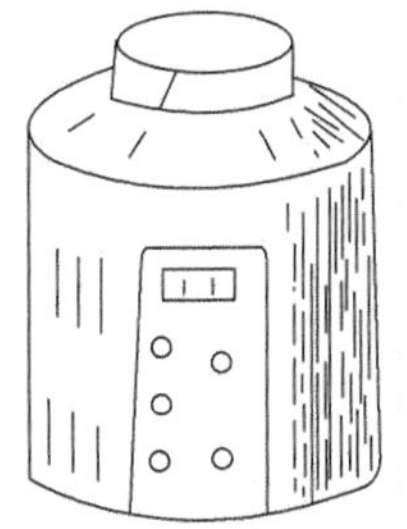

图 2－29　调压变压器

使用电炉时，加热的金属容器不能触及炉丝，否则会造成短路，烧坏炉丝甚至发生触电事故。电炉的耐火砖炉盘不耐碱性物质，切勿把碱类物质散落其上，要及时清除炉盘面上的灼烧焦糊物质，确保炉丝传热良好，延长使用寿命，电炉的连续使用时间不应过长，以免缩短使用寿命。在受热容器与电炉间应有石棉网，使之受热均匀，又能避免炉丝受到化学品的

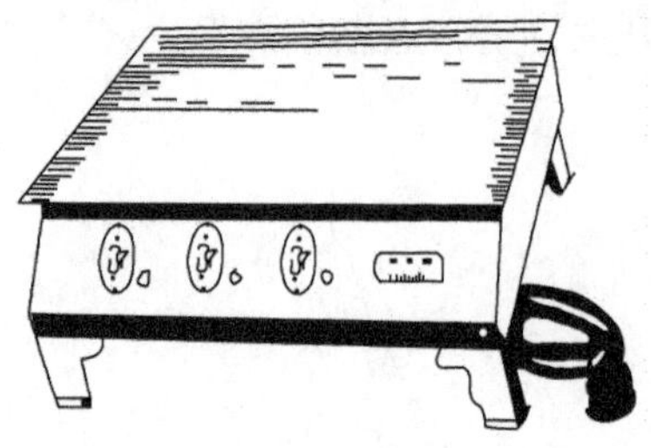
图 2 - 30　电热板

腐蚀。

② 电热板。电热板本身是封闭型的电炉，如图 2 - 30 所示，外壳用薄钢板和铸铁制成，表面涂有高温皱纹漆，以防止氧化，外壳具有夹层，内装绝热材料，发热体装在壳体内部，由镍铬合金电炉丝制成。由于发热体底部和四周都充有玻璃纤维等绝热材料，故热量全部由铸铁平板热面向上散发，加上电炉丝排列均匀，更能较好地达到均匀受热的目的，电热板特别适用于烧杯、锥形瓶等平底容器加热。

③ 电加热套（电热包）。是专门为加热圆底容器而设计的，本质上也是封闭性电炉，（如图 2 - 31）电热面为凹的半球面。按容积大小有 50mL、100mL、250mL 等规格，用来代替油浴、沙浴对圆底容器加热。使用时，受热容器悬置在加热套的中央，不得接触内壁，形成一个均匀热的空气浴，适当保温，温度可达 450 ~ 500℃，切勿将液体注入或溅入套内，也不能加热空容器。

（2）管式电炉和箱式电炉。管式电炉和箱式电炉都是高温热源，高温炉的型号规格很多，但结构基本相似，一般由炉体、温度控制器、电阻或热电偶三部分组成。

① 管式炉。炉膛为管状，内插一根瓷管或石英管，瓷管中可放盛有反应物的瓷反应舟，面上可通过空气或其他气流，造成反应要求的环境，从而实现某些高温固相反应，炉内的发热体是电热丝硅碳棒，如图 2 - 32、图 2 - 33 所示。温度控制器一般为电子温度自动控制器，亦可用调压器通过调节输入电压来控制。

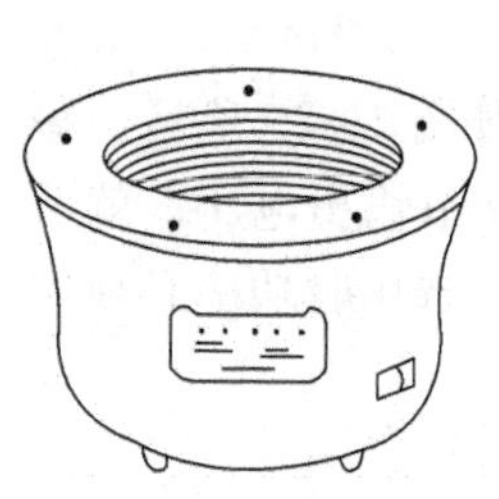
图 2 - 31　电热包

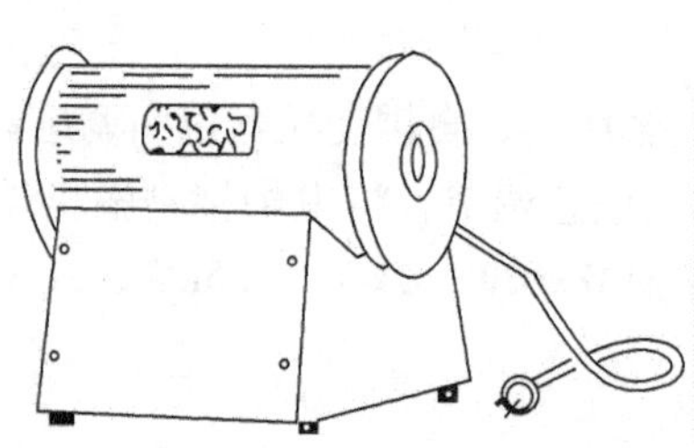
图 2 - 32　管式炉（电热丝加热）

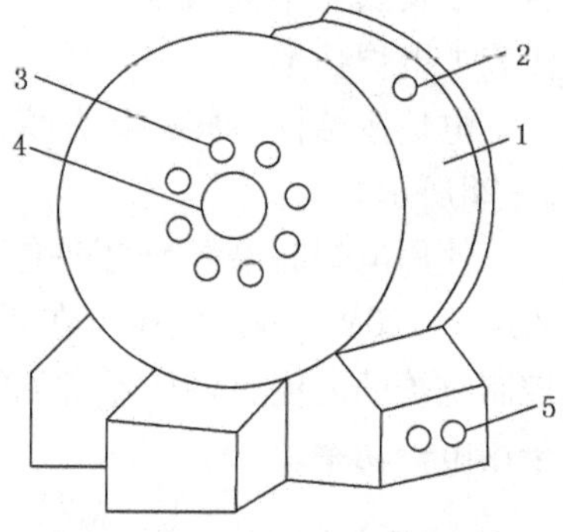

图 2 - 33　管式炉（硅碳棒加热）
1—炉体；2—插热电偶孔；3—安装硅碳棒孔；4—炉膛；5—电源接线柱

② 箱式电温炉。又叫马弗炉，其外型如图 2 - 34 所示，炉腔用传热好、耐高温而膨胀系数小的碳化硅材料制成。热源为炉膛内镍铬电阻丝（Ni 75% ~80%，Cr 20% ~25%），耐温达 1100℃。为了安全起见，通常限于 950 ~ 1000℃下使用。炉膛外围包厚层绝热砖及石棉纤维，外壳包上带角铁的骨架和铁皮。

（3）高温炉使用注意事项：

① 高温炉安装在平整、稳固的水泥台上。温度控制器的位置与高温炉不宜太近，防止过热使电子元件工作不正常。

②按高温炉的额定电压，配置功率合适的插头、插座、保险丝等。外壳和控制器都应接

好地线。地面上最好垫一块厚橡皮板，以确保安全。

③ 高温炉第一次使用或长期未用必须烘炉，不同规格型号的高温炉烘炉温度和时间不同，按说明书要求进行。

④ 使用前核对电源电压、热电偶与测量温度是否相符，注意热电偶正负极不要接反。

⑤ 使用时先合上电源开关，温度控制器上指示灯亮，调节温控器旋钮，使指针指到所需温度，开始升温。升温阶段不要一次性调到最大，逐步从低温、中温到高温分段进行，每段大约 15 ~ 30min。待炉温升到所需温度，控制器另一指示灯亮，可进行实验样品的灼烧和熔融。

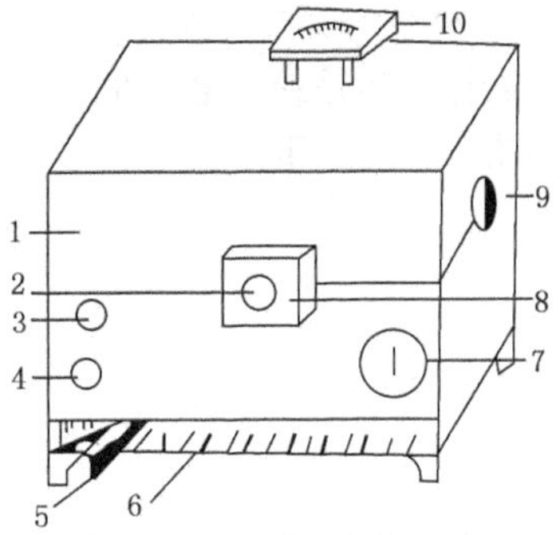

图 2 – 34　高温炉外形示意图

1—炉体；2—炉门上的透明观察孔；3—电源指示灯；4—自控指示灯；5—变阻器滑动把柄；6—变阻器接触点；7—自控调节钮；8—绝热门；9—门的开关把；10—温度计(热偶毫伏表)

⑥ 炉周围不要存放易燃易爆物品，炉内不宜放入含酸、碱性的化学品或氧化剂，防止损坏炉膛和发生事故。

⑦ 放入或取出灼烧物时，最好先切断电源，以防止触电。取出灼烧物应先开一个缝而不要立即打开炉门，以免炉膛骤然受冷碎裂，取灼烧品用长柄坩埚钳，先放到石棉板上，待温度降低后，再移入干燥器中。

⑧ 水分大的物质应先烘干后，再放入炉内灼烧。

⑨ 勿使电炉激烈震动，因为电炉丝一经红热后会被氧化，极易脆断。同时也要避免电炉受潮，以免漏电。

⑩ 停止使用后，立即切断电源。

二、实验室常用热源的最高温度

酒精灯：400 ~ 500℃、硅碳棒：1300 ~ 1350℃、酒精喷灯：800 ~ 1000℃、煤气灯：700 ~ 1200℃、镍铬丝：900℃、电炉：900℃左右、铂丝：1300℃、电热包：400 ~ 500℃、电阻丝：900℃左右。

实验室常用的电加热方法，按形成热的方式可分为电阻加热法、感应加热法、电弧加热法，后者可获得 3000℃以上的温度，上述最高温度的说法是较粗糙的，以便在加热时选择热源可以有一大概的范围，严格地讲只能以设备的说明书为准，因为随着材料、条件等的差异可达最高温度也有差别。

三、加热方法

（一）直接加热

在实验室中，烧杯、试管、瓷蒸发皿等常作为加热的容器，它们可以承受一定的温度，但不能骤热和骤冷。因此，加热前必须将器皿外壁的水擦干。加热后不能突然与水或潮湿物局部接触。

只有热稳定性好的液体或溶液、固体才可加热。加热液体一般不宜超过容量的 1/3 ~ 1/2。

1. 加热烧杯、烧瓶中的液体

必须将盛液玻璃器皿放在石棉网上加热，否则容易因受热不均而破裂，如图 2 – 35 所示。

2. 加热试管中的液体

试管加热是最普通、最基本、最常用的操作，如图 2－36 所示，一些不规范和错误的操作如图 2－37 所示。

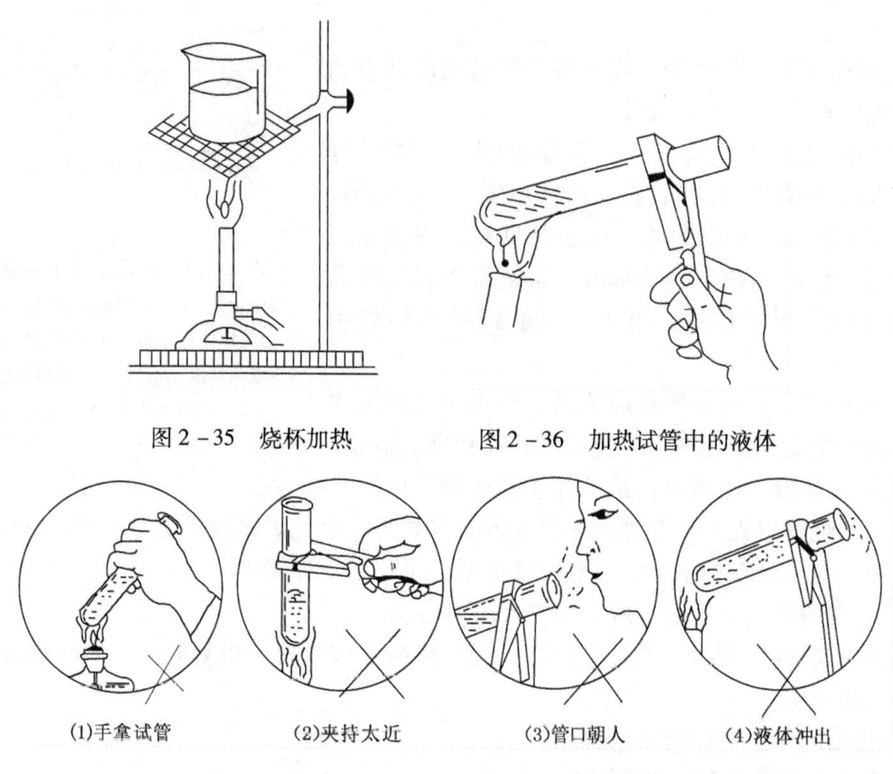

图 2－35 烧杯加热　　图 2－36 加热试管中的液体

(1)手拿试管　(2)夹持太近　(3)管口朝人　(4)液体冲出

图 2－37 错误操作

试管加热，受热液体量不得超过试管高度的 1/3，用试管夹夹持在中上部大约距试管口 1/4 处。加热时试管不能直立应稍微倾斜，管口不要对着自己和别人，为使其受热均匀，先加热液体的中上部，再慢慢往下移动，并不时地移动和振荡，以防止局部过热产生的蒸气带液冲出。

3. 加热试管中的固体

将固体在试管底部铺匀，这是因为药品集中于底部容易形成硬壳阻止内部药品反应，若同时有气体生成就会带药品冲出，块状或大颗粒一般应先研细，加热和夹持位置与加热液体相同，试管要固定在铁架台上，试管口稍微向下倾斜，如图 2－38 所示。常见的错误操作如图 2－39 所示。

4. 高温灼烧固体

将欲灼烧固体放在坩埚中，坩埚用泥三角支承，如图 2－40 所示，先用小火预热，受热均匀后再慢慢加大火焰，用氧化焰将坩埚灼烧至红热，再维持片刻后，停止加热，稍冷后用预热的坩埚钳夹持取下，放入干燥器中冷却。也可先在电炉上干燥后放入高温炉中灼烧。

（二）间接加热

为了避免直接用明火加热的缺点，在实验室中常用水浴、油浴等方法加热，这种间接加热的方法不仅使被加热容器或物质受热均匀，而且也是恒温加热和蒸发的基本方法。

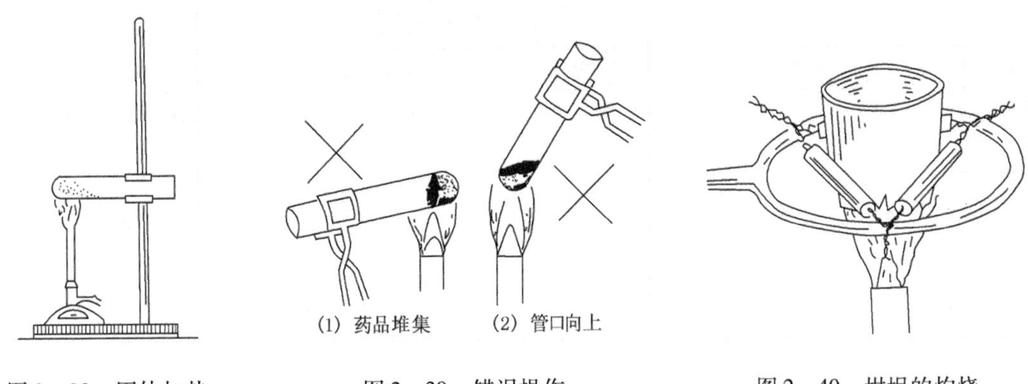

图 2-38　固体加热　　图 2-39　错误操作　　图 2-40　坩埚的灼烧

1. 水浴加热

常用铜质、不锈钢质水浴锅，也可以用大烧杯作水浴来进行某些试管实验，锅内盛放约 2/3 容积的水，选择大小适当的水浴圈来支承被加热器皿，如图 2-41 所示，用热水或产生的蒸汽对受热器皿和物质进行加热。

电热恒温水浴锅有两孔、四孔及六孔等式样，一般每孔有四圈一盖，孔最大直径为 120mm，加热器位于水浴锅的底部。正面板上装有自动恒温控制器，水箱后上方插温度计以指示水浴的温度(现在也用表盘式温度计)。后下方或左下方装有放水阀，外型示意如图 2-42所示，使用时必须先加好水后再通电，可在 37 ~ 100℃ 范围内选择恒定温度，温差为 ±1℃，箱内水位应保持在 2/3 高度处，严禁水位低于电热管。

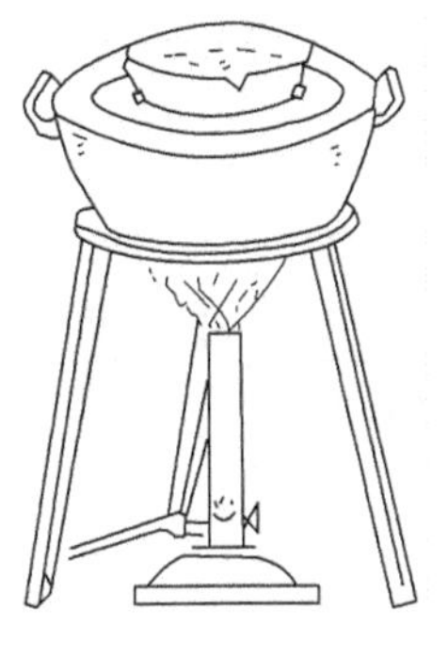

图 2-41　水浴加热

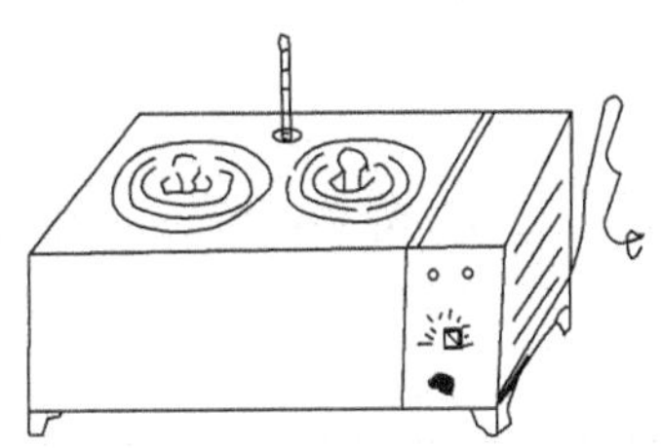

图 2-42　电热恒温水浴

2. 油浴加热

油浴所用油有花生油、豆油、菜子油、亚麻油、甘油、硅油等，加热时必须将受热容器浸入油中。使用植物油的缺点是温度升高有油烟逸出，容易引起火灾，植物油使用后易老化、变黏、变黑。硅油是一种硅的有机化合物，一般是无色、无味、无毒、难挥发的液体，但价格昂贵。

除水浴、油浴外，尚有砂浴、金属(合金)浴、空气浴等。加热浴的使用见表 2-1。

四、干燥

有的化学药品在使用时必须除去水分，有的化学反应必须在无水条件下进行，有的化学品必须在干燥条件下储存，有些精密仪器如分析天平也要求防潮。所以，干燥是一项基本技术。干燥是除去固体、气体或液体中少量水分或少量有机溶剂的物理化学过程。

表 2-1　常见加热浴一览表

类　别	内容物	容器材质	使用温度/℃	备　注
水　浴	水	铜、铝等	~95	用无机盐饱和，沸点升高
水蒸气浴	水	铜、铝等	~95	
油　浴	各种植物油	铜、铝等	~250	加热到250℃以上冒烟易着火，油中勿溅水，高温易被氧化
砂　油	砂	铁盘	~400	
盐　浴	如 KNO_3 和 $NaNO_3$ 等质量混合	铁锅	220~680	浴中切勿溅水，盐要干燥
金属浴	各种低熔点金属、合金等	铁锅	因金属不同而异	300℃以上渐渐被氧化
其　他	甘油、液体石蜡、硅油等	铁、铝、烧杯	因物而异	

干燥的方法大致可分为两类，一类是物理方法，通常用吸附、分馏、恒沸蒸馏、冷冻、加热等方法脱水，达到干燥的目的；另一类是化学方法，选用能与水可逆地结合成水合物的干燥剂，或是与水起化学反应生成新的化合物的干燥剂。

（一）干燥剂

能吸收水分脱除气态和液态物质中游离水分的物质称为干燥剂。化学实验室中常用的干燥剂列于表 2-2。

表 2-2　常用干燥剂

干燥剂	酸碱性	与水作用的产物	适用范围	备　注
$CaCl_2$	中性	$CaCl_2 \cdot nH_2O$ $n=1.26$ 30℃以上失水	烃、卤代烃、烯、酮、醚、硝基化合物、中性气体、氯化氢	① 吸水量大，作用快，效力不高 ②含有碱性杂质 CaO ③不适用醇、胺、氨、酸等
Na_2SO_4	中性	$Na_2SO_4 \cdot nH_2O$ $n=7.10$ 33℃以上失水	同 $CaCl_2$。$CaCl_2$ 不适用的也适用	吸水量大，作用慢，效率低
$MgSO_4$	中性	$MgSO_4 \cdot nH_2O$ $n=1.7$ 48℃以上失水	同 Na_2SO_4	较 Na_2SO_4 作用快，效率高
$CaSO_4$	中性	$CaSO_4 \cdot 1/2H_2O$ 加热2~3h失水	烷、醇、醚、醛、酮、芳香烃等	吸水量小，作用快，效力高
K_2CO_3	强碱性	$K_2CO_3 \cdot nH_2O$ $n=0.5$、2	醇、酮、酯、胺、杂环等碱性物质	不适用于酚、酸类化合物
NaOH KOH	强碱性	吸收溶解	胺、杂环等碱性物质	① 快速有效 ② 不适用于酸性物质
CaO BaO	碱性	$Ca(OH)_2$　$Ba(OH)_2$	低级醇、胺	效力高，作用慢、干燥后液体需蒸馏
金属 Na	强碱性	反应产物 H_2+NaOH	醚、三级胺、烃中痕量水	① 快速有效 ②不适用于醇、卤代烃等对碱敏感物

续表

干燥剂	酸碱性	与水作用的产物	适用范围	备　注
CaH_2	碱性	反应产物 $H_2+Ca(OH)_2$	碱性、中性、弱酸性化合物	①效力高、作用慢、干燥后液体需蒸馏 ② 不适用对碱敏感物质
浓 H_2SO_4	强酸性	$H_2SO_4\cdot H_2O$	脂肪烃、烷基卤代物	①效力高 ②不适用烯、醚、醇及碱性
P_2O_5	酸性	HPO_3　$H_4P_2O_7$　H_3PO_4	醚、烃、卤代烃、腈中痕量水、酸性物质、CO_2 等	① 效力高、吸收后需蒸馏分离 ② 不适用于醇、酮、碱性化合物、HCl、HF 等
3A 分子筛 4A 分子筛		物理吸附	有机物	快速高效，可再生使用
硅　胶		物理吸附	吸潮保干	不适用于 HF

（二）气、固、液体的干燥

1. 气体的干燥

实验室制备的气体常常带有酸雾和水汽，通常用洗气瓶、干燥瓶、U 形管、干燥管等仪器进行净化和干燥，如图 2－43 所示。例如，洗气瓶中盛浓硫酸，气体经过后，大部分水分被吸收；再经过内装氯化钙、硅胶分子筛等干燥剂的干燥塔，在实际操作中要根据被干燥气体的具体条件，来选择适当的干燥剂和干燥流程。

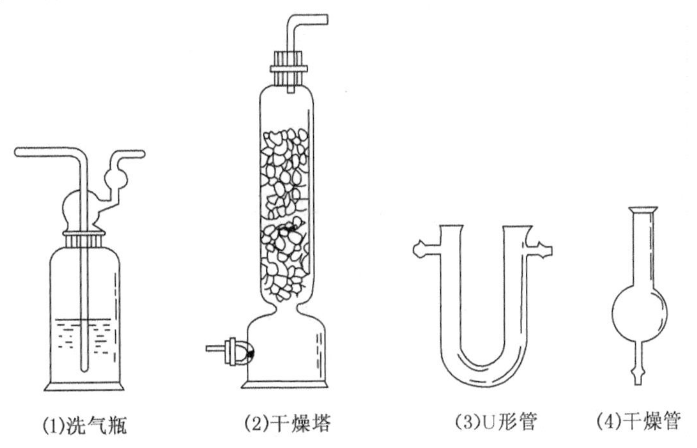

图 2－43　气体干燥器皿

2. 有机液体干燥

有机液体中的水分可用合适的干燥剂干燥，首先考虑是否与被干燥物在性质上相近，即不反应、不互溶、无催化作用；其次考虑含水量及需要干燥的程度。如含水量大、干燥要求高时，应先用吸水量大、价格低廉的干燥剂作初步干燥。一般情况下，根据经验，1g 干燥剂约可干燥 2.5mL 液体。当出现浑浊液体变澄清、干燥剂不再粘附在容器壁上、摇振容器时液体可自由飘移等现象时，可判断干燥已基本完成。然后过滤分离，干燥后的有机液体无论是进行蒸馏分离或其他处理，都应按无水操作要求进行。

干燥后的有机液体，实验室通常是将其与干燥剂放在一起，配上塞子，不时地振摇，振摇后长时间放置最后分离。若干燥剂与水发生反应生成气体，还应配装出口干燥管，如图 2－44 所示。

3. 固体的干燥

① 自然干燥。遇热易分解或含有易燃易挥发溶剂的固体置于空气中自然干燥。

② 用烘箱烘干。将欲干燥固体或结晶体放在表面皿中，放入烘箱中烘干。有时把含水固体放在蒸发皿中，在水浴或石棉网上先直接加热干燥后，再送入烘箱中烘干。

③ 在干燥器中干燥。含水量极小的固体可置于培养皿或表面皿中，然后放在干燥器的上室中，靠下室干燥剂吸收湿汽干燥，这种方法对于痕迹量水或干燥保存化学品很有效。干燥器操作如图 2－45 所示，干燥器是磨口的厚玻璃器皿，磨口上涂有凡士林，使其更好密合，底部放适量干燥剂，其中放有一带孔的瓷板。

真空干燥器与普通干燥器基本相同，仅在盖上有一玻璃活塞，可用来接在水冲泵上抽气减压，从而使干燥效果更好，速度更快。

④ 真空恒温干燥器。俗名干燥枪，如图 2－46 所示，适用于少量物质的干燥，将欲干燥的固体置于夹层干燥筒中，吸湿瓶中放置干燥剂 P_2O_5，烧瓶中置有机溶剂，它的沸点要低于被干燥固体的熔点。通过活塞抽真空，加热回流烧瓶(三角瓶)中的溶剂，利用蒸气加热夹套，从而使试样在恒定温度下得到干燥。

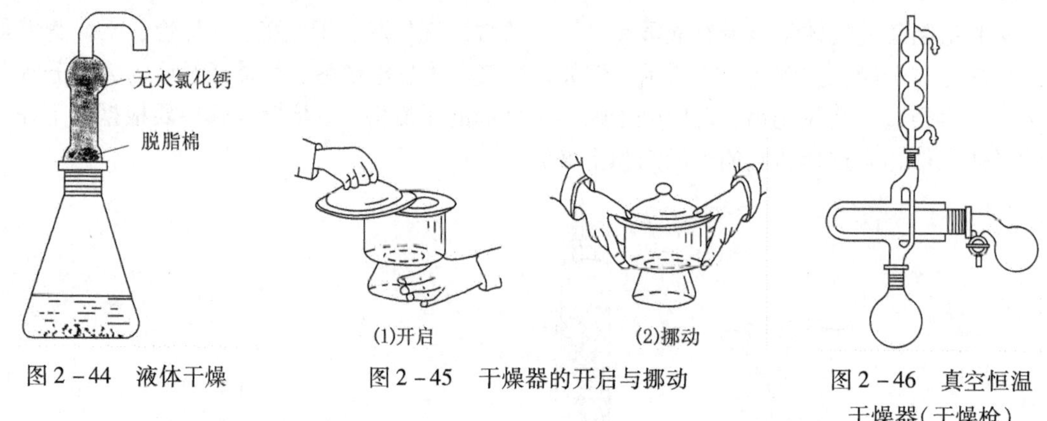

图 2－44　液体干燥　　图 2－45　干燥器的开启与挪动　　图 2－46　真空恒温干燥器(干燥枪)

⑤ 红外线干燥。红外灯用于低沸点易燃物的加热，也用于固体干燥，红外线穿透能力很强，能使溶剂从固体内部各个部位都蒸发出来。加热和干燥速度快、安全。

思考题

1. 以煤气灯为例，说明正常火焰三个区域的性质。
2. 怎样控制和调节电炉的温度?
3. 什么情况下使用电热包? 有什么优点?
4. 使用高温炉要注意些什么?
5. 直接加热必须满足什么条件才能采用?
6. 怎样使用恒温水浴?
7. 要干燥氨、氯化氢、苯分别选择何种干燥剂?
8. 用干燥剂干燥有机液体中的水分，完成干燥的标志是什么?
9. 天平中为什么要放置干燥剂?
10. 有些化工产品要测定水分含量，要完成这项任务，用到一些什么仪器和器皿? 要有什么操作或手续?

第三节　溶解与搅拌技术

一、溶解

溶解是溶质在溶剂中分散形成溶液的过程，溶解过程是一个物理化学过程，既有溶质分子在溶剂分子间的扩散过程，又有溶质粒子(分子或离子)与溶剂分子结合的溶剂化过程，对于水为溶剂的又称水化过程。前者是需要能量的吸热过程，后者是释放热量的过程，所以，溶解过程总是伴随着热效应——溶解热。有的情况更为复杂，如 HCl 气体溶于水还有电离过程，CO_2溶于水还有化学反应和电离过程，$CuSO_4$溶于水会结晶生成 $CuSO_4 \cdot 5H_2O$，也说明发生了 H_2O 配合 Cu^{2+} 的配合物生成反应。

物质的溶解是一个笼统的概念，溶解量的多少用溶解度来表示。溶解度大小跟溶质和溶剂的性质有关，至今还没有找到一个普遍适用的规律，只是从大量实验事实中粗略地归纳出一个经验规律：相似相溶，即物质在同它结构相似的溶剂中较易溶解。极性化合物一般易溶于水、醇、酮、液氨等极性溶剂中，而在苯、四氯化碳等非极性溶剂中则溶解很少。NaCl 溶于水而不溶于苯，但苯和水都溶于乙醇，而苯和水就互相溶解很少。

溶解度指在一定温度和压力下，物质在一定量溶剂中溶解的最高限量(即饱和溶液)。固体和液体溶解度一般用每 100g 溶剂中所能溶解的最多克数表示。难溶物质溶解度用 1L 溶剂中所能溶解的溶质的克数、摩尔数、物质的量浓度表示。气体溶解度一般用 1 体积溶剂里可溶解的气体标准体积数表示。溶解吸热的，溶解度随温度升高而增大；溶解放热的，溶解度随温度升高而减小(不含溶解时有化学反应的)。

固体溶解操作的一般步骤：先用研钵将固体研细成为粉末，放入烧杯等容器中，再选择加入适当的溶剂(如水)，加入的数量可根据固体的量及该温度下的溶解度进行计算或估算，然后进行加热或搅拌，以加速溶解。

二、溶剂的选择

根据溶解的目的选用适当溶剂，在大多数情况下，无机物多数选用水，有机物可选用有机溶剂，一些难溶的物质还可用酸、碱或混合溶剂。

(1) 水。一般可作可溶性盐类如硝酸盐、醋酸盐、铵盐、绝大部分碱金属化合物、大部分氯化物及硫酸盐等的溶剂。

(2) 酸溶剂。利用酸性物质的酸性、氧化还原性或所形成的配合物来溶解钢铁、合金、部分金属的硫化物、氧化物、碳酸盐、磷酸盐等。经常使用的有盐酸、硝酸、磷酸、高氯酸、氢氟酸、混合酸(如王水)等。

(3) 碱溶剂。用 NaOH 或 KOH 来溶解两性金属铝、锌及它们的合金或它们的氧化物、氢氧化物等。

对一些难溶于水的物质，常常先在高温下熔融使其转化成可溶于水的物质后再溶解。如用 $K_2S_2O_7$与 TiO_2熔融转化成可溶性的 $Ti(SO_4)_2$。用 K_2CO_3、Na_2CO_3等熔融长石($Al_2O_3 \cdot 2SiO_2$)、重晶石($BaSO_4$)、锡石(SnO_2)等。

三、搅拌器的种类和使用

搅拌除用于物质溶解外，也常用于物质加热、冷却、化学反应等场合，可使溶液的温度均匀。常用的几种搅拌器如下。

1. 用玻璃棒搅拌

搅拌液体时，应手持玻璃棒并转动手腕，用微力使玻璃棒在容器中部的液体中均匀转动，使溶质与溶剂充分混合并逐渐溶解，如图 2－47 所示。用玻璃棒搅拌液体不能将玻璃棒沿器壁划动，不能将液体乱搅溅出，也不要用力过猛，以防碰破器壁，如图 2－48 所示。

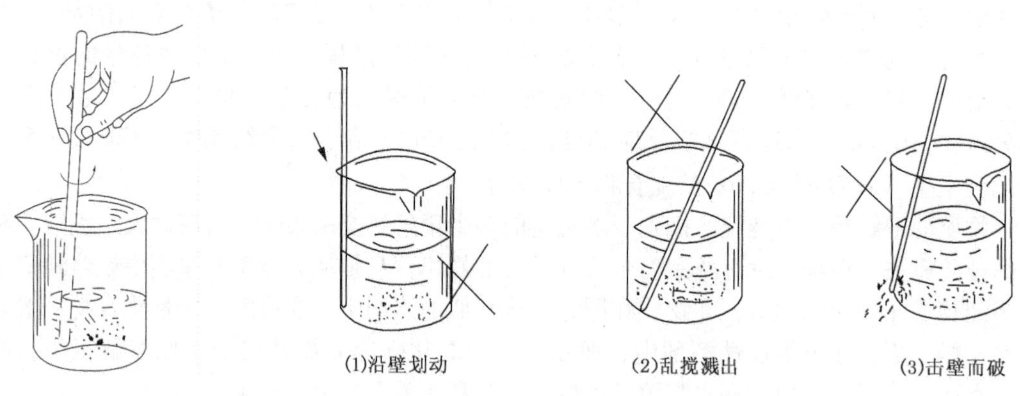

图 2－47　搅拌溶解

图 2－48　错误操作

用粗玻璃棒在烧杯或烧瓶中搅拌溶液时，容易碰破器壁，可用两端封死的玻璃管代替，或在被搅拌溶液性质允许的条件下，在玻璃棒的下端套上一段短的胶管。

2. 用电动搅拌器搅拌

快速或长时间搅拌一般都使用电动搅拌器，如图 2－49 所示。它是由微型电动机、搅拌器扎头、大烧瓶夹、底座、十字双凹夹、转速调节器和支柱组成。搅拌叶由玻璃棒或金属加工而成，搅拌叶有各种不同形状(图 2－50)，供在搅拌不同物料或在不同容器中进行搅拌时选择。

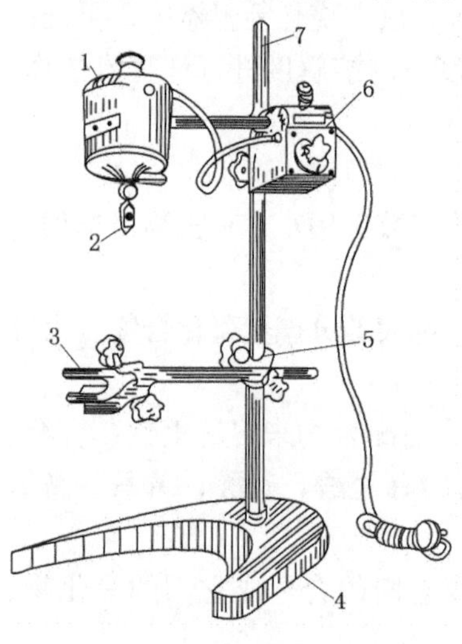

图 2－49　小型电动搅拌器

1—微型电动机；2—搅拌器扎头；3—大烧瓶夹；4—底座；5—十字双凹夹；6—转速调节器；7—支柱

搅拌叶与搅拌扎头连接时，先在扎头中插入一段 3～4cm长的玻璃或金属棒，然后再用合适的胶管与搅拌叶相连，如图 2－51 所示。

为了控制和调节搅拌速度，搅拌器的电源由调压变压器提供。通过调节电压来控制搅拌速度。

使用电动搅拌器应注意：

（1）在搅拌烧瓶中的物料时，需要在瓶口装一个能插进长 3～5cm 玻璃管的胶塞，搅拌叶穿过玻璃孔与扎头相连。搅拌烧杯中的物料时，插玻璃管的胶塞夹在大烧瓶夹上，使搅拌稳定。

（2）搅拌叶要装正，装结实，不应与容器壁接触。启动前，用手转动搅拌叶，观察是否符合安装要求。

（3）使用时，慢速启动，然后再调至正常转速。搅拌速度不要太快，以免液体飞溅。停用时也应逐步减速。

(4) 在电动搅拌器运转中，实验人员不得远离，以防电压不稳或其他原因造成仪器损坏。

(5) 不能超负荷运转。搅拌器长时间转动会使电机发热，一般电机工作温度不能超过50～60℃(烫手感觉)。必要时可停歇一段时间再用，或用电风扇吹以达到良好散热的目的。

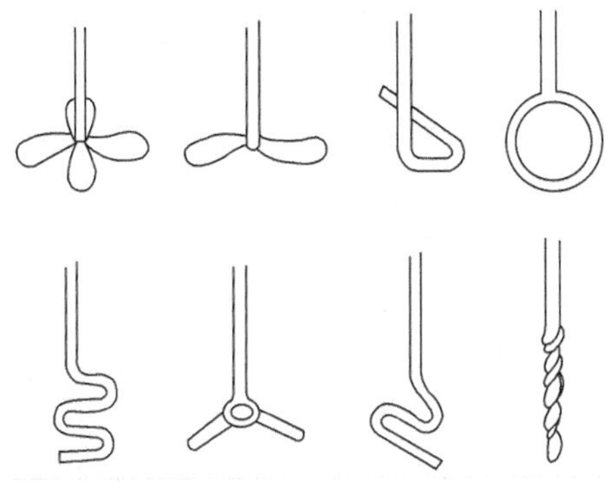

图2－50　常用的几种搅拌叶

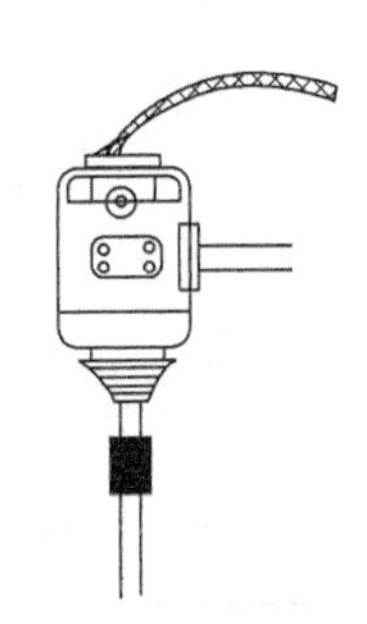

图2－51　搅拌叶的连接

3. 电磁搅拌器(磁力搅拌器)

当液体或溶液体积小、黏度低时，用电磁搅拌最为方便，特别适用于在滴定分析中代替手摇振锥形瓶。在盛有液体的容器内放入密封在玻璃或合成树脂内的强磁性铁丝转子。通电后，底座中电动机使磁铁转动，这个转动磁场使转子跟着转动，从而完成搅拌作用，如图2－52所示。有的电磁搅拌器内部还装有加热装置，这种磁力加热搅拌器，既可加热又能搅拌，使用方便，如图2－53 所示。加热温度可达80℃，磁子有大、中、小三种规格，可根据器皿大小、溶液多少选择。

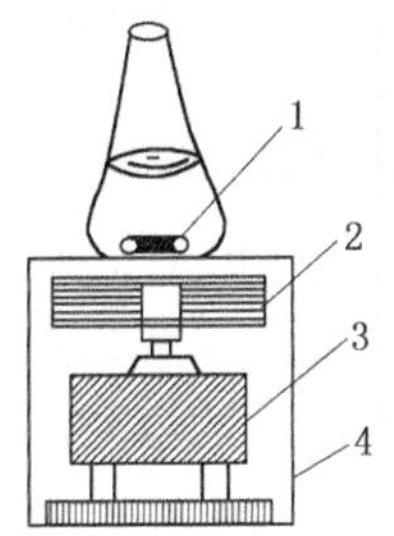

图2－52　电磁搅拌装置

1—转子；2—磁铁；3—电动机；4—外壳

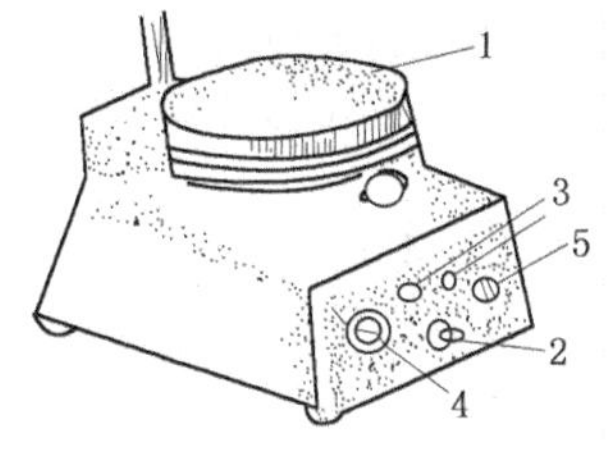

图2－53　磁力加热搅拌器

1—磁场盘；2—电源开关；3—指示灯；4—调速调节旋钮；5—加热调节旋钮

使用电磁搅拌器应注意：

(1) 电磁搅拌器工作时必须接地。

(2) 转子要轻轻地沿器壁放入。

(3) 搅拌时缓慢调节调速旋钮，速度过快会使转子脱离磁铁的吸引。如转子不停跳动时，应迅速将旋钮旋到停位，待转子停止跳动后再逐步加速。

(4) 先取出转子再倒出溶液，即时洗净转子。

第四节　蒸发和结晶技术

一、溶液的蒸发

含不挥发溶质的溶液，其溶剂在液体表面发生的汽化现象叫蒸发。从现象上看，就是用加热方法使溶液中一部分溶剂汽化，从而提高溶液浓度或析出固体溶质的过程。溶液的表面积大、温度高、溶剂的蒸气压力大，则越易蒸发。所以，蒸发通常都在敞口容器中进行。

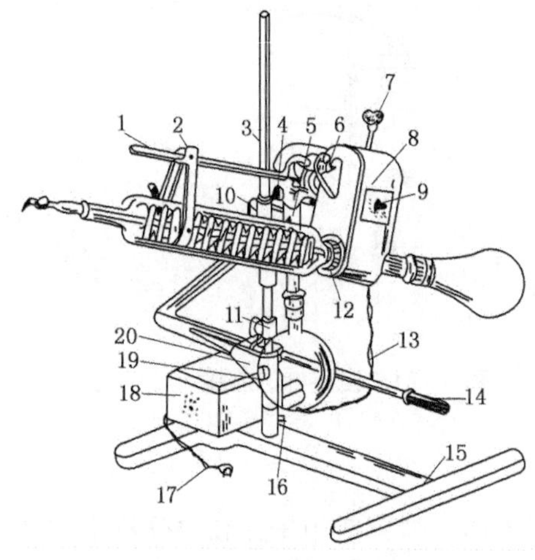

图 2－54　旋转蒸发器装置

1—夹子杆；2—夹子；3—座杆；4—转动部分固定旋钮；5—连接支架；6—夹子杆调正旋钮；7—转动部分角度调节旋钮；8—转动部分；9—调速旋钮；10—水平旋转旋钮；11—升降固定套；12—联轴节螺母；13—转动部分电源线；14—升降调节手柄；15—底座；16—座杆固定旋钮；17—电源线；18—变压器罩壳；19—手柄水平旋转旋钮；20—升降杠杆座

加热方式根据溶质的热稳定性和溶剂的性质来选择。对热稳定的水溶液可直接用明火加热蒸发；易分解或可燃的溶质及溶剂，要在水浴上加热蒸发或让其在室温下蒸发。

在室验室中，水溶液的蒸发浓缩通常在蒸发皿中进行。它的表面积大、蒸发速度快，蒸发液体量不得超过蒸发皿容积的 2/3，以防液体溅出。液体过多，一次容纳不下，可随水分的不断蒸发而不断续加，或改用大烧杯来完成。溶液很稀时，可先放在石棉网或泥三角上直接用明火或电炉蒸发(溶液沸腾后改用小火)，然后再放在水(蒸发)浴上蒸发。

蒸发有机溶剂常在锥形瓶或烧杯中进行。视溶剂的沸点、易燃性选用合适的热浴加热，最常用的是水浴。有机溶剂蒸发浓缩要在通风橱中进行，并要加入沸石等，防止暴沸。大量有机液体蒸发应考虑使用蒸馏方法。

在蒸发液体表面缓缓地导入空气流或其他惰性气流，除去与溶液平衡的蒸气可加快蒸发速度。也可用水泵或真空泵抽吸液体表面蒸气，进行减压蒸发，既能降低蒸发温度又能达到快速蒸发目的。

蒸发程度取决于溶质的溶解度和结晶时对浓度的要求。当溶质的溶解度较大时，应蒸发至溶液表面出现晶膜；若溶解度较小或随温度的变化较大时，则蒸发到一定程度即可停止，如希望得到较大晶体，则不宜蒸发到浓度过大。强碱的蒸发浓缩不宜用陶瓷、玻璃等制品，应选用耐碱的容器。

用旋转蒸发器(又叫薄膜蒸发器)进行蒸发浓缩，方便、快速，其构造如图 2－54 所示。烧瓶在减压下一边旋转，一边受热。由于溶液的蒸发过程主要在烧瓶内壁的液膜上进行，因而大大增加了溶剂蒸发面积，提高了蒸发效率。又因为溶液不断旋转，不会产生暴沸现象，不必装沸石或毛细管，使得在实验室中进行浓缩、干燥、回收溶剂等操作极为简单。

二、结晶

物质从液态或气态形成晶体的过程叫结晶。结晶的条件从溶解度曲线上(图 2－55)分析可知，溶解度曲线上任何一点(如 A)都表示溶质(固相)与溶液(液相)处于平衡状态，这时溶液是饱和溶液。曲线下方区域为不饱和溶液，曲线上方区域为过饱和溶液。如 A_0代表的不饱和溶液恒温(t_1)蒸发溶剂，溶液的浓度变大，成为A_1所示的不稳定的过饱和状态，即可自发析出晶体使溶液浓度变成A_0点所示的溶液。

A_0点所示的溶液从t_1降低温度至t_2，因溶解度减小，使溶液成为饱和溶液如B点所示，再降温于t_3溶液成为B_1所示的不稳定过饱和状态，自发析出晶体使溶液浓度成为C点所示的饱和状态。

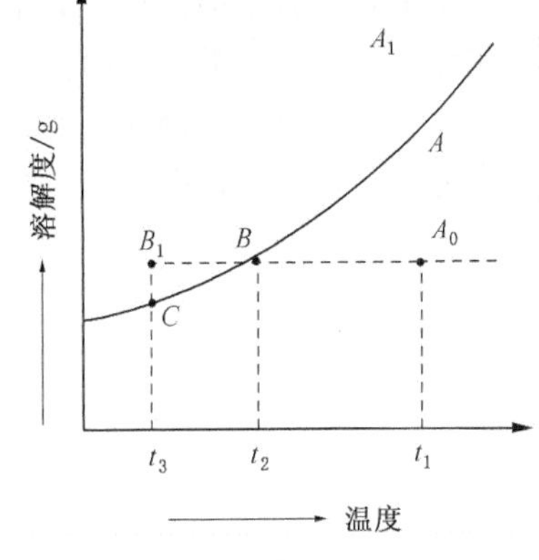

图2－55　结晶原理

以上就是结晶的两种方法，一种是恒温或加热蒸发，减少溶剂，使溶液达到过饱和而析出结晶，一般适用于溶解度随温度变化不大的物质如NaCl、KCl等结晶；另一种是通过降低温度使溶液达到过饱和而析出晶体，这种方法主要用于溶解度随温度下降而显著减小的物质，如KNO_3、$NaNO_3$等。如果溶液中同时含有几种物质，原则上可利用不同物质溶解度的差异，通过分步结晶将其分离。NaCl和KNO_3混合物分离则是一例。

从溶液中析出晶体的纯度与结晶颗粒大小有直接关系。结晶快速生长，晶体中不易裹入母液或其他杂质有利于提高结晶的纯度。晶体慢速生成，则不利于纯度提高。但是，颗粒过细或参差不齐的晶体能形成稠厚的糊状物，不易过滤和洗涤，也会影响产品纯度。因此，通常要求结晶颗粒大小要适宜和均匀。

结晶颗粒大小与结晶条件有关。溶液浓度高、溶质溶解度小、冷却速度快和某些诱导因素(如搅拌、投放晶体)等，容易析出细小的结晶，反之可得较大的晶体，有时，某些物质的溶液已达到一定的过饱和程度，仍不析出晶体，此时可用搅拌、摩擦器壁、投入“晶种”等方法促使结晶。

为了得到纯度较高的结晶，将第一次得到的粗晶体，重新加溶剂加热溶解再结晶，这就是重结晶，重结晶是固体纯制的重要技巧之一。为了得到纯粹的预期产品，一般重结晶物料中的杂质含量不得高于5%，溶解粗晶体的溶剂量一般是先加入计算量，加热至沸，再添加已加入量的20%左右。

对有机化合物来说，冷却温度与结晶速度有一个经验规律：体系温度大约比待结晶物质的熔点低100℃时，晶核形成最多；体系温度低于待结晶物质的熔点50℃时，结晶速度最快。

第五节　过滤与洗涤技术

一、过滤与过滤方法

过滤是分离沉淀物和溶液的最常用操作。当溶液和沉淀的混合物通过滤器(如滤纸)时，沉淀物留在过滤器上，溶液则通过过滤器，所得溶液称为滤液。

溶液过滤速度快慢与溶液温度、黏度、过滤时的压力以及滤器孔隙大小、沉淀物的性质有关。一般来说热溶液比冷溶液易过滤，溶液黏度愈大过滤愈难。抽滤或减压过滤比常压快，滤器的孔隙愈大过滤愈快。沉淀的颗粒细小容易通过滤器，但滤器孔隙过小，易在滤器表面形成一层密实滤层，堵塞孔隙使过滤难于进行。胶状沉淀的颗粒很小，能够穿过滤器，一般都要设法事先破坏胶体的生成，在进行过滤时必须考虑到上述因素。

滤纸是实验室中最常用的滤器，它有各种规格和类型，国产滤纸从用途上分定性滤纸和定量滤纸。定量滤纸已经用盐酸、氢氟酸、蒸馏水洗涤处理过，它的灰分很少，故又称无灰滤纸，用于精密的定量分析中。定性滤纸的灰分较多，只能用于定性分析和分离之用。滤纸按孔隙大小分为“快速”、“中速”、“慢速”三种，按直径大小又有7cm、9cm、11cm 等几种，国产滤纸的规格列于表 2－3 中。

表 2－3　国产滤纸的规格

编　号	102	103	105	120	127	209	211	214
类　别	定量滤纸				定性滤纸			
灰　分	0.02mg/张				0.2mg/张			
滤速(s/100mL)	60～100	100～160	160～200	200～240	60～100	100～160	160～200	200～240
滤速区别	快速	中速	慢速	慢速	快速	中速	慢速	慢速
盒上色带标志色	白	蓝	红	橙	白	蓝	红	橙

1. 固液分离方法

固液分离运用十分广泛，在化工生产中占有重要地位，实验室中固液分离有三种方法。

(1) 倾析法分离沉淀。当沉淀的颗粒或密度大，静置后能沉降于容器底部，可以利用倾析方法将沉淀与溶液进行快速分离。具体说就是将溶液与沉淀的混合物静置，不要搅动，使沉淀沉降完全后，将沉淀上层的清液小心地沿玻璃棒倾出，而让沉淀留在容器内，如图 2－56 所示。

图 2－56　倾析法分离沉淀

(2) 离心分离沉淀。在离心试管中进行反应时，生成的沉淀量很少，用离心分离方法最为方便。离心分离使用离心机，如图 2－57 所示。其中图 2－57(a)是手摇式离心机，现在已很少使用，但却能清晰地看出它的结构。图 2－57(b)是电动离心机，使用时，把盛有混合物的离心管(或小试管)放入离心机的套管内，对称放一支同样大小的试管，试管内装有与混合物等体积的水，以保持平衡。然后慢慢启动离心机，逐渐加速。离心时间根据沉淀性状而定，结晶形沉淀大约用 1000r · min^{-1}，离心时间 1～2min；无定形沉淀约为 2000r · min^{-1}，离心时间 3～4min。

由于离心作用，沉淀紧密地聚集于离心试管的尖端，上面的溶液是澄清的，可用滴管小心地吸出上方清液，也可将其倾出，如图 2－58 所示。如果沉淀需要洗涤可加入少量洗涤剂，用玻璃棒充分搅动，再进行离心分离，如此反复操作两三遍即可。

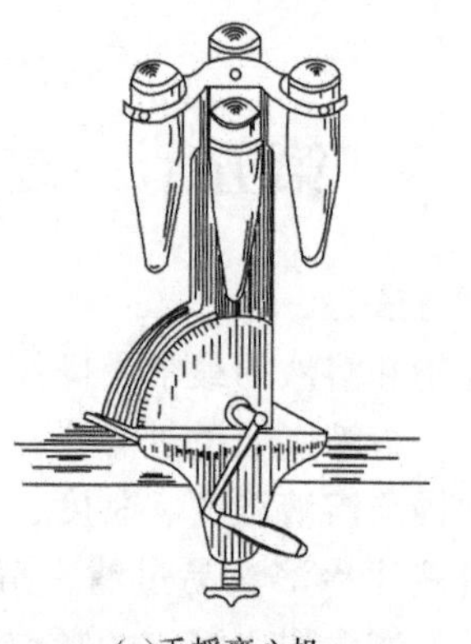

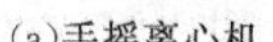

(a)手摇离心机

(b)电动离心机

图 2－57　离心机

使用离心机必须注意：

① 为了防止旋转中碰破离心试管，离心机的套管底部应垫棉花或海绵。

② 保持旋转中对称和平衡。

③ 启动要慢，关闭离心机电源开关，使离

心机自然停止。在任何情况下，不得用外力强制停止。

④ 电动离心机转速很高，应注意安全。

2. 过滤方法

过滤一般分为常压过滤、减压过滤、热过滤。

(1)常压过滤。实验室常压过滤使用玻璃漏斗，图 2－59 所示的是标准的长颈漏斗。过滤前选取一张滤纸对折两次(如滤纸是正方形的，此时将它剪成扇形)，拨开一层即成内角为 60°的圆锥体(与漏斗吻合)，并在三层一边撕去一个小角，使其与漏斗紧密贴合，如图 2－60 所示。放入漏斗的滤纸边缘应低于漏斗 0.3～0.5cm。然后左手拿漏斗并用食指按住滤纸，右手拿塑料洗瓶，挤出少量蒸馏水将滤纸润湿，并用洁净的手指轻压，挤尽漏斗与滤纸间的气泡，以使过滤通畅。

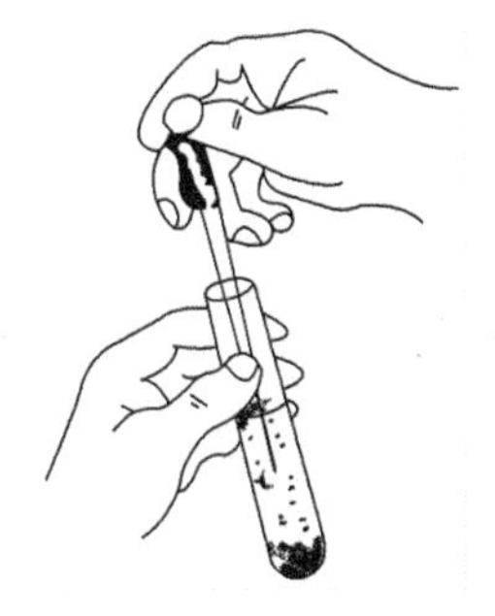

图 2－58　用滴管抽取上层清液

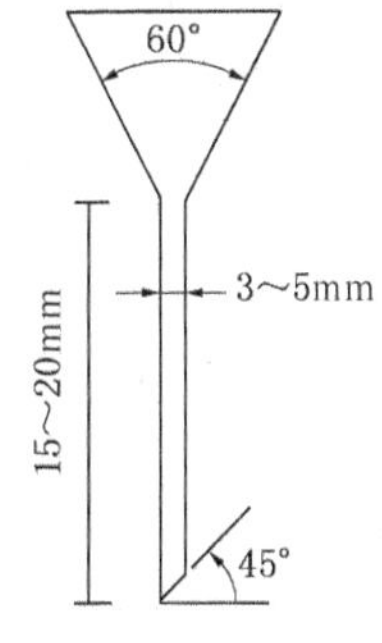

图 2－59　长颈漏斗

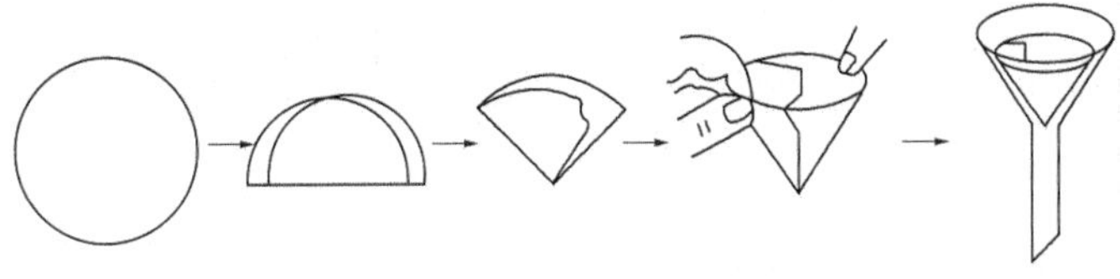

图 2－60　滤纸的折叠与装入漏斗

将贴好滤纸的漏斗放在漏斗架上，并使漏斗颈下部尖端紧靠于接收容器的内壁，然后即可用倾析法过滤，如图 2－61 所示。过滤时，先将沉降完全的上层清液沿玻璃棒倾入漏斗中，液面应低于滤纸边缘 1cm，待溶液滤至接近完成时，再将沉淀转移到滤纸上过滤。这样就不会因沉淀物堵塞纸孔隙而减慢过滤速度。沉淀转移完毕，从洗瓶中挤出少量蒸馏水，淋洗盛放沉淀的容器和玻璃棒，洗涤液全部转入漏斗中。图 2－62 列出了一些常见的错误操作。

图 2－61　常压过滤

滤纸的选择：在称量分析中选用定量滤纸，一般固液分离用定性滤纸。根据沉淀的性质选择滤纸类型，如 $Fe_2O_3 \cdot nH_2O$ 为胶状沉淀需选用“快速”滤纸；$MgNH_4PO_4$ 粗晶形沉淀，选用“中速”滤纸；$BaSO_4$ 细晶形沉淀选用“慢速”滤纸。在大小的选择上，对于圆形滤纸，选取半径比漏斗边高度小 0.5～1cm。对于方形滤纸，应取边长比漏斗边高度的两倍小 1～2cm。一般要求沉淀的总体积不得超过滤纸锥体高度的 1/3。

(2) 减压过滤。减压过滤是抽走过滤介质上面的气体，形成负压，借大气压力来加快过滤速度的一种方法。减压过滤装置由布氏漏斗、吸滤瓶、安全缓冲瓶、真空抽气泵(或抽水泵)组成，如图 2－63 所示。布氏(Büchner)漏斗是中间具有许多小孔的瓷质滤器。漏斗颈上配装与吸滤瓶口径相匹配的橡皮塞子，塞子塞入吸滤瓶的部分一般不得超过 1/2。吸滤瓶是上部带有支管的锥形瓶，能承受一定压力，可用来接受滤液。吸滤瓶的支管用橡皮管与安全瓶短管相连。安全瓶用来防止出现压力差使自来水倒吸进吸滤瓶，使滤液受到污染。如果滤液不回收，也可不用安全瓶。减压采用真空抽气泵，最常用的是水泵，又叫水冲泵，有玻璃和金属制品两种，如图 2－64 所示。泵内有一窄口，当水流急速流经窄口时，将吸滤瓶中的空气带走，使吸滤瓶内的压力减小。

(1)手拿漏斗　(2)漏斗高悬　(3)直接倒入

(4)玻璃棒位错　(5)滤液过多

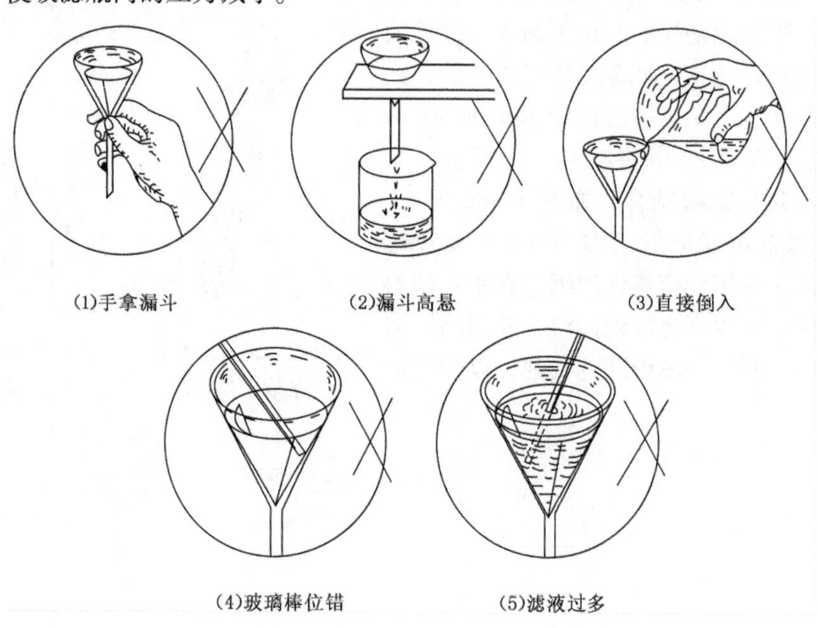

图 2－62　错误操作

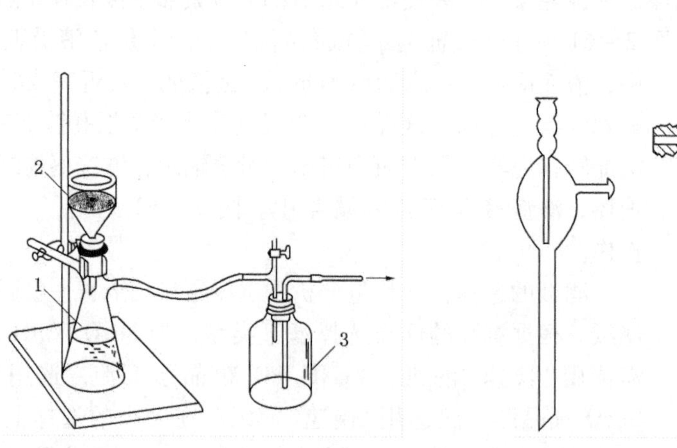

图 2－63　真空(减压)过滤装置

1—吸滤瓶；2—布氏漏斗；3—安全瓶

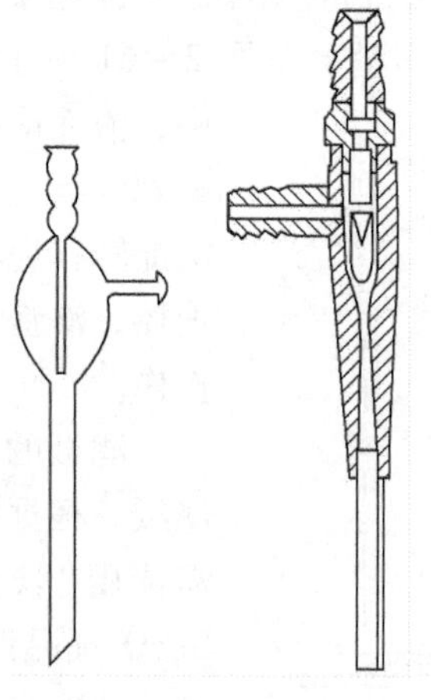

图 2－64　水泵

1—玻璃制品；2—金属制品

减压过滤操作是将滤纸剪得比布氏漏斗直径略小，但又能把全部瓷孔都盖住。把滤纸平放入漏斗，用少量蒸馏水或所用溶剂润湿滤纸，微开水龙头，关闭安全瓶活塞，滤纸便紧吸在漏斗上。同样可用倾析法将滤液和沉淀转移到漏斗内，开大水龙头进行抽滤，注意沉淀和溶液加入量不得超过漏斗总容量的 2/3，一直抽至滤饼比较干燥为止。必要时可用药匙或干净的瓶塞、玻璃钉等紧压沉淀，尽可能除去溶剂。过滤完毕，先打开安全瓶活塞，再关水龙头。

减压过滤装置也可不用水泵，直接与真空水阀连接，更为方便。在某些实验中，要求有较高的真空度，通常用真空泵来抽取气体，使装置减压或成真空状态。真空泵的种类很多，实验室多用比较简单的机械真空泵，它是旋片式油泵，如图 2－65 所示。整个机件浸没在饱和蒸气压很低的真空泵油中，起封闭和润滑作用。

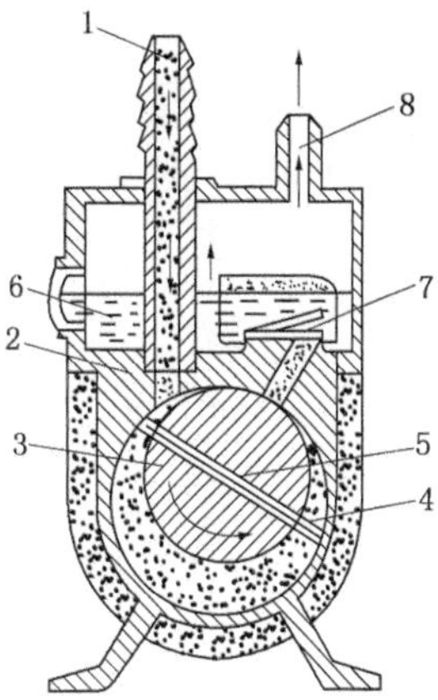

图 2－65　旋片式机械泵结构示意图
1—进气管；2—泵体；3—转子；4—旋片；5—弹簧；6—真空油；7—排气阀门；8—排气管

真空泵使用注意事项：

① 开始抽气时，要断续启动电机，观察转动方向是否正确，在明确无误时才能正式连续运转。

② 泵正常工作温度须在 75℃以下，超过 75℃要采取降温措施，如用风扇吹风。

③ 运转中应注意有无噪声。正常情况下，应有轻微的阀片起闭声。

④ 停泵时，先将泵与真空系统断开，打开进气活塞，然后停机。

⑤ 使用真空泵的过程中，操作人员不能离开。如泵突然停止工作或突然停电，要迅速将真空系统封闭，并打开进气活塞。

⑥ 机械泵不能用于抽有腐蚀性、对泵油起化学反应或含有颗粒尘埃的气体，也不能直接抽含有可凝性蒸气（如水蒸气）的气体，若要抽出这些气体，要在泵进口前安装吸收瓶。

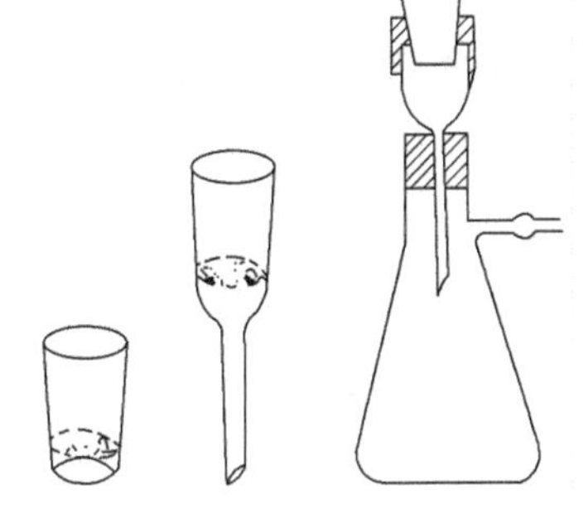

图 2－66　砂芯坩埚、砂芯漏斗和吸滤瓶

减压过滤速度较快，沉淀抽吸得比较干，但不宜用于过滤胶状沉淀或颗粒很细的沉淀。具有强氧化性、强酸性、强碱性溶液的过滤，溶液会与滤纸作用而破坏滤纸，因此，常用石棉纤维、玻璃布、的确凉布等代替滤纸。对于非强碱性溶液也可用玻璃坩埚或砂芯漏斗过滤。玻璃坩埚（又称砂芯坩埚）和砂芯漏斗的滤片都是用玻璃砂在 600℃左右烧结成的多孔玻璃片，如图2－66所示。根据孔径大小有 1～6 六种规格，号码愈大，孔径愈小。

（3）热过滤。当需要除去热浓溶液中的不溶性杂质，而在过滤时又不致析出溶质晶体时，常采用热过滤法。这种情况一般选用短颈或无颈漏斗。先将漏斗放在热水、热溶剂或烘箱中预热后，再放入漏斗中进行过滤。为了达到最大的过滤速度常采用褶纹滤纸，折叠方法如图 2－67 所示。

如果过滤的溶液量较多，或溶质的溶解度对温度极为敏感易析出结晶时，可用保温（热滤）漏斗过滤，其装置如图 2－68 所示，它是把玻璃漏斗放在金属制成的外套中，底部用橡皮塞连接并密封，也有用钢制的夹套热漏斗。使用时夹套内充水约 2/3，水太多，加热后可能溢出。

二、洗涤

晶体或沉淀过滤后，为了除去固体颗粒表面的母液和杂质就必须洗涤。

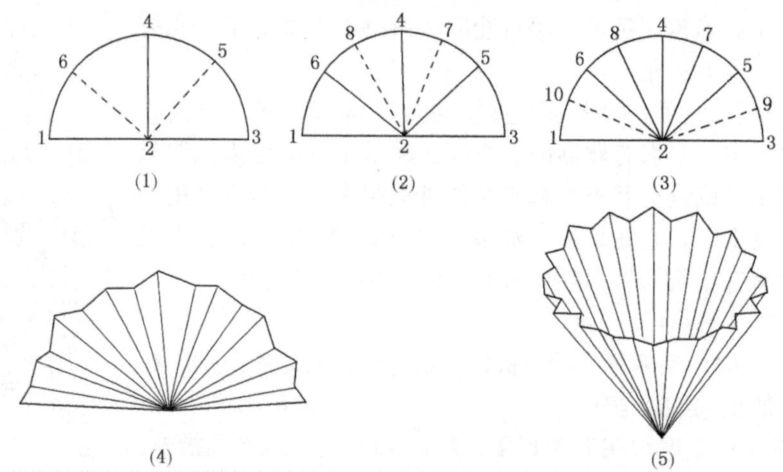

图 2－67　折叠滤纸折法示意图

如图从(1)折到(3)将已折成半圆形的滤纸分成八个等份，再如(4)将每份的中线处来回对折（注意折痕不要集中在顶端的一个点上）

洗涤一般都是结晶和沉淀的后续操作，颗粒大或密度大的沉淀或结晶容易沉降，一般用倾析法洗涤。具体做法是将沉降好的沉淀和溶液用倾析法将溶液倾入过滤器之后，向沉淀加入少量洗涤液(一般是蒸馏水)，用玻璃棒充分搅拌，然后静置，待沉降完全后将清液用倾析法倾出(视需要或倾入过滤器中、或弃之)，沉淀仍留在烧杯内，重复以上操作 3～4 次，即可将沉淀洗净。

有时也直接在过滤漏斗中洗涤。当用玻璃漏斗过滤时，从滤纸边缘稍下部位开始，做螺旋形向下移动，用洗涤液将附着在滤纸的沉淀冲洗下来集中在滤纸的锥体底部，反复多次直到将沉淀洗净，如图 2－69 所示。

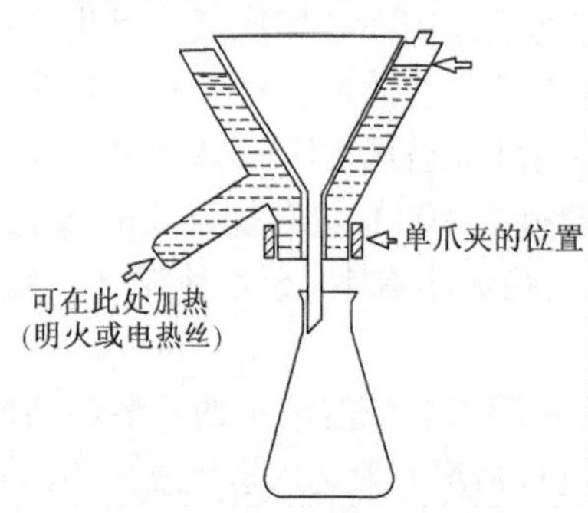

图 2－68　保温过滤装置

图 2－69　沉淀的洗涤

如果是用布氏漏斗减压过滤所得的沉淀需要洗去杂质时，首先打开安全瓶活塞，加洗涤液使沉淀润湿。片刻后，微关安全瓶活塞，缓慢抽吸让洗涤液慢慢透过全部沉淀。最后关闭活塞，抽吸干燥，如此反复多次，直至达到要求为止。

洗涤时对于水中溶解度大或易于水解的沉淀，不宜用水而应用与沉淀具有同离子的溶液洗涤，这样可以减少沉淀的损失，在非水的操作中，要根据实际情况选择恰当的洗涤剂。

沉淀洗涤所使用洗涤剂的量应本着少量多次的原则，洗涤次数要视要求和沉淀性质而定，在进行定量分析时，有时需要洗十几遍。洗涤是否达到要求，可通过检查滤液中有无杂质离子为依据。

第六节　目视比色法简介

目视比色法广泛用于产品中微量杂质的限量分析。一些有色物质溶液的颜色深浅与浓度成正比关系，用眼睛观察，比较溶液颜色的深浅来确定物质含量的方法叫做目视比色法。这种方法所用的仪器是一套以同样的材料制成的直径、大小、玻璃厚度都相同并带有磨口具塞的平底比色管，管壁有环线刻度以指示容量。比色管的容量有 10mL、25mL、50mL、100mL 数种，使用时要选择一套规格相同的比色管，并放在特制的比色管架上，如图 2－70 所示。

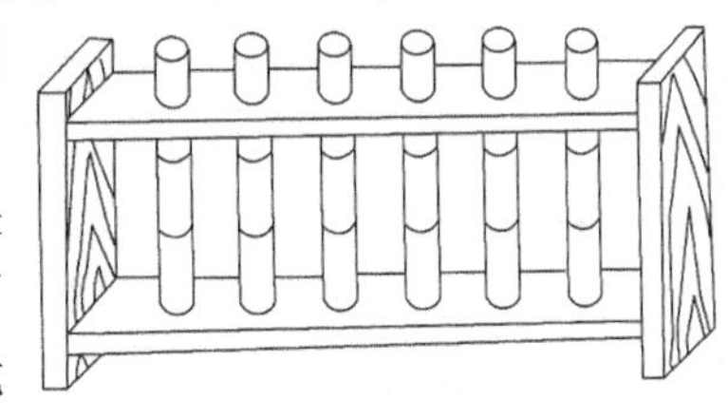

图 2－70　比色管

目视比色法中最常用的是标准系列法(色阶法)，它是将被测物质溶液和已知浓度的标准物质溶液在相同条件下显色，当液层的厚度相等颜色深度相同时，二者的浓度就相等。其操作方法：首先配制标准色阶，取一套相同规格的比色管，编上序号，将已知浓度的标准溶液，以不同的体积依次加入比色管中，分别加入等量的显色剂及其他辅助剂(有时为消除干扰而加)，然后稀释至同一刻度线摇匀，即形成标准色阶。比色时，将试样按同样的方法处理后与标准色阶比较，若试样与某一标准溶液的颜色深度一样，则它们的浓度必定相等，如果被测试样溶液的颜色深度介于两相邻标准溶液颜色之间，则未知液浓度可取两标准溶液浓度的平均值。

比较颜色的方法：

(1) 眼睛沿比色管中线垂直向下注视。

(2) 有的比色管架下有一镜条，将镜条旋转 45°，从镜面上观察比色管底端的颜色浓度。

目视比色法的优点：

(1) 仪器简单，操作方便，适宜大批样品的分析和生产中的中控分析。

(2) 比色管较长，从上往下看，颜色很浅的溶液也易于观察，灵敏度较高。

(3) 此法以白光为光源，不需要单色光。不要求有色溶液严格符合朗伯－比尔定律。可广泛应用于准确度要求不高的常规分析中。

目视比色的缺点：

(1) 因为人的眼睛对不同颜色及其浓度的辨别能力不同，会产生较大的主观误差。

(2) 许多有色溶液不稳定，标准色阶不能久存，常常需要定期重新配制，因此，此法比较麻烦。

注意事项：

(1) 比色管不宜用硬毛刷和去污粉刷洗，若内壁沾有油污，可用肥皂水、洗衣粉水或铬酸洗液浸泡，而后用自来水、蒸馏水冲洗干净。

(2) 不宜在强光下进行比色，因易使眼睛疲劳，引起较大误差。

(3) 用完后应及时洗净，晾干装箱保存。

实验 2 – 2　溶液的配制及密度计的使用

一、实验目的

（1）掌握固体、液体的取用方法。

（2）初步掌握溶解和搅拌技术并学会通用密度计的使用方法。

（3）学会配制物质的量浓度溶液的方法。

（4）学会容量瓶的使用和腐蚀性药品的称量方法。

二、仪器和试剂

仪器：通用密度计（玻璃密度计）、台秤、容量瓶（100mL）、量筒（10mL 和 100mL）、烧杯（250mL）、试剂瓶、玻璃棒。

药品：HCl（浓）、H_2SO_4（浓）、NaOH（固）、$CuSO_4 \cdot 5H_2O$（固）。

三、实验步骤

1. 浓硫酸和浓盐酸密度测定

（1）通用密度计的使用。

测量物质密度的方法有多种，使用的测量仪器也各不相同，玻璃密度计是用来测定液体密度的通用仪器也称通用密度计，通用密度计是一种在液体中能垂直自由漂浮、由浸没于液体中的深度来直接测量液体密度或溶液浓度的仪器。

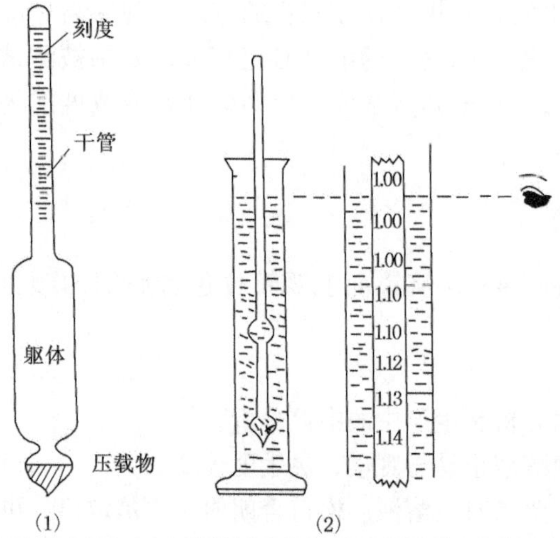

玻璃密度计（见图 2 – 71）是由躯体、压载物、干管组成。

躯体：为密度计主体部分，底部为圆锥体或半球形（以免附着气泡）的圆柱体。

压载物：为调节密度计质量及其垂直稳定漂浮而装在躯体最底部的材料（如水银或铅粒）。

干管：熔接于躯体的上部、顶端密封的细长圆管体。固定在干管内有一组指示不同量程值的刻度标线即密度计刻度，此刻度值自上而下增大，一般可读到小数点后第三位。有的密度计有两行刻度，一行是相对密度 ρ，一行是波美度 $B_e{}'$，二者可相互换算，也可从相应的换算表中查出。

图 2 – 71　玻璃密度计

玻璃密度计使用时应注意：

① 待测溶液应有足够的深度。

② 测量时待密度计漂浮平稳后，再将手松开，以免碰壁损坏。

③ 应注意被测液体的温度，不同的温度其溶液的密度不同，通常所说的密度值是液体在 20℃ 时的测量值。

④ 密度计分轻计（又称轻表 <1.000）和重计（又称重表 >1.000）两种。每只密度计只能测定一定密度范围的溶液，使用前应根据溶液密度的估计值选择合适量程的密度计。

⑤ 密度计不能甩动，用后洗净擦干放好。

(2) 浓硫酸和浓盐酸密度的测定。取 200mL 或 250mL 的量筒，注入浓硫酸，选择合适的干燥的密度计，慢慢放入液体中，左手扶住量筒底座，用右手的拇指和食指拿住密度计上端，试探至密度计完全漂浮稳定后，再将手松开。然后从液体凹面处的水平方向读出密度计上的数据，即浓硫酸的密度值，查表可知浓硫酸百分含量。另取 200mL 或 250mL 量筒注入浓盐酸，按上法测定浓盐酸的密度。

2. 5% 氢氧化钠溶液的配制

(1) 计算配 100g 5% NaOH 溶液需要 NaOH 固体的克数和水的克数。

(2) 在台秤上称取所需的氢氧化钠倒入烧杯中。

(3) 用量筒量取所需水的量倒入装氢氧化钠的烧杯中，用玻璃棒搅拌，使其溶解，这样就制得 100g 5% NaOH 溶液了。

3. 物质的量浓度溶液的配制

(1) 容量瓶的使用。容量瓶是用来配制一定体积和一定浓度的量具，它的颈部有一刻度线。在一定的温度时，瓶内达到刻度线的液体的体积是一定的。一般容量瓶都有 20℃ 的刻度线。

使用时，根据需要选用不同体积的容量瓶。先将容量瓶洗净，将一定量的固体溶质放在烧杯中，加少量蒸馏水溶解。将此溶液沿玻璃棒小心注入容量瓶中（如图 2-72），再用少量蒸馏水洗涤烧杯和玻璃棒数次，洗液也注入容量瓶中，然后继续加水，当液面接近刻度时，用滴管小心地逐滴将蒸馏水加到刻度处。塞紧瓶塞，右手食指按住瓶塞，左手手指托住瓶底，将容量瓶反复倒置数次并加以振荡，以保证溶液的浓度完全均匀。

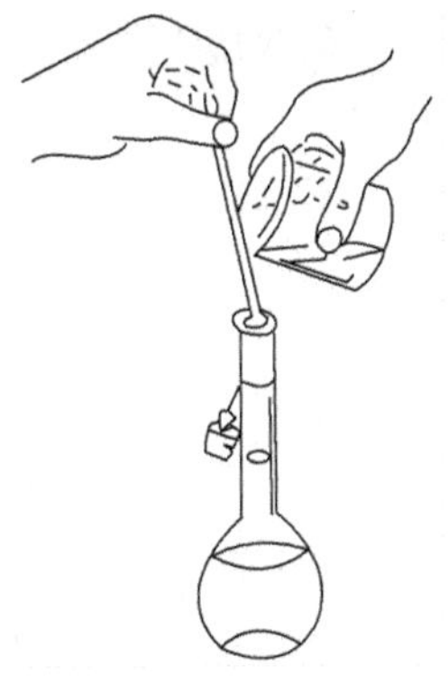

图 2-72　将溶液沿玻璃棒注入容量瓶中

(2) 配制 100mL 2mol · L^{-1}HCl 溶液。

① 计算配制 2mol · L^{-1}HCl 溶液需要盐酸的体积（根据测得浓盐酸密度，查表查出对应的浓度）。

② 根据计算结果，量取浓盐酸，注入含有 20 ~ 30mL 蒸馏水的烧杯中，用少量蒸馏水洗涤量筒 2 ~ 3 次，洗液也倒入烧杯中，然后将溶液移入 100mL 的容量瓶中，加少量蒸馏水洗涤烧杯 2 ~ 3 次，溶液也倒入容量瓶中。再加蒸馏水稀释至刻度，把容量瓶塞盖紧摇匀，即得 2mol · L^{-1}HCl 溶液。

(3) 配制 100mL 3mol · L^{-1} H_2SO_4 溶液。

① 计算配制 100mL 3mol · L^{-1} H_2SO_4 溶液需要浓硫酸的体积数（根据硫酸的密度查出其百分含量）。

② 用量筒量取所需的浓硫酸，沿玻璃棒倒入已盛有 40mL 蒸馏水的烧杯中，用少量水将量筒洗 2 ~ 3 次，洗液倒入烧杯中，用玻璃棒慢慢搅动，使其混合均匀，冷至室温后，转移到 100mL 容量瓶中，用少量蒸馏水洗涤烧杯 2 ~ 3 次，洗液也注入容量瓶中，再用蒸馏水稀释至刻度，摇匀。

(4) 配制 100mL 0.1mol · L^{-1} $CuSO_4$ 溶液。

① 计算配制 100mL 0.1mol · L^{-1} $CuSO_4$ 溶液所需 $CuSO_4 \cdot 5H_2O$ 的克数。

② 在台秤上用表面皿称取所需的 $CuSO_4 \cdot 5H_2O$ 放入烧杯中。

③ 往盛有 $CuSO_4 \cdot 5H_2O$ 的烧杯中加入 50mL 蒸馏水，用玻璃棒搅动，使其溶解，移入 100mL 容量瓶中，用少量蒸馏水洗涤烧杯 2 ~ 3 次，洗液也注入容量瓶中，再用蒸馏水稀释至刻度，摇匀即可。

四、思考题

1. 使用玻璃密度计时，应注意哪些问题？
2. 稀释浓硫酸时为什么不能把水加到浓硫酸中，试说明原因。
3. 称量氢氧化钠为什么不能用纸或在托盘上直接称量？
4. 怎样用浓硫酸配制 500mL 0.2mol · L^{-1}的硫酸溶液？
5. 根据测得浓 H_2SO_4的密度值，计算出浓 H_2SO_4的物质的量浓度。

实验 2－3　粗食盐的提纯

一、实验目的

(1) 了解粗食盐的提纯方法和原理。

(2) 练习溶解、沉淀、过滤、蒸发、结晶等基本操作技术。

(3) 了解有关离子的性质及产品检验。

二、实验原理

粗食盐中主要含有钙、镁、钾、铁的硫酸盐和氯化物等可溶性杂质以及泥沙等机械杂质。

不溶性机械杂质可用过滤方法除去，可溶性杂质可用化学方法除去，即根据可溶性杂质离子的性质加入合适的化学试剂，将可溶性杂质变为难溶性物质而分离除去，就此达到提纯的目的。

所选择的试剂必须具备下列条件：

(1) 能与杂质离子生成溶解度很小的沉淀或溶解度小的气体；

(2) 试剂本身过量时能设法去除；

(3) 尽可能采用便宜、易得到的试剂以降低成本。

粗食盐中杂质的处理方法如下：

(1) 先加入稍过量的 $BaCl_2$溶液，使 SO_4^{2-} 转化为难溶的 $BaSO_4$沉淀，除去 SO_4^{2-}。

$$Ba^{2+} + SO_4^{2-} = BaSO_4 \downarrow$$

过滤，将 $BaSO_4$沉淀除去。

(2) 加 NaOH 和 Na_2CO_3溶液除去 Ca^{2+}、Mg^{2+}、Fe^{3+} 及过量的 Ba^{2+}。

$$Ca^{2+} + CO_3^{2-} = CaCO_3 \downarrow$$

$$Ba^{2+} + CO_3^{2-} = BaCO_3 \downarrow$$

$$Mg^{2+} + 2OH^- = Mg(OH)_2 \downarrow$$

$$Fe^{3+} + 3OH^- = Fe(OH)_3 \downarrow$$

过滤除去上述沉淀。

(3) 加 HCl 溶液，除去稍过量的 NaOH 和 Na_2CO_3。

$$OH^- + H^+ = H_2O$$

$$CO_3^{2-} + 2H^+ = H_2O + CO_2 \downarrow$$

可溶性钾离子杂质由于含量很少，在食盐溶液蒸发浓缩和结晶过程中难于析出，不会和 NaCl 同时结晶出来，所以不需另作处理。微量的钾离子一般是附着在食盐表面的，工业上通常用水冲洗，将它除去。

三、仪器试剂

仪器：托盘天平、烧杯(250mL)、普通漏斗、蒸发皿、抽滤装置、酒精灯、滤纸。

试剂：粗食盐、$BaCl_2$(1.0mol·L^{-1})、NaOH(2.0mol·L^{-1})、Na_2CO_3(1.0mol·L^{-1})、HCl(2.0mol·L^{-1})、KSCN(0.5mol·L^{-1})、$(NH_4)_2C_2O_4$(0.5mol·L^{-1})、镁试剂、pH 试纸。

四、实验步骤

1. 粗食盐的提纯

(1) 粗食盐的溶解。用托盘天平称取粗食盐 20g，置于 250mL 烧杯中，加自来水 100mL 加热并搅拌，使粗食盐全部溶解。

(2) SO_4^{2-} 和不溶性杂质的除去。把配制好的粗盐溶液加热至近沸，在不断搅拌下慢慢滴加 $BaCl_2$(1.0mol·L^{-1})溶液，直到溶液中的 SO_4^{2-} 全部生成 $BaSO_4$沉淀为止($BaCl_2$的用量大约 8mL)。继续保温 10min，使生成的 $BaSO_4$沉淀陈化(颗粒长大而易于过滤)。

为了检验 SO_4^{2-} 沉淀是否完全，可暂停加热和搅拌，静置，待沉淀沉降后，沿烧杯壁滴加 1～2 滴 $BaCl_2$溶液，观察上层液中是否还有浑浊现象，若没有出现浑浊说明 SO_4^{2-} 已沉淀完全；有混浊现象说明 SO_4^{2-} 沉淀不完全，则需继续滴加 $BaCl_2$溶液，直到沉淀完全为止。

沉淀完全后，继续加热保温 5min 使沉淀颗粒长大。静置几分种，用普通漏斗过滤，再用少量蒸馏水洗涤沉淀 1～2 次，洗涤液并入滤液，弃去滤渣，保留滤液。

(3) Ca^{2+}、Mg^{2+}、Fe^{3+} 及过量的 Ba^{2+} 的除去。在上述滤液中加入 NaOH(2.0mol·L^{-1})溶液 2mL 和 Na_2CO_3(1.0mol·L^{-1})溶液 6mL，在搅拌下加热至近沸，静止，待沉淀沉降后，按以上方法用 Na_2CO_3溶液检验是否沉淀完全，此时溶液 pH＝9～10 左右。在搅拌下继续煮沸 10min，静置稍冷后，用普通漏斗过滤，弃去滤渣，保留滤液。

(4) 过量 NaOH、Na_2CO_3溶液的除去。在搅拌下往上述滤液中慢慢滴加 HCl(2mol·L^{-1})溶液，边滴加边不断用玻璃棒蘸取溶液于 pH 试纸上，试验至溶液呈弱性为止(pH＝5～6)。

(5) 蒸发结晶。将上述溶液移入蒸发皿中，用小火加热蒸发，浓缩至稀粥状的稠液为止(切不可蒸干)。冷却后，减压抽滤尽可能将结晶抽干。然后再将晶体转移至蒸发皿中，在石棉网上用小火慢慢烘干，即为精制食盐。

(6) 称重并计算收率。将精制食盐冷却、称重，计算 NaCl 的收率。

$$\text{收率}=\frac{\text{精制食盐质量(g)}}{\text{粗食盐的质量(g)}}\times 100\%$$

2. 产品检验

在台秤上分别称 1g 粗食盐和精制食盐，分别用 5mL 蒸馏水溶解，然后按下述方法检验并比较其纯度。

(1) SO_4^{2-} 的检验。取两支试管，分别加入 1mL 粗盐溶液和精盐溶液，然后分别加入 2 滴 $BaCl_2$溶液($1mol \cdot L^{-1}$)，精盐溶液中应无白色沉淀产生。

(2) Ca^{2+}的检验。取两支试管，分别加入 1mL 粗盐和精盐溶液，然后分别加入 2 滴 $0.5mol \cdot L^{-1}(NH_4)_2C_2O_4$溶液，精盐中应无白色沉淀产生。

(3) Mg^{2+}的检验。取两支试管，分别加入 1mL 粗盐溶液和精盐溶液，然后各加入 2 滴 NaOH($2mol \cdot L^{-1}$)溶液，使溶液呈碱性。再各加 2 滴镁试剂(镁试剂为对硝基偶氮间苯酚)，如溶液变蓝，说明有镁离子存在[$Mg(OH)_2$被镁试剂吸附便呈现蓝色]。精盐溶液中应无镁离子。

(4) Fe^{3+}的检验。取两支试管，分别加入 1mL 粗盐溶液和精盐溶液，然后各加入1～2 滴 HCl($2mol \cdot L^{-1}$)溶液，使溶液呈酸性。再各加入 1 滴 KSCN ($0.5mol \cdot L^{-1}$)溶液。在酸性条件下，Fe^{3+}与 SCN^-生成血红色的 $Fe(NCS)_n^{3-n}$($n=1\sim6$)

$$Fe^{3+} + nSCN^- \Longrightarrow Fe(NCS)_n^{3-n}$$

溶液中 Fe^{3+}浓度愈大，溶液颜色愈深，反之，则愈浅。精盐溶液应没有颜色。

五、思考题

1. 影响精盐收率的因素有哪些?

2. 怎样除去粗食盐中的钙、镁、钾和硫酸根离子?

3. 本实验中所有的沉淀剂 $BaCl_2$可否用 $Ba(NO_3)_2$或 $CaCl_2$代替? Na_2CO_3能不能用 K_2CO_3代替?

4. 用布氏漏斗抽滤结束后，能否先关水龙头，后拔橡皮塞或胶皮管? 为什么?

5. 过量盐酸如何除去?

6. 浓缩时，为什么不能将精盐溶液直接蒸干?

实验 2-4 粗硫酸铜的提纯

一、实验目的

(1) 了解用化学方法提纯硫酸铜。

(2) 熟练台秤的使用以及溶解、过滤、蒸发、结晶等基本操作。

二、实验原理

粗硫酸铜晶体中含有不溶性杂质和 $FeSO_4$、$Fe_2(SO_4)_3$等，不溶性杂质的 pH 值需要控制(一般控制 pH=4)，使 Fe^{3+}水解成 $Fe_2(OH)_3$沉淀而除去，其反应如下：

$$2FeSO_4 + H_2SO_4 + H_2O_2 \Longrightarrow Fe_2(SO_4)_3 + 2H_2O$$

$$Fe^{3+} + 3H_2O \xlongequal{pH=4} Fe(OH)_3\downarrow + 3H^+$$

除去铁离子后的滤液，即可以蒸发结晶，其他微量可溶性杂质在 $CuSO_4$结晶时，仍留在母液中，抽滤时可与 $CuSO_4$晶体分离。

三、仪器与试剂

仪器：台秤、研钵、布氏漏斗、吸滤瓶、蒸发皿、水浴锅、滤纸、水力泵(水冲泵)。

药品($mol \cdot L^{-1}$)：粗硫酸铜、H_2SO_4(2.0)、HCl(2.0) $NH_3 \cdot H_2O$(2.0、6.0)、NaOH (1.0)、H_2O_2(3%)、KSCN(0.5)、pH 试纸。

四、实验步骤

1. 称量溶解

将粗硫酸铜晶体研细，称取 25g 供提纯用，另称取 1g 用以比较提纯前后硫酸铜中的铁含量。

将 25g 研细的粗硫酸铜放在 250mL 烧杯中加入 100mL 水，加热，搅拌促其溶解。

2. 沉淀 Fe^{3+}

往溶液中滴入 7～8mL 3% H_2O_2加热，使溶液中 Fe^{2+} 完全氧化为 Fe^{3+}。同时，逐滴加入 2mol·L^{-1}NaOH 溶液，直至溶液 pH＝4，继续加热 5min，静置，使水解产物$Fe(OH)_3$充分沉降。

3. 过滤

用倾析法在普通漏斗上过滤，用少量蒸馏水将烧杯及玻璃棒洗涤 2 次，洗液也倒入滤液中，滤液收集到洁净的蒸发皿中，弃去沉淀。

4. 蒸发和结晶

将上述滤液用 2mol·$L^{-1}$$H_2SO_4$酸化，调节 pH 为 1～2，然后把滤液放在水浴上蒸发，至液面上出现晶膜时，停止加热，冷却后就有硫酸铜晶体析出。

5. 抽滤分离

将蒸发皿中的硫酸铜晶体转移到布氏漏斗上抽滤，并用一洁净的玻璃塞挤压布氏漏斗上的晶体，以尽量将晶体抽干。

6. 称量并计算收率

将硫酸铜晶体自布氏漏斗中取出，放在滤纸上晾干后，称重，母液倒入回收瓶中。

$$\text{硫酸铜的收率} = \frac{\text{精制 } CuSO_4 \cdot 5H_2O \text{ 的质量(g)}}{\text{粗硫酸铜的质量(g)}} \times 100\%$$

7. 硫酸铜纯度的检定

(1) 将 1g 研细的粗硫酸铜放入小烧杯中，用 50mL 水溶解后，加入 10 滴 2mol·L^{-1} H_2SO_4酸化，再加入 2mL 3% H_2O_2煮沸 5min，使其中的 Fe^{2+} 氧化成 Fe^{3+}。

冷至室温后，逐滴加入 6mol·L^{-1} $NH_3 \cdot H_2O$ 不断搅拌，至最初生成的蓝色沉淀完全溶解，溶液呈蓝色为止，此时杂质 Fe^{3+} 生成 $Fe(OH)_3$沉淀而 Cu^{2+} 则变成$[Cu(NH_3)_4]^{2+}$ 配离子。有关反应如下：

$$Fe^{3+} + 3NH_3 \cdot H_2O = Fe(OH)_3 + 3NH_4^+$$

$$2CuSO_4 + 2NH_3 \cdot H_2O = \underset{\text{(浅蓝色)}}{Cu_2(OH)_2SO_4 \downarrow} + (NH_4)_2SO_4$$

$$Cu_2(OH)_2SO_4 + (NH_4)_2SO_4 + 6NH_3 \cdot H_2O = \underset{\text{(深蓝色)}}{2[Cu(NH_3)_4]SO_4} + 2H_2O$$

用普通漏斗过滤，用 2mol·L^{-1} $NH_3 \cdot H_2O$ 洗涤沉淀，至蓝色洗去为止，此时 $Fe(OH)_3$ 的黄色沉淀留在滤纸上，弃去滤液。

用 4mL 热的 2mol·L^{-1} HCl 溶解 $Fe(OH)_3$沉淀，如一次不能完全溶解，可用滤液反复溶解至滤纸呈白色为止。

在滤液中加入4滴0.5mol·L^{-1} KSCN溶液，观察血红色的产生。

$$Fe^{3+}+nNCS^{-}=\!=\!=Fe(NCS)_n^{3-n}$$

粗硫酸铜中Fe^{3+}越多，血红色越深，保留该溶液与下面实验比较。

（2）称取1g精制硫酸铜，重复上述操作，比较两溶液的深浅，以评定提纯的效果。

五、思考题

1. 粗硫酸铜提纯过程中，为什么要加H_2O_2？

2. 除Fe^{3+}为什么溶液pH值要调节到4左右？pH值太大或太小有什么影响？

3. 在蒸发滤液时，为什么要用微火加热？为什么不可将滤液蒸干？

4. 过滤$Fe(OH)_3$沉淀后的硫酸铜滤液，为什么要用硫酸酸化至pH=1～2？

实验2－5　粗硫酸铜和焦硫酸铜的制备

一、实验目的

（1）掌握水浴加热、蒸发、结晶、过滤等基本操作。

（2）了解金属铜制备铜盐的原理方法。

二、实验原理

$CuSO_4\cdot5H_2O$是蓝色三斜晶体，俗称胆矾，在干燥的空气中慢慢风化，150℃以上失去五个结晶水，成白色无水硫酸铜，无水硫酸铜有极强的吸水性，吸水后变蓝色。

$CuSO_4\cdot5H_2O$在工业上有多种制备方法，如：

空气氧化法：在约20%的硫酸、金属铜混合液中通入空气，利用空气中的氧来氧化制得。

氧化铜酸化法：铜在反射炉中煅烧成氧化铜后再与硫酸作用制得。

浓硫酸氧化法：铜与浓硫酸混合，加热至450℃左右，把金属铜氧化为氧化铜和少量的硫化铜，再与硫酸和少量硝酸作用制得。

硝酸氧化法：铜与硝酸和硫酸作用制得。

本实验采用铜与硫酸、硝酸铵、硝酸反应制备$CuSO_4\cdot5H_2O$。

主要反应如下：

$$Cu+2NO_3^-+4H^+=\!=\!=Cu^{2+}+2NO_2+2H_2O$$

$$3Cu+2NO_3^-+8H^+=\!=\!=3Cu^{2+}+2NO+4H_2O$$

$$NO_2+NO+2NH_4^+=\!=\!=2N_2+2H^++3H_2O$$

$$Cu^{2+}+SO_4^{2-}=\!=\!=CuSO_4$$

在反应过程中，温度升高可加速反应，但温度过高，反应生成的NO_2、NO就来不及与NH_4^+作用导致大量放出，污染环境，为此应尽量避免高温。硫酸应稍过量，有利于硫酸铜结晶析出。硫酸铜的结晶可分为自然结晶和强化结晶，自然结晶是让浓缩后的硫酸铜溶液自然冷却析出结晶，此结晶颗粒较大；强化结晶是让浓缩后的硫酸铜溶液在不断搅拌下冷却结晶，此结晶细小均匀。

在镀铜工艺中常用焦磷酸铜配合物作电镀液，这种电镀液与氰化法相比无毒性，不会污染环境。焦磷酸铜灰蓝色沉淀能溶于过量的$Na_4P_2O_7$溶液中，形成深蓝色的焦磷酸铜配合物。焦磷酸铜是配制电镀液的重要原料。有关反应如下：

$$2Cu^{2+} + P_2O_7^{4-} = Cu_2P_2O_7(s)$$

$$Cu_2P_2O_7 + 3P_2O_7^{4-} = 2[Cu(P_2O_7)_2]^{6-}$$

三、仪器与试剂

仪器：托盘天平、烧杯、量筒(50mL)、表面皿、水浴。

试剂：H_2SO_4(3.0mol · L^{-1})、1∶1 HNO_3、Na_2CO_3(1%)、废铜丝(屑)、滤纸。

四、实验步骤

1. 废铜丝(屑)的处理

取适量的废铜丝(屑)放入100mL烧杯中，加入适量的10%稀碳酸钠溶液或合成洗涤剂溶液，使废铜丝(屑)浸没后，加热煮沸5min，使其油污完全除去然后倾出废液，用水将铜丝(屑)冲洗干净，再用滤纸吸干水分，备用。

2. 硫酸铜的制备

用托盘天平称取处理后的废铜丝(屑)4.5g，置于200mL烧杯中，加H_2SO_4(3.0mol · L^{-1})溶液30mL、蒸馏水10mL。称取NH_4NO_3晶体1.0g，取其1/3加入溶液中，盖好表面皿放在水浴中，在通风橱内加热到60℃左右，当溶液中出现大量气泡后可停止加热，否则就会有大量NO、NO_2放出，待反应速度较慢、溶液中气泡减少时，再分两次把剩余的硝酸铵加入。

取1∶1硝酸溶液20mL，在上述反应较慢时分十几次滴加到溶液中，滴加速度可根据反应剧烈程度而定(以没有大量NO、NO_2放出为宜)。随着反应的进行，溶液中的酸度逐渐降低，到后期可加热升温至90℃左右，以加速反应和硝酸分解，当溶液中气泡较少后，停止加热。用玻璃棒夹出残余的铜或将硫酸铜溶液倾入一个烧杯中，用水洗净铜表面的残留液，烘干，称其质量。溶液在水浴上加热，浓缩至表面出现少量晶体或用玻璃棒蘸取溶液冷却后出现晶体为止。停止加热，使溶液自然冷却至室温析出结晶(冷却温度应在15℃以上，否则其他盐就会析出)，也可将浓缩后的溶液放在冷水中，不断搅拌结晶，然后用倾析法把上层清液倒出(母液可循环使用)，结晶用滤纸吸干后称量，计算收率。

在母液中滴加$Na_4P_2O_7$溶液(0.50mol · L^{-1})，边加边搅拌，此时有焦磷酸铜沉淀析出，当溶液由深蓝色变为浅蓝色($pH \approx 2$)，停止滴加，静置沉降。用倾析法分离沉淀，并用去离子水洗涤2~3次，然后用普通漏斗过滤。沉淀物连同滤纸一起放在石棉网上，小火烘干，称量。

五、思考题

1. 在硫酸铜的制备过程中，为什么注意控制反应速度？如何控制反应速度？
2. 加入硝酸铵的作用是什么？
3. 硫酸铜的结晶温度为什么不能低于15℃，温度过低会出现什么问题？
4. 利用母液制取$Cu_2P_2O_7$时，如$Na_4P_2O_7$加入过量，将会发生什么反应？
5. 由所得$CuSO_4 \cdot 5H_2O$和$Cu_2P_2O_7$的质量怎样计算废铜的利用率？

实验2-6　防锈颜料磷酸锌的制备

一、实验目的

(1) 了解磷酸锌的制备方法和原理。

（2）进一步熟练溶解、沉淀、结晶、过滤等基本操作技术。

（3）学习沉淀的洗涤、固体物质的干燥。

二、实验原理

防锈颜料磷酸锌为二水合物粉末，在105℃以上失去结晶水得无水物，它不溶于水，易溶于酸和氨水溶液，主要用于配制带锈底漆和其他类型防锈底漆。

制备磷酸锌的方法有多种，如：

氧化锌和磷酸作用：把氧化锌用热水调成20%的糊状物，滴加磷酸进行反应。

锌盐与磷酸作用：把锌盐溶液调至碱性与磷酸反应制得。

锌盐与磷酸盐复分解反应：把锌盐用水溶解后，在搅拌下撒入磷酸盐粉末制得。

本实验介绍氧化锌与磷酸作用、锌盐与磷酸盐复分解反应制备磷酸锌的两种方法，供选做，主要反应如下：

$$3ZnO + 2H_3PO_4 = Zn_3(PO_4)_2\downarrow + 3H_2O$$

$$3ZnSO_4 + 2Na_3PO_4 = Zn_3(PO_4)_2\downarrow + 3Na_2SO_4$$

以上方法制得的磷酸锌为四水合物，因此，必须要在110～120℃的烘箱内脱水，使之成为二水合物[$Zn_3(PO_4)_2\cdot 2H_2O$]防锈颜料。

三、仪器与试剂

仪器：抽滤装置、蒸发皿、烧杯、量筒、水浴。

试剂：ZnO(固)、$ZnSO_4$(固)、Na_3PO_4(固)、$BaCl_2$(0.5mol·L^{-1})、HCl（2.0mol·L^{-1})、H_3PO_4(15%)、pH试纸。

四、实验步骤

1. ZnO与H_3PO_4作用制备磷酸锌

用托盘天平称取氧化锌粉末3.7g，放入100mL烧杯中，加入80℃以上的热蒸馏水18mL，用玻璃棒搅拌20min，使氧化锌充分润湿，并成糊状物，稍冷。用量筒取H_3PO_4(15%)溶液10mL，在搅拌下逐滴加入到糊状物中。加毕后继续搅拌15min，并用pH试纸不断测定溶液pH值，如果反应基本完成，溶液pH=5～6。反应完成后，静置陈化5min(便于过滤)，抽滤分离，结晶用蒸馏水洗涤，直至洗涤液为中性。产品放入烘箱内，在110～120℃温度下干燥30min，也可放在蒸发皿中，用小火加热干燥至二水合物，进行称量并计算收率。

2. $ZnSO_4$与Na_3PO_4作用制备磷酸锌

（1）$ZnSO_4$溶液的配制和Na_3PO_4的称取。用托盘天平称取$ZnSO_4$ 6g或$ZnSO_4\cdot 7H_2O$ 11g，置于400mL烧杯中，加蒸馏水100mL，搅拌使之全部溶解。

称取Na_3PO_4 4.1g或$Na_3PO_4\cdot 12H_2O$ 9.5g研细。

（2）$Zn_3(PO_4)_2\cdot 2H_2O$的制备。将配好的硫酸锌溶液放在水浴中，加热到80℃左右，在剧烈搅拌下，分多次把已研细的磷酸钠粉末撒入硫酸锌溶液中，不要让磷酸钠粉末沉底，加毕后继续搅拌30～60min左右，使其反应完全，反应完后pH值应接近中性。然后停止搅拌，静置10min，使晶体沉降后从水浴中取出，稍冷却，小心地把上层清液倾入另一个烧杯中，再用适量的蒸馏水洗涤晶体两次，洗涤液并入母液。晶体减压过滤，并用蒸馏水冲洗至滤液用$BaCl_2$(0.5mol·L^{-1})溶液在盐酸性条件下检验无SO_4^{2-}存在为止。然后抽尽水分，置于烘箱内，在110～120℃温度下脱去两个结晶水，得到产品磷酸锌二水合物。称量，计算收率。

（3）副产品 Na_2SO_4的回收。Na_2SO_4在水中的溶解度随温度变化比较特殊，在 30℃以下随着温度的升高溶解度增大，32.38℃达到最大溶解度。当温度再升高时溶解度反而下降，32.38℃为 $Na_2SO_4 \cdot 10H_2O$ 和 Na_2SO_4的转化温度。纯度较高、颗粒较细的无水硫酸钠，工业上叫做元明粉，通常条件下是无色菱形晶体。

将上述母液移入蒸发皿中，在不断搅拌下缓缓加热浓缩，直至溶液中有大量白色无水硫酸钠析出为止，然后再用余火不断搅拌将其干燥，得粗品无水硫酸钠。

称量，计算收率。

五、思考题

防锈颜料磷酸锌的制备有几种方法？基本反应条件是什么？

实验 2－7　碳酸钠的制备

一、实验目的

（1）了解联合制碱的反应原理和方法。

（2）掌握恒温水浴操作和减压过滤操作。

二、实验原理

以碳酸氢铵和氯化钠为原料制取碳酸钠（纯碱），又称为“复分解转化法”和“复分解中间盐法”。本实验重点介绍复分解转化法制备纯碱。

当碳酸氢铵和氯化钠发生复分解反应后，整个反应体系内，就出现了碳酸氢铵、氯化钠、碳酸氢钠及氯化铵的混合物。其中溶解度较小的是碳酸氢钠，所以，它首先形成结晶出来，然后经分离、洗涤、燃烧分解后得到纯碱。此时分离出碳酸氢钠后的液态体系中，主要剩余成分有氯化铵和少量的氯化钠、碳酸氢铵及碳酸氢钠。加盐酸酸化，使溶液中的碳酸氢铵和碳酸氢钠全部转化成氯化铵和氯化钠。将其溶液加热浓缩，根据氯化铵和氯化钠在高温下溶解度的不同，在 112℃下先分离出氯化钠，然后再将溶液冷却至 5～12℃时分离出氯化铵。有关反应如下：

（1）
$$NH_4HCO_3 + NaCl = NaHCO_3 + NH_4Cl$$
$$2NaHCO_3 = Na_2CO_3 + H_2O + CO_2\uparrow$$

（2）
$$NaHCO_3 + HCl = NaCl + H_2O + CO_2\uparrow$$
$$NH_4HCO_3 + HCl = NH_4Cl + H_2O + CO_2\uparrow$$

“复分解中间盐法”制纯碱，主要利用了溶液中的同离子效应原理，在适当的条件下，将产品和副产品分离出来。

碳酸氢铵和氯化钠的反应过程中，应严格控制温度为 35～38℃，若高于 40℃时碳酸氢铵易分解，造成损失。若低于 35℃生成的碳酸氢钠沉淀，颗粒较小发黏，不易过滤。30℃以下反应则无法进行，并且此反应要有足够的反应时间，使其完全转化。

三、仪器试剂

仪器：恒温水浴、抽滤装置、托盘天平、蒸发皿、烧杯、温度计、玻璃棒。

试剂：精制食盐、碳酸氢铵（固）、浓盐酸。

四、实验步骤

1. 食盐溶液的配制

用托盘天平称取精制食盐 10g 放入烧杯中，加蒸馏水 35mL，用玻璃棒搅拌使其全部溶解。

2. 碳酸氢钠的制备与分离

将盛有食盐溶液的烧杯放入已加热到 35～38℃ 的恒温水浴中，在搅拌下分多次撒入已研细的碳酸氢铵粉末 12g，同时防止碳酸氢铵沉入底部。整个反应过程必须严格控制温度范围为 35～38℃，随着碳酸氢铵的加入，溶液中不断有碳酸氢钠沉淀析出。碳酸氢铵加完后，继续保温搅拌 30～40min，然后停止搅拌，再保温静置约 1h，使产品颗粒增大，便于分离、洗涤。此时碳酸氢钠沉淀全部沉入烧杯底部，小心倾出或虹吸出上层清液(尽可能把清液倒净)，清液保留。烧杯中的碳酸氢钠沉淀用少量蒸馏水洗涤两次(除去粘附的铵盐)，移入布氏漏斗中进行抽滤，抽尽母液，再用蒸馏水冲洗一次，至母液完全洗脱(母液和洗涤液用于再生产溶盐用)。

3. 碳酸氢钠的锻烧

将以上得到的碳酸氢钠晶体放入蒸发皿中，送入烘箱或高温炉内，在 170～200℃ 温度下煅烧分解 15～20min。也可将碳酸氢钠放入蒸发皿中，用小火慢慢加热，并不断用玻璃棒搅拌，直到取出少量样品溶于适量蒸馏水中，用 pH 试纸测试 pH＝14 为止，冷却至室温称量。

4. 氯化钠和氯化铵的回收

（1）转化。将上述母液在剧烈搅拌下，缓慢滴加浓盐酸溶液酸化，使母液中少量的碳酸氢铵和碳酸氢钠全部转化为氯化铵和氯化钠，直到使溶液 pH＝6 即可。

（2）浓缩析出氯化钠。将酸化后的母液倒入蒸发皿中，在不断搅拌下缓慢加热浓缩，并不时用温度计测试温度。当料液温度达到 112℃ 时，母液中大部分氯化钠沉淀析出后，停止加热，静止片刻，倾出上层清液，抽滤，得到氯化钠(氯化钠可循环使用)。

（3）氯化铵的结晶与过滤。将上述清液放在冷盐水或冰水中，冷却至 5～12℃，并保温搅拌 1h，使氯化铵完全结晶析出，静止使晶体下沉，倾出清液，氯化铵晶体进行抽滤分离(母液可返回转化工序)。

（4）氯化铵的烘干。将以上得到的氯化铵晶体置于烘箱内，于 80℃ 温度下(超过 100℃ 氯化铵会升华)干燥至合格。

将以上得到的氯化钠和氯化铵进行称量，计算收率。

注意事项：

① 碳酸氢铵与食盐反应时，食盐应稍过量些，这样有利于碳酸氢钠的析出。

② 在操作过程中，加入碳酸氢铵、浓盐酸时，一定要缓慢进行，以防止大量 CO_2 等气体放出，造成溢料损失。

五、计算收率

计算碳酸钠、氯化钠、氯化铵的收率。

六、思考题

1. 在反应过程中，为什么要控制反应温度在 35～38℃ 范围之内？

2. 在整个操作中，静止的意义是什么？

3. 氯化铵烘干时，为什么要控制温度为 80℃？

实验 2-8　明矾的制备

一、实验目的

（1）掌握复盐的制备方法和原理。

（2）练习加热、结晶、抽滤等基本操作技术。

二、实验原理

明矾的化学组成为 $K_2SO_4 \cdot Al_2(SO_4)_3 \cdot 24H_2O$，碱金属（除 Li）硫酸盐与 Al^{3+}、Fe^{3+}、Cr^{3+}、V^{3+} 等离子结合形成硫酸盐的同晶复盐称为矾。钾铝矾有时简写成 $KAl(SO_4)_2 \cdot 12H_2O$，是无色透明的晶体。它是工业上十分重要的铝盐，用于净水，作填料和媒染剂。

通常利用金属铝可溶于氢氧化钠溶液，先制得四羟基铝酸钠，再用稀硫酸调节溶液的 pH 值，将其转化为氢氧化铝沉淀与其他杂质分离。然后用硫酸溶解氢氧化铝以获得硫酸铝溶液，再加入硫酸钾，便得到溶解度较小的明矾[1]。上述过程的化学反应为：

$$2Al + 2NaOH + 6H_2O \xlongequal{} 2Na[Al(OH)_4] + 3H_2\uparrow$$

$$2Na[Al(OH)_4] + H_2SO_4 \xlongequal{} 2Al(OH)_3\downarrow + Na_2SO_4 + 2H_2O$$

$$2Al(OH)_3 + 3H_2SO_4 \xlongequal{} Al_2(SO_4)_3 + 6H_2O$$

$$Al_2(SO_4)_3 + K_2SO_4 + 24H_2O \xlongequal{} 2KAl(SO_4)_2 \cdot 12H_2O$$

三、仪器和试剂

仪器：恒温水浴、抽滤装置、托盘天平、蒸发皿、烧杯、温度计、玻璃棒。

试剂：NaOH、pH 试纸、K_2SO_4、H_2SO_4（$3mol \cdot L^{-1}$）、铝片。

四、实验步骤

1. 四羟基铝酸钠的制备

用台秤快速称取 2g 氢氧化钠，迅速将其倒入 250mL 烧杯中。加 40mL 去离子水，温热溶解后，投入 1g 金属铝片，继续加热，使反应加速进行。同时不断补充冷水，保持溶液原体积。反应完毕趁热用普通漏斗过滤。

2. 氢氧化铝的生成和洗涤

在滤液中加入一定量的 $3mol \cdot L^{-1} H_2SO_4$ 充分搅拌，使其 pH = 8 ~ 9。然后用布氏漏斗抽滤，并用热水洗涤沉淀，当滤液的 pH = 7 ~ 8 时停止洗涤。

3. 明矾的制备

将沉淀转移到蒸发皿后，加 10mL 1∶1 的 H_2SO_4，小心加热使其完全溶解。然后加入 $4gK_2SO_4$，继续加热至溶解。让溶液在空气中自然冷却。待结晶完全后，用布氏漏斗抽滤。

五、计算产率

计算明矾的产率。

六、思考题

1. 简述明矾的制备原理及过程。

---

[1] 20℃时，K_2SO_4、$Al_2(SO_4)_3$ 及 $KAl(SO_4)_2$ 的溶解度（每 100g 水中）分别为 11.1g、36.4g 及 5.90g。

2. 本实验是在哪一步骤中除掉铝中铁杂质的?

3. 用热水洗涤氢氧化铝沉淀是要除去什么离子?

4. 从制得的明矾溶液中得到结晶，为何采用自然冷却，而不采用骤冷的方法?

5. 计算用1g金属铝能生成多少g硫酸铝?若将此硫酸铝全部转变成明矾需用多少g硫酸钾?

实验2-9　硫酸亚铁铵的制备

一、实验目的

(1) 了解硫酸亚铁铵的制备原理和方法。

(2) 熟练过滤、蒸发、结晶等基本操作技术。

(3) 掌握目视比色法检验产品质量的方法。

二、实验原理

硫酸亚铁铵俗名摩尔盐，呈浅蓝绿色，透明晶体，约在100℃失去晶体水，溶于水，不溶于乙醇。

在空气中比较稳定，不像其他亚铁盐那样易被氧化，是实验室中常用的亚铁离子试剂。

本实验以铁屑为原料，先制取硫酸亚铁，再用硫酸亚铁与硫酸铵作用，进一步制得硫酸亚铁铵。反应方程式如下:

$$Fe + H_2SO_4(稀) = FeSO_4 + H_2\uparrow$$

$$FeSO_4 + (NH_4)_2SO_4 + 6H_2O = (NH_4)_2SO_4 \cdot FeSO_4 \cdot 6H_2O$$

由于硫酸亚铁铵的溶解度比硫酸亚铁和硫酸铵都小，在蒸发冷却后，通过结晶便可从混合溶液中析出。

三种盐的溶解度见表2-4。

表2-4　三种盐的溶解度　　$g\cdot(100gH_2O)^{-1}$

物　质	温　度/℃					
	0	10	20	30	50	70
硫酸亚铁	15.7	20.5	26.6	33.2	48.6	56
硫酸铵	70.6	73.0	75.4	78.1	84.5	91.9
硫酸亚铁铵	12.5	18.1	21.2	24.5	31.3	38.5

三、仪器与试剂

仪器：台秤、抽滤装置、烧杯、蒸发皿、水浴、玻璃漏斗、容量瓶、比色管、滤纸。

药品：HCl($2.0mol\cdot L^{-1}$)、H_2SO_4(浓)、KCNS($1.0mol\cdot L^{-1}$)、Na_2CO_3(s)、$(NH_4)_2SO_4$(s)、Fe^{3+}标准溶液($0.1mg\cdot mL^{-1}$)、铁屑、pH试纸。

四、实验步骤

方法(一)：

1. 铁屑表面油污的去除

称取4g铁屑，放在小烧杯中，加入10% Na_2CO_3溶液至没过铁屑，小火加热10min，倾去碱液，依次用自来水、蒸馏水把铁屑冲洗干净。

2. 配制$3mol\cdot L^{-1}H_2SO_4$溶液

用密度计测量浓硫酸的密度，查出浓硫酸溶液的百分浓度。计算配制30mL $3mol\cdot L^{-1}$

H_2SO_4浓硫酸的数量(mL)并配成 3mol · L^{-1} H_2SO_4溶液。

3. 硫酸亚铁的制备

将配制好的 30mL 3mol · L^{-1} H_2SO_4和洗净的铁屑都加入一小烧杯中，用小火加热至不再有气泡冒出为止(在加热过程中应补充少量水，以防止 $FeSO_4$结晶析出)。趁热过滤，滤液立即转移到蒸发皿中。将滤纸上的铁屑及残渣洗净收集起来，用滤纸吸干水分，称重。计算已反应铁屑的质量以及 $FeSO_4$的理论产量。

4. 硫酸亚铁铵的制备

根据 $FeSO_4$ 的理论产量，按 $FeSO_4$ 与 $(NH_4)_2SO_4$ 的摩尔比为 1∶1 计算所需固体 $(NH_4)_2SO_4$的质量。称取所需$(NH_4)_2SO_4$，参照其溶解度表，配成饱和溶液。在搅拌下倒入盛有 $FeSO_4$的蒸发皿中，在水浴上蒸发浓缩至表面出现晶体膜为止(注意蒸发过程中不宜搅动)。静置，让溶液自然冷却，冷却至室温时，便析出 $FeSO_4 \cdot (NH_4)_2SO_4 \cdot 6H_2O$ 晶体。用倾析法除去母液，把晶体移入布氏漏斗中抽滤至干，然后用滤纸吸干，称重并计算产率。

5. 产品检验

Fe^{3+}限量分析：称取 1.0g 产品置于 25mL 比色管中，用 15mL 不含氧的蒸馏水溶解。加入 2mL 2mol · L^{-1}HCl 和 1mL 1mol · L^{-1}KCNS 溶液，再用不含氧的蒸馏水稀释至 25mL 刻度，摇匀后将所呈现的红色和标准色阶比较，确定 Fe^{3+}含量(试剂等级)。

标准色阶的配制：

(1) 配制 1.0mg · mL^{-1}的 Fe^{3+}标准溶液(由实验员统一配制)：

准确称取 0.4317g $(NH_4)_2Fe(SO_4)_2 \cdot 12H_2O$ 溶于少量水中，加入 1.3mL 浓 H_2SO_4，定量转入 500mL 容量瓶中，稀释至刻度，摇匀，即为 1.0mg · mL^{-1} Fe^{3+}标准溶液。

(2) 标准色阶的配制(由实验员配制)：

取三支 25mL 比色管，按顺序编号，依次加入 Fe^{3+}标准溶液 0.5mL、1mL、2mL。分别加入 2mL 2mol · L^{-1}HCI 和 1mL 1mol · L^{-1}KCNS 溶液，再加不含氧的蒸馏水至 25mL 刻度，摇匀即成。

一级标准溶液含 Fe^{3+} 0.05mg、二级标准溶液含 Fe^{3+} 0.10mg、三级标准溶液含 Fe^{3+} 0.20mg。

方法(二)：

用 $FeSO_4 \cdot 7H_2O$ 与$(NH_4)_2SO_4$反应制备 $FeSO_4 \cdot (NH_4)_2SO_4 \cdot 6H_2O$。

实验步骤如下：

(1) 称取 13.9g $FeSO_4 \cdot 7H_2O$ 和 6.6g$(NH_4)_2SO_4$，依据各自的溶解度分别配成饱和溶液。

(2) 将上面两种溶液分别加热到 340K(70℃)，一起倒入蒸发皿中，用 1mL 10% H_2SO_4(自配)酸化。

(3) 将上面酸化好的溶液在水浴上蒸发浓缩，到表面出现晶膜为止。以下操作(包括产品检验)同方法(一)。

五、计算产率

计算硫酸亚铁铵的产率。

六、思考题

1. 如何制备不含氧的蒸馏水？为什么配制样品溶液时一定要用不含氧的蒸馏水？

2. 为什么在蒸发浓缩时要使溶液呈酸性？

3. 如何计算 $FeSO_4$ 的理论产量和反应所需 $(NH_4)_2SO_4$ 的质量？

实验 2－10 硝酸钾的制备

一、实验目的

（1）制备硝酸钾并检验其纯度。

（2）练习溶液的加热、结晶、重结晶、过滤等操作。

（3）学习利用蒸发和降低温度的结晶方法。

二、实验原理

用 $NaNO_3$ 和 KCl 作用来制备硝酸钾。

$$NaNO_3 + KCl \rightleftharpoons NaCl + KNO_3$$

四种盐在不同温度时的溶解度见表 2－5。

表 2－5 四种盐在不同温度下的溶解度 $g \cdot (100gH_2O)^{-1}$

温度/K	273	283	293	303	323	353	383
NaCl	35.7	35.7	35.8	36.1	36.2	38.0	39.2
$NaNO_3$	73.3	80.8	88	95	114	148	175
KCl	28.0	31.2	34.2	37.0	42.9	51.2	56.3
KNO_3	13.9	21.2	31.6	45.4	83.5	127	245

由表 2－5 中的数据可以粗略地看出，在 293K 时除 $NaNO_3$ 外其他三种盐的溶解度很接近，因此，不能使 KNO_3 晶体单独从溶液中析出。随着温度的升高 NaCl 的溶解度没有明显改变，而 KNO_3 的溶解度却迅速增大。这样在加热条件下将 $NaNO_3$ 和 KNO_3 溶解并蒸发，NaCl 由于溶解度较小而结晶析出。趁热滤去 NaCl 结晶，再将滤液冷却，KNO_3 溶解度急剧下降而析出 KNO_3 晶体。

此外，本实验所用 KCl 和 $NaNO_3$ 均为工业品，因此，需除去水不溶物。在不同温度下分离得到的 NaCl 和 KNO_3 产品亦需用重结晶进行提纯。

三、仪器和试剂

仪器：热滤漏斗、减压过滤装置、蒸发设备、燃烧丝、天平、滤纸。

药品：KCl（工业品，固体）、$NaNO_3$（工业品，固体）、H_2SO_4（浓）、$AgNO_3$（$0.1mol \cdot L^{-1}$）、$FeSO_4$（固）、HNO_3（$6.0mol \cdot L^{-1}$）。

四、实验步骤

1. 硝酸钾和氯化钠的制备

在 250mL 烧杯中加入 17g $NaNO_3$ 和 15g KCl，再加入 30mL 自来水加热至近沸，使其溶解，趁热用热滤漏斗进行保温过滤，除去溶解的杂质。在搅拌下将滤液冷却到 278K(5℃)以下，析出 KNO_3 晶体。迅速抽滤，并用玻璃磨口瓶塞压干晶体，即为 KNO_3 的第一次产品。

将上面的滤液倾入 250mL 烧杯中，加热蒸发直到体积为蒸发前的 1/2 为止。趁热抽滤，压干晶体，放在表面皿上晾干，这就是 NaCl 产品。在加热蒸发过程中，为了防止暴沸，可取一段约为 20cm 长的玻璃管，将一端封死，使开口一端（不熔光）浸入溶液中并不断搅拌溶液。

将滤出 NaCl 晶体后的溶液倾入 250mL 烧杯中，用约为滤液 1/10 体积的水洗涤抽滤瓶并与滤液合并，然后将滤液冷却到 278K(5℃)以下，用倾析法除去母液，抽滤、压干晶体，得到第二次 KNO_3产品，与第一次 KNO_3产品合并，放在表面皿上晾干，称重。

2. 重结晶提纯

(1) KNO_3晶体重结晶。将两次所得 KNO_3产品留下 1～2g，其余放入 150mL 烧杯中。以固液质量比 1∶1 加入蒸馏水，加热使其溶解，冷却至 278K(5℃)以下，析出 KNO_3晶体，抽滤、压干、晾干、称重，即为 KNO_3的重结晶产品。

(2) NaCl 晶体重结晶。将上面制得的 NaCl 晶体称重，放入 250mL 烧杯中(留下1～2g)，再按固液比 1∶3 加入蒸馏水，使其溶解后，再加入约 1/10 体积的浓 HCl，然后蒸发此溶液，浓缩到原体积的 1/3。NaCl 晶体析出、抽滤，弃去滤液，将所得 NaCl 晶体放入洁净的蒸发皿中炒干，称重。

3. KNO_3和 NaCl 产品纯度的鉴定

用重结晶前后的产品对照检查 KNO_3中的 Na^+和 Cl^-，NaCl 中的 K^+和 NO_3^-含量的变化。

(1) Na^+和 K^+的鉴定。用焰色反应来鉴定 Na^+和 K^+。

(2) Cl^-的鉴定。溶解 0.01g 待鉴定的 KNO_3于 2mL 蒸馏水中，加入几滴 6mol · L^{-1} HNO_3酸化，然后滴入 10 滴 0.1 mol · L^{-1} $AgNO_3$溶液，通过观察白色沉淀来鉴定 Cl^-。

(3) NO_3^-的鉴定。溶解 0.01g 待鉴定的 NaCl 于 2mL 蒸馏水中，加入少许 $FeSO_4$晶体(或饱和的 $FeSO_4$溶液)。倾斜试管，然后慢慢滴入 2mL 的浓 H_2SO_4，若有棕色环出现在两个液面之间，说明 NO_3^-的存在，进行本实验时必须注意以下几点：

① 若用 $FeSO_4$溶液必须重新配制。

② 浓 H_2SO_4必须沿管壁慢慢滴入。

五、计算产率

计算 NaCl 和 KNO_3的产率。

六、思考题

1. 为什么 $FeSO_4$溶液必须新配制?

2. 为什么 $NaNO_3$和 KCl 的溶液要进行热过滤?

3. 试说明 NaCl 和 KNO_3提纯的原理。

实验 2－11　从废电池回收锌皮制取七水硫酸锌

一、实验目的

(1) 掌握 $ZnSO_4 \cdot 7H_2O$ 的制备原理和方法。

(2) 熟练过滤、洗涤、蒸发、结晶等基本操作。

二、实验原理

稀 H_2SO_4与锌反应得到 $ZnSO_4$。

$$Zn + H_2SO_4(稀) \xlongequal{} ZnSO_4 + H_2\uparrow$$

锌皮中的杂质铁也同时溶解成 Fe^{2+}。

$$Fe + H_2SO_4(稀) \xlongequal{} FeSO_4 + H_2\uparrow$$

用 HNO_3将 Fe^{2+}氧化为 Fe^{3+}。

$$3Fe^{2+} + NO_3^- + 4H^+ \xlongequal{} 3Fe^{3+} + 2H_2O + NO\uparrow$$

用 NaOH 将溶液 pH 值调至 8，使 Zn^{2+}、Fe^{3+}沉淀为相应的氢氧化物。

$$Zn^{2+} + 2OH^- \xlongequal{} Zn(OH)_2\downarrow$$

$$Fe^{3+} + 3OH^- \xlongequal{} Fe(OH)_3\downarrow$$

洗涤沉淀至无 Cl^-。

用稀 H_2SO_4溶解 $Zn(OH)_2$，控制 pH =4，这时 $Fe(OH)_3$不溶解。反应式为：

$$Zn(OH)_2 + H_2SO_4 \xlongequal{} ZnSO_4 + 2H_2O$$

过滤除去 $Fe(OH)_3$，将滤液蒸发，结晶得到 $ZnSO_4 \cdot 7H_2O$。

三、仪器和试剂

仪器：抽滤装置、比色管、水浴、蒸发皿。

药品（$mol \cdot L^{-1}$）：H_2SO_4（浓 2.0）、HNO_3（浓 3.0）、HCl（3.0）、NaOH（3.0）、KCNS（0.5）、$FeSO_4$（饱和）、pH 试纸、废电池锌皮、$AgNO_3$（0.1）。

四、实验步骤

1. 废锌皮的处理及溶解

废电池的锌皮上常粘有 $ZnCl_2$、NH_4Cl、MnO_2及沥青、石蜡等。用酸溶解前，在水中煮沸 30min，再刷洗，以除去上述杂质。

称取 3.5g 处理过的干净锌皮，剪碎，放入 250mL 烧杯中，加入 60mL 30mol · L^{-1} H_2SO_4，微微加热使反应进行。反应开始后停止加热，放置过夜。过滤得到滤液，将滤纸上的不溶物干燥后称重。计算实际溶解锌的克数。

2. $Zn(OH)_2$的形成和洗涤

将上面滤液移入 500mL 烧杯中，加热，加 3 滴浓 HNO_3，搅拌，使 Fe^{2+}被氧化为 Fe^{3+}。稍冷，逐滴加入 3mol · L^{-1} NaOH 溶液，并不断搅拌，直至 pH 为 8，使 Zn^{2+}沉淀完全。加 100mL 蒸馏水，搅匀，进行抽滤，再用蒸馏水洗涤沉淀，至洗涤液中不含 Cl^-为止。弃去滤液。

3. 溶解 $Zn(OH)_2$及除去铁杂质

将洗净的 $Zn(OH)_2$沉淀放入一洗净的烧杯中，逐滴加入 2 mol · L^{-1} H_2SO_4，并加热搅拌，控制 pH =4，加热煮沸使 Fe^{3+}完全水解为 $Fe(OH)_3$沉淀，趁热过滤。用 10 ~ 15mL 蒸馏水洗涤沉淀，将洗涤液并入滤液，弃去沉淀。

4. 蒸发结晶

将上面除去 Fe^{3+}的滤液移入一蒸发皿中，加入几滴 2mol · L^{-1} H_2SO_4，使 pH =2。在水浴上浓缩至液面出现晶膜，自然冷却后抽滤、晾干、称重、计算产率。

五、产品检验

检验所得 $ZnSO_4 \cdot 7H_2O$ 产品是否符合试剂三级品要求。称取 1.0g $ZnSO_4 \cdot 7H_2O$（三级），溶于 12mL 蒸馏水中，均分装在 3 个 25mL 比色管中，编号为 <1>。

称取 0.1g 制得的 $ZnSO_4 \cdot 7H_2O$，溶于 12mL 蒸馏水中，均分装在三个比色管中，比色管编号为 <2>。

1. Cl^- 的检验

在上面两组比色管中各取1支，各加入2滴0.1mol·L^{-1} $AgNO_3$，用蒸馏水稀释至25mL刻度，摇匀，进行比较。

2. Fe^{3+} 的检验

在上面两组比色管中各取一支，各加入3滴3mol·L^{-1} HCl和2滴0.5mol·L^{-1} KCNS溶液，都用蒸馏水稀释至25mL刻度，摇匀进行比较。

3. NO_3^- 的检验

在上面两组各剩下的一支比色管中，各加入2mL饱和 $FeSO_4$ 溶液，斜持比色管，沿管壁慢慢滴入2mL浓 H_2SO_4，比较形成的棕色环。

根据上面三次比较结果，评定产品的 Cl^-、NO_3^-、Fe^{3+} 含量是否达到三级试剂标准。

六、计算产率

计算 $ZnSO_4 \cdot 7H_2O$ 的产率。

七、思考题

1. 实验步骤2中为什么调pH=8？实验步骤3中为什么调pH=4？实验步骤4中为什么调pH=2？

2. 本实验为什么三次调pH值？如控制不当对产品的产量和质量有什么影响？

实验2－12　硫代硫酸钠的制备

一、实验目的

(1) 了解制备硫代硫酸钠的原理。

(2) 学习回流操作。

(3) 学习用溶液吸收气体的方法。

二、实验原理

一般制备硫代硫酸钠的方法：将 SO_2 通入 Na_2CO_3 溶液中生成 $NaHSO_3$，再加入适量的 Na_2CO_3 则得到 Na_2SO_3，经与硫粉共煮，滤去未反应的硫粉，浓缩溶液可得 $Na_2S_2O_3 \cdot 5H_2O$ 结晶。实验室常用铜和浓硫酸反应制取 SO_2。反应式为：

$$Cu + 2H_2SO_4(浓) \xlongequal{\triangle} CuSO_4 + SO_2\uparrow + 2H_2O$$

$$SO_2 + Na_2CO_3 + H_2O \xlongequal{} 2NaHSO_3 + CO_2\uparrow$$

$$2NaHSO_3 + Na_2CO_3 \xlongequal{} 2Na_2SO_3 + H_2O + CO_2\uparrow$$

$$Na_2SO_3 + 5H_2O + S \rightleftharpoons Na_2S_2O_3 \cdot 5H_2O$$

最后一个反应是可逆的。

三、仪器和试剂

仪器:二氧化硫发生装置、回流煮沸装置、常压过滤和抽滤装置、容量瓶(100mL)、滤纸。

药品：H_2SO_4(98%)、Na_2CO_3 或 $Na_2CO_3 \cdot 10H_2O$(固)、$Na_2SO_4 \cdot 10H_2O$(固)、HCl(0.1mol·L^{-1})、$BaCl_2$(25%)、$Na_2S_2O_3$(0.05mol·L^{-1})、硫粉、乙醇、pH试纸、碘水(0.01mol·L^{-1})。

四、实验步骤

1. 配制 Na_2CO_3 溶液

称取15g Na_2CO_3(或40g $Na_2CO_3 \cdot 10H_2O$)，放在250mL烧杯中，加入80mL水，加热并

搅拌使之全部溶解，备用。图 2－73 是回流冷凝管。

2. 制备 Na_2SO_3 溶液

按图 2－74 装配仪器。

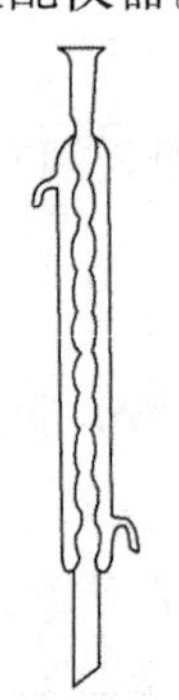

图 2－73 回流冷凝管

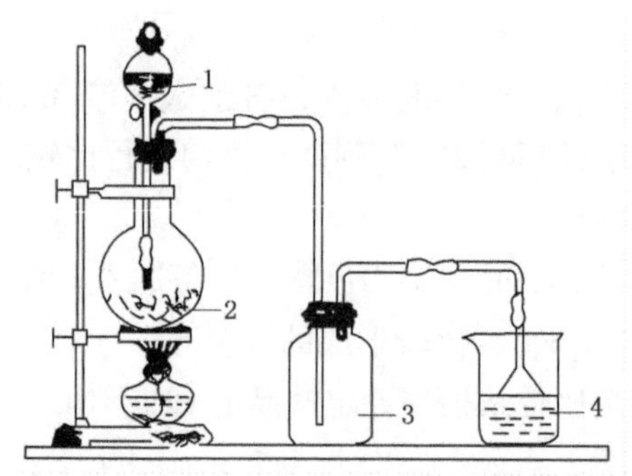

图 2－74 制备亚硫酸氢钠装置

1—浓硫酸；2—铜片；3—缓冲瓶；4—碳酸钠溶液

将浓 H_2SO_4 加入烧瓶中，加热使 H_2SO_4 与铜反应生成 SO_2 气体，经过缓冲瓶通入 Na_2CO_3 溶液中。此时，烧杯中产生大量的小气泡(是什么气体?)。通气过程中，应不断摇动小漏斗，以利于 SO_2 的吸收。待溶液中基本无小气泡放出，而小漏斗中有 SO_2 逸出时(有什么现象?)，表明吸收已达饱和，即可停止通气。这就制得了 $NaHSO_3$ 溶液。

在搅拌下往所制得的 $NaHSO_3$ 溶液中慢慢加入 40g $Na_2CO_3 \cdot 10H_2O$，至溶液 pH 值为 9～10(用试纸检查)即为 Na_2SO_3 溶液。

3. $Na_2S_2O_3$ 的制备

将制得的 Na_2SO_3 溶液移入一圆底烧瓶中，加入 10g 用酒精润湿的硫粉，装上回流管(图 2－75)，回流煮沸 1～2h，稍冷后，经过滤除去未反应的硫粉。如滤液呈黄色，可通入 SO_2 至溶液变为无色(除去硫化物)。

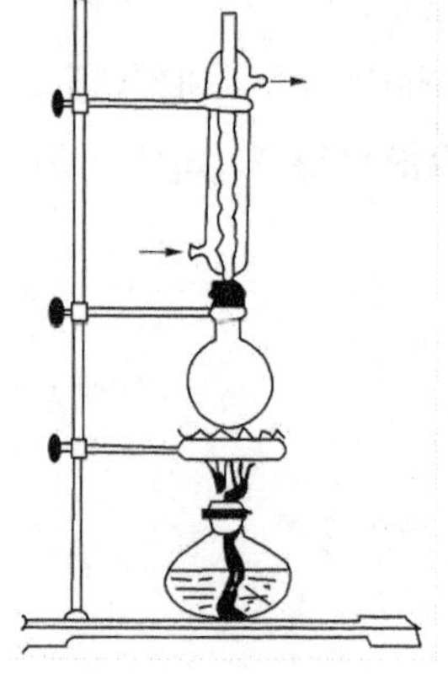

图 2－75 $Na_2S_2O_3$ 制备装置

然后在水浴上蒸发[1]，直至有一些晶体析出，稍冷，放入冷水浴中使结晶完全，抽滤，用少量乙醇洗涤结晶，压干。把晶体移入表面皿中，放入烘箱，在 313K(40℃)下干燥 1h，称重，计算产率。

五、产品检验

SO_3^{2-} 和 SO_4^{2-} 限量分析：

用 $BaCl_2$ 与样品中微量硫酸根作用生成 $BaSO_4$ 沉淀，使溶液产生白色浑浊。根据溶液的浑浊程度，来测定样品中硫酸根的含量，其方法与目视比色法相似。

称取 1g 产品，溶于盛有 25mL 蒸馏水的 100mL 烧杯中，滴加 $0.01mol \cdot L^{-1}$ 碘水，使溶液呈浅黄色，然后转移至 100mL 容量瓶中。用蒸馏水稀释至刻度，

[1] 溶液蒸发至原体积的一半时，尚无结晶析出，可用冷水冷却。如仍不结晶，可搅拌溶液或加入少许 $Na_2S_2O_3 \cdot 5H_2O$ 细晶促使结晶析出。

用移液管移取该溶液 10.00mL 于 25mL 比色管中摇匀。放置 10min 后，加 1 滴 0.05mol · L^{-1} $Na_2S_2O_3$溶液，摇匀，立即与标准比较，根据浊度确定产品等级。

标准配制：

(1) 0.10mg/mL 的 SO_4^{2-} 标准溶液配制：称取分析纯的 $Na_2SO_4 \cdot 10H_2O$ 0.335g 溶于少量蒸馏水中，然后转移至 1000mL 容量瓶中，用蒸馏水稀释至刻度，摇匀，即得。

(2) 一、二、三级标准配制：分别取 0.20mL、0.50mL、1.00mL 上述 SO_4^{2-} 标准溶液于 3 支 25mL 比色管中，各加入 1mL 0.1mol · L^{-1}HCl 及 3mL 25% BaCl 溶液，稀释至 25mL，摇匀，放置 10min 后，再各加入 1 滴 0.05mol · L^{-1} $Na_2S_2O_3$溶液，摇匀，即为一、二、三级标准。

一级标准含 SO_4^{2-} 0.02mg、二级标准含 SO_4^{2-} 0.05mg、三级标准含 SO_4^{2-} 0.10mg。

六、计算产率

计算 $Na_2S_2O_3$的产率。

七、思考题

1. 如何判断 Na_2CO_3溶液吸收 SO_2已达到饱和？
2. 要想提高 $Na_2S_2O_3$的产率和纯度，实验中需注意哪些问题？
3. Na_2SO_3与硫粉反应时，为什么要回流煮沸？
4. 根据产品的检验结果，分析实验成败的原因。

实验 2-13　高锰酸钾的制备

一、实验目的

(1) 掌握由二氧化锰制备高锰酸钾的原理和方法。

(2) 熟悉有关碱熔融法、过滤、蒸发和结晶等操作。

二、实验原理

将 MnO_2和 $KClO_3$在碱性介质中强热可制得绿色的 K_2MnO_4。

$$3MnO_2 + KClO_3 + 6KOH \xlongequal{\text{熔融}} 3K_2MnO_4 + KCl + 3H_2O\uparrow$$

然后用水浸取熔块。在降低锰酸钾的 pH 值的条件下，使 K_2MnO_4发生歧化反应，生成 $KMnO_4$(工业生产中，可用电解法将 K_2MnO_4 氧化成 $KMnO_4$)。例如，在溶液中通入 CO_2 气体。

$$3K_2MnO_4 + 2CO_2 = 2KMnO_4 + MnO_2\downarrow + 2K_2CO_3$$

滤去 MnO_2沉淀，将滤液浓缩结晶，便可得到暗紫色的 $KMnO_4$晶体(其密度为 2.703 g · cm^{-3}，$KMnO_4$在 240℃依下式分解。

$$2KMnO_4 \xlongequal{\triangle} K_2MnO_4 + MnO_2 + O_2\uparrow$$

三、仪器和试剂

仪器：250mL 烧杯、500mL 烧杯、吸滤装置、4 号砂芯漏斗、300mL 蒸发皿、铁坩埚(或铁勺)、粗铁丝(20cm 长)、台秤。

药品：$KClO_3$(固)、KOH(固)、MnO_2(固、工业品)、CO_2气体(CO_2启普发生器)、pH 试纸。

四、实验步骤

（1）启普发生器的安装和调试（略）。

（2）熔融、氧化。称取5.2g固体KOH和2.5g固体$KClO_3$放入铁坩埚（或铁勺）内混合均匀，用小火加热，待混合物熔融后，用铁丝边搅拌，边慢慢加入3g固体MnO_2。随着反应的进行，熔融物的黏度增大，此时应用力加快搅拌，以防结块。待反应物干涸后，提高温度，强热5~10min（用煤气灯或喷灯的氧化焰强热）。

（3）浸取。待物料冷却后用150~200mL热的蒸馏水分批浸取物料，浸取时可用铁丝搅拌。浸取液倒入500mL烧杯中。

（4）K_2MnO_4歧化。趁热向浸取液中通入CO_2气体，使K_2MnO_4歧化为$KMnO_4$和MnO_2，用pH试纸测试溶液的pH值[附注（2）]。当溶液的pH值达到10~11之间时，即停止通CO_2（附注3）。然后把溶液加热，趁热用砂芯漏斗抽吸过滤，滤去MnO_2残渣。

（5）$KMnO_4$的浓缩结晶。将滤液移至蒸发皿中，用小火加热，当浓缩至液面出现微小晶体时，停止加热，冷却，即有$KMnO_4$晶体析出。最后用砂芯漏斗过滤，把$KMnO_4$晶体尽可能抽干，结晶倒在表面皿上放入烘箱烘干（20~30min，温度不得超过240℃，观察晶体的颜色和形状）。

（6）称重，计算产率，清洗砂芯漏斗。清洗玻璃砂漏斗的方法是用玻璃棒将玻璃砂板上的沉淀轻轻刮下，切勿用力刮刻玻璃砂板，然后用自来水尽量冲洗干净。最后在酸性介质中，用Na_2SO_3还原遗留在缝隙里的沉淀。漏斗洁净后，用自来水冲净备用。

五、计算产率

计算$KMnO_4$的产率。

六、思考题

1. 简述由MnO_2来制备$KMnO_4$的化学原理及过程。
2. 总结启普发生器的构造和使用方法。
3. 过滤$KMnO_4$溶液为什么要用砂芯漏斗，而不能用滤纸？
4. 本实验熔融碱时能否用瓷坩埚和玻璃棒搅拌？为什么？
5. 能否用加盐酸或通氯气方法代替在K_2MnO_4溶液中通CO_2？为什么？
6. 往K_2MnO_4浸取液中通CO_2的量是根据什么来控制的？为什么？

附　　注

（1）溶解度参考数据见表2-6。

表2-6　溶解度参考数据　　$g \cdot (100gH_2O)^{-1}$

温度/℃	0	10	20	30	40	50	60	70	80	90	100
KCl	27.6	31.0	34.0	37.0	40.0	42.6	45.5	48.1	51.1	54.0	56.7
$2K_2ClO_3 \cdot 3H_2O$	157.6	163.3	167.5	173.7	180.0	188.9	200.2	214.5	228.3	245.9	265.4
$KHCO_3$	22.6	27.7	33.3	39.1	45.3	52.0	60.0				
$KMnO_4$	2.83	4.4	6.4	9.0	12.56	16.89	22.2				

（2）在$KMnO_4$溶液紫色干扰下，溶液pH值可近似测试如下：

用洁净玻璃棒蘸取溶液滴到pH试纸上，随着试纸上液体的层析，试纸上红棕色的边缘所显示的颜色即反映溶液的 pH 值。

（3）CO_2通得过多，溶液的 pH 值会太低，则溶液中生成大量 $KHCO_3$：

$$CO_2 + 2KOH = K_2CO_3 + H_2O$$

$$K_2CO_3 + CO_2 + H_2O = 2KHCO_3$$

由于 $KHCO_3$的溶解度比 K_2CO_3小得多，在溶液浓缩时，$KHCO_3$就会和 $KMnO_4$一起析出。

实验 2－14　锌钡白（立德粉）的制备

一、实验目的

（1）结合电离平衡、氧化还原等理论知识掌握制备锌钡白的方法。

（2）熟练过滤、蒸发、结晶等基本操作。

二、实验原理

锌钡白（俗名立德粉）是 ZnS 和 $BaSO_4$的等摩尔混合物，是白色晶状固体。常用作油漆工业的白色颜料和橡胶制品的白色填料。

锌钡白可由 BaS 与 $ZnSO_4$反应制得：

$$ZnSO_4 + BaS = BaSO_4 \downarrow + ZnS \downarrow$$

锌钡白的制备可分为如下几步：

1. 粗制 $ZnSO_4$

工业硫酸与由矿砂直接制得的 ZnO（含量为 90% 左右）反应制得 $ZnSO_4$：

$$ZnO + H_2SO_4 = ZnSO_4 + H_2O$$

ZnO 中含有的镍、镉、铁和锰的氧化物等杂质也同时生成 $NiSO_4$、$CdSO_4$、$FeSO_4$、$MnSO_4$等。在硫酸锌和硫化钡反应沉淀锌钡白时，这些杂质离子将生成有色的硫化物而影响产品的色泽，因此，在溶液中必须经过除杂处理。

2. 精制 $ZnSO_4$

Ni^{2+}、Cd^{2+}可与较活泼金属 Zn 发生置换反应而从溶液中除去。Fe^{2+}、Mn^{2+}在弱酸性溶液中可被 $KMnO_4$氧化，其产物逐渐水解成 $Fe(OH)_3$、MnO_2沉淀。氧化、水解的总反应式表示如下：

$$2KMnO_4 + 3MnSO_4 + 2H_2O = 5MnO_2 \downarrow + 2H_2SO_4 + K_2SO_4$$

$$2KMnO_4 + 6FeSO_4 + 14H_2O = 2MnO_2 \downarrow + 6Fe(OH)_3 \downarrow + 5H_2SO_4 + K_2SO_4$$

在溶液中加少许 ZnO 可使水解反应完全。

3. 硫化钡的浸取

工业上，将重晶石（$BaSO_4$）同炭混合，在高温下焙烧得 BaS 熔块。

$$BaSO_4 + 2C \xlongequal{高温} BaS + 2CO_2 \uparrow$$

熔块中含有 BaS（约 70%）、未反应的 $BaSO_4$和炭粒，用热水浸泡后得 BaS 溶液。

BaS 溶液容易吸收空气中的 CO_2而析出 $BaCO_3$沉淀。

4. 合成锌钡白

将精制的 $ZnSO_4$和 BaS 一起反应即得锌钡白沉淀。

三、仪器和试剂

仪器：烧杯 400mL、250mL、玻璃漏斗、铁架台、布氏漏斗、吸滤瓶、研钵。

药品：粗 ZnO、$NaBiO_3$(S)、锌粉(工业)、ZnO(纯)、H_2SO_4(浓、2mol·L^{-1})、HNO_3(浓)、$KMnO_4$(0.01mol·L^{-1})、KI(10%)、KNCS（饱和)、H_2O_2(3%)甲醛、β-萘喹啉(2.5%)、二乙酰二肟、酚酞。

材料：滤纸、pH 试纸。

四、实验步骤

1. 粗制 $ZnSO_4$溶液

在200mL 自来水中加入4mL 工业浓硫酸，加热至70~80℃慢慢加入粗氧化锌7.5g，搅拌，小火加热5~10min。用 pH 纸试验，此时溶液的 pH 应大于5。若小于5，可通过添加少许粗 ZnO 调节。溶液冷却后用普通漏斗过滤(若一次过滤不清，可将滤液再次通过该滤纸过滤)。滤液备用。

2. 杂质检定

(1) Ni^{2+}的检定。取1mL 粗制 $ZnSO_4$溶液，加一小匙纯氧化锌，摇匀，再加6滴二乙酰二肟充分振荡，离心沉降，若白色 ZnO 表面出现红色，表示有 Ni^{2+}存在。

(2) Cd^{2+}的检定。取1mL 粗 $ZnSO_4$清液，加2滴10% KI 溶液，摇匀，再加2滴β-萘喹啉试液，摇匀，观察，若呈乳白色混浊或黄色沉淀，表示有 Cd^{2+}存在。

(3) 铁离子的检定。取1mL 粗 $ZnSO_4$溶液，加2滴2mol·$L^{-1}$$H_2SO_4$酸化，再加数滴3% H_2O_2，摇匀，再加饱和的 KNCS 数滴，若显血红色，表示有铁离子存在。

(4) Mn^{2+}的检定。取1mL 粗 $ZnSO_4$溶液，加浓 $HNO_3$4~6滴，再加少许固体 $NaBiO_3$，加热，沉降后若溶液出现紫红色，表示有 Mn^{2+}存在。

3. 精制 $ZnSO_4$

将粗制 $ZnSO_4$溶液加热至80℃左右，加1g 锌粉，反应20min，然后冷却过滤。所得滤液按2(1)、2(2)检定 Ni^{2+}和 Cd^{2+}。若未除尽，再加少许锌粉重复处理。

除 Ni^{2+}、Cd^{2+}后的试液中加纯 ZnO 少许，加热搅拌，慢慢滴入0.01mol·$L^{-1}$$KMnO_4$溶液至滤液显红色。试验方法是取少许试液过滤于小试管中，若滤液显微红色，说明 $KMnO_4$已微过量。加热试液反应片刻，然后加甲醛使过量的 $KMnO_4$还原为 MnO_2沉淀。仍用上述过滤方法检查试液中的 $KMnO_4$是否除尽，若滤液仍显微红色，则应再滴加甲醛，直至红色褪去。用小火加热，微沸片刻，使沉淀颗粒长大以利于分离，用普通漏斗过滤，按2(3)、2(4)检查滤液中的铁离子、Mn^{2+}是否除尽。如已无铁离子和 Mn^{2+}，则试液已完成精制。

4. BaS 的浸取

称取13g 研细的 BaS，用100mL 90℃左右的热水浸泡15~20min。边浸泡边搅拌溶解，随后吸滤即得 BaS 溶液。

5. 锌钡白的合成

在250mL 烧杯中，先放少量 BaS 溶液，然后交替加入 $ZnSO_4$和 BaS 溶液，且不断搅动，合成过程中应维持溶液呈碱性(完全反应时溶液显微碱性)。控制方法是在滤纸上滴几滴酚酞，然后用玻璃棒沾取试液在滤纸上，以恰使滤纸显微红为宜，将锌钡白沉淀进行吸滤、抽干、称重。

五、计算产率

计算锌钡白的产率。

六、思考题

1. 本实验中，粗制硫酸锌溶液的 pH 值是多少？计算说明之。
2. 精制 $ZnSO_4$溶液除铁离子、Mn^{2+}时，为什么要加入纯 ZnO？
3. 为什么 BaS 溶液不需另作除杂处理？
4. 为什么合成过程中溶液保持碱性？

实验 2-15　亚硝酸根合钴(Ⅲ)酸钠的制备

一、实验目的

(1) 了解亚硝酸根合钴酸钠的制备原理和方法。

(2) 掌握溶解搅拌、结晶、洗涤、干燥、抽滤等操作技术。

二、实验原理

$Na_3[Co(NO_2)_6]$的学名为六亚硝酸根合钴(Ⅲ)酸钠，俗称钴亚硝酸钠或亚硝酸钴钠。

通常情况下它是黄棕色结晶粉末，易溶于水(微溶于乙醇)。其水溶液不太稳定，会逐渐分解，但放入几滴乙酸后，可保持较长时间。

钴亚硝酸钠是测定钾的特殊试剂，常用于土壤分析和作物营养诊断中测定钾的含量。其鉴定反应为：

$$2K^+ + Na^+ + [Co(NO_2)_6]^{3-} \xlongequal{} \underset{(亮黄色)}{K_2Na[Co(NO_2)_6]\downarrow}$$

该反应须在中性或弱酸性溶液中进行，因为强碱和强酸均能破坏$[Co(NO_2)_6]^{3-}$：

$$[Co(NO_2)_6]^{3-} + 3OH^- \xlongequal{} Co(OH)_3\downarrow + 6NO_2^-$$

$$2[Co(NO_2)_6]^{3-} + 10H^+ \xlongequal{} 2Co^{2+} + 5NO\uparrow + 7NO_2\uparrow + 5H_2O$$

制备 $Na_3[Co(NO_2)_6]$是采用二价钴盐(如结晶氯化钴 $CoCl_2 \cdot 6H_2O$)氧化合成。

$$CoCl_2 + 7NaNO_2 + 2HAc \xlongequal{} Na_3[Co(NO_2)_6] + 2NaCl + NO\uparrow + 2NaAc + H_2O$$

更换溶剂，借产品在乙醇中溶解度较小而使其结晶析出。

三、仪器与试剂

仪器：250mL 烧杯、抽滤装置、台秤、温度计、研钵。

药品：亚硝酸钴钠(固)、氯化钴($CoCl_2 \cdot 6H_2O$)、50% 乙酸溶液、无水乙醇。

四、实验步骤

1. 加料

在烧杯中加入 7.5g 亚硝酸钠和 10mL 去离子水加热溶解。待溶液冷却至 40～50℃时，向溶液内加入 2.5g 研细的结晶氯化钴($CoCl_2 \cdot 6H_2O$)，搅拌溶解。

2. 氧化合成

于通风橱内在不断搅拌下，向溶液内均匀地滴加 2.5mL 50% 乙酸溶液。

3. 除杂

将上述生成物移入吸滤瓶内(图 2-76)，通入空气气流 20min，进一步氧化合成，并除去氮氧化物。静止片刻，然后进行吸滤。将沉淀物移入烧杯内，加入 10mL 热的(70～80℃)

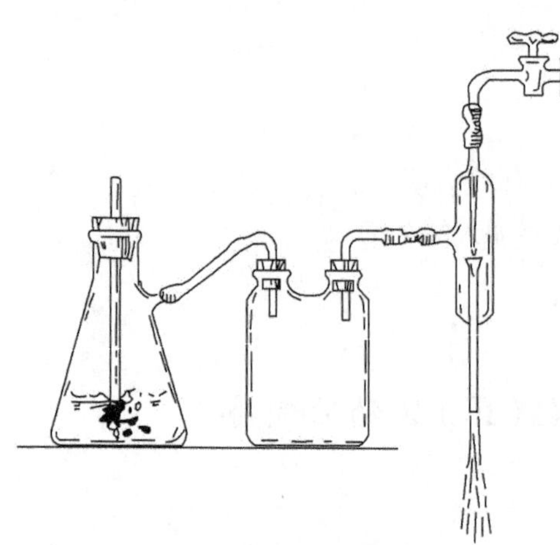

图 2－76　除杂试验装置

去离子水。搅拌，再次吸滤出浸渍的液体，并将两次滤液合在一起，弃去亮黄色沉淀［如果原料中夹杂钾盐，则生成六亚硝酸根钴（Ⅲ）酸钾钠亮黄色沉淀］。

4. 结晶

在不断搅拌下，向滤液内以细流均匀加入 18mL 无水乙醇，以析出黄棕色粉末状结晶产物，静止 20min。

5. 洗涤

将析出的结晶吸滤，并用少量无水乙醇和无水乙醚洗涤结晶。

6. 干燥

将产品在红外灯下干燥（干燥温度不超过 60℃）。

7. 性质测定

（1）钾离子的定性鉴定。于试管中加入少量新制备的产品，并用少量去离子水溶解。滴加 $0.01mol \cdot L^{-1}$ KCl 溶液，应有亮黄色沉淀出现：

$$2K^{+} + Na^{+} + [Co(NO_2)_6]^{3-} = K_2Na[Co(NO_2)_6] \downarrow$$

亮黄色

试验沉淀在强酸、强碱溶液中的溶解性。

（2）摩尔电导的测定。配制样品溶液其浓度为 $1/1024mol \cdot L^{-1}$。用 DDS－11A 型电导率仪测定该溶液的摩尔电导，由表 2－7 判断该配合物的类型。

表 2－7　摩尔电导的测定

类　　型	摩尔电导/（$C \cdot cm^2 \cdot mol^{-1}$）	离子数目	类　　型	摩尔电导/（$C \cdot cm^2 \cdot mol^{-1}$）	离子数目
MA 型	118～131	2	M_3A 型或 MA_3 型	408～442	4
M_2A 型或 MA_2 型	235～273	3	M_4A 型或 MA_4 型	523～558	5

五、计算产率

计算钴亚硝酸钠的产率。

六、思考题

1. 从原理上说明本实验中氧化合成反应能进行的原因。
2. 在制备钴亚硝酸钠的过程中可能有哪些杂质？如何除去它们？
3. 如何将 $Na_3[Co(NO_2)_6]$ 转变为 $CoCl_2$？
4. 钴亚硝酸钠鉴定 K^+ 的介质酸碱条件如何？为什么？

实验 2－16　聚合硫酸铁的制备

一、实验目的

（1）制备方法训练。掌握硫酸亚铁、聚合硫酸铁的制备原理与方法。

(2) 分析方法训练。

① 熟练掌握酸碱滴定法、氧化还原滴定法、配位滴定法等化学分析法；

② 熟练掌握密度、黏度、浊度等物理量的测定方法。

(3) 数据处理训练。学会用正交试验来确定合成聚合硫酸铁的最佳工艺条件。

二、实验原理

1. 实验流程

实验流程如图 2-77 所示。

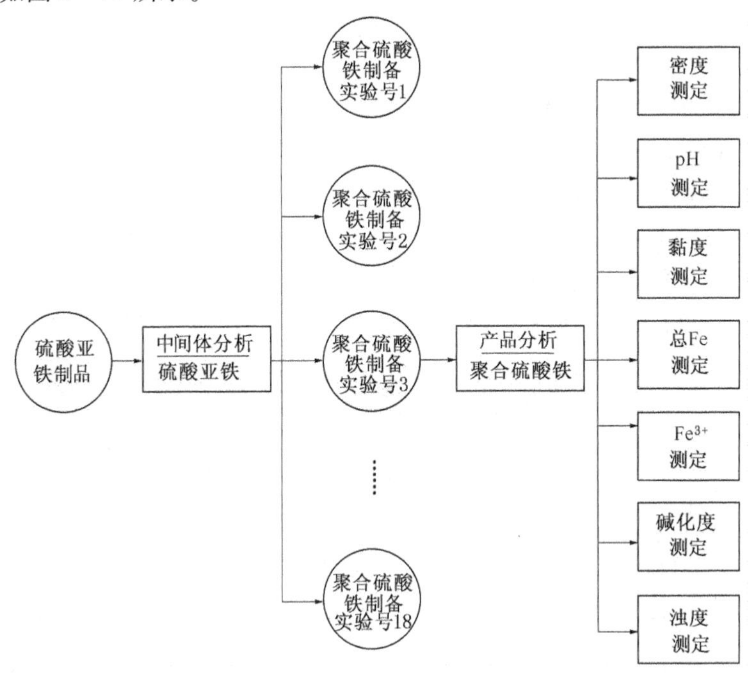

图 2-77　实验流程

2. 反应式

$$4FeSO_4 + 2H_2SO_4 + O_2 \xrightarrow{\text{氧化}} 2Fe_2(SO_4)_3 + 2H_2O \quad (1)$$

$$Fe_2(SO_4)_3 + nH_2O \xrightarrow{\text{水解}} Fe_2(OH)_n(SO_4)_{3-\frac{n}{2}} + \frac{n}{2}H_2SO_4 \quad (2)$$

$$mFe_2(OH)_n(SO_4)_{3-\frac{n}{2}} \xrightarrow{\text{聚合}} [Fe_2(OH)_n(SO_4)_{3-\frac{n}{2}}]_m \quad (3)$$

聚合硫酸铁是一种新型无机高分子净水混凝剂，它是红棕色黏稠液体，可用硫酸亚铁在硫酸溶液中控制一定酸度的条件下制得。硫酸亚铁在硫酸溶液中可以被氧化剂氧化成硫酸铁。反应中 1mol 硫酸亚铁需要 0.5mol 硫酸，如果硫酸用量小于 0.5mol，则氧化时氢氧根取代硫酸根而产生碱式盐，它易聚合而产生聚合硫酸铁。

根据反应(1)，总硫酸根的物质的量与总铁的物质的量的比值应小于 1.50，即总 SO_4^{2-}/总 Fe < 1.50，此时才能产生碱式硫酸铁。

硫酸亚铁的氧化可采用各种方法来实现，如在催化剂存在下用空气氧化，用 H_2O_2、$NaClO_3$、MnO_2、Cl_2 等氧化或电解法氧化等，本实验采用 $NaClO_3$ 氧化。

三、正交试验法简述

1. 正交试验法的基本步骤

（1）确定实验指标。应用正交试验首先应明确哪个或哪几个指标需要改进。如对某产品而言，收率、纯度可作为指标。由于实际问题比较复杂，工业生产中除了产量、质量外，还有能源消耗、原料利用率等问题，通常不可能在一次实验中解决全部问题，所以应明确重点，即确定相应的指标。

（2）选好因子和水平(位级)。指标确定后，就要分析影响指标的因素(称为因子)，实验考虑的是一些有影响、但不知其影响大小的因子，有时也需考察并确定尚不知是否有影响的一类因子。若要比较合理的选择因子、水平，必须依靠实际经验和有关专业知识。

（3）选用相应的正交表，安排实验方案。

（4）根据安排的方案进行实验。

（5）对实验结果进行分析。

2. 聚合硫酸铁制备的正交试验设计

（1）实验指标。聚合硫酸铁的混凝效果。

（2）选因子，定水平数。取4个因子，对每一个因子选3个试验条件(即3个水平数)，见表2－8：

表2－8　选因子定水平数

序　号	水　　平	第一水平	第二水平	第三水平
A	反应温度/℃	40～50	50～55	60～65
B	总 SO_4^{2-}/总 Fe(摩尔比)	1.25	1.35	1.45
C	$NaClO_3$ 用量/g	10	15	20
D	每投料一次搅拌时间/min	2	5	8

（3）安排实验方案。因子数4，水平数3，可以选用正交表 $L_9(3^4)$。但这样安排因子数与列数相等，无空白列。在进行正交试验数据的方差分析时误差较大。所以，通常选用 $L_{18}(3^7)$ 正交表。在1、2、3、4列分别放入反应温度 A，总 SO_4^{2-}/总 Fe 的比值 B，$NaClO_3$ 用量 C，每投一次搅拌时间 D，5、6、7三列作为空白列。聚合硫酸铁的混凝效果作为实验指标(以浊度表示)浊度愈小，说明该样品的净水效果愈好。这样就得到表2－9。

表2－9　聚合硫酸铁制备试验的正交设计表

列号 试验号	1 A	2 B	3 C	4 D	5	6	7	浊度
1	1(40～45℃)	1(1.25)	1(10g)	1(2min)	1	1	1	
2	1	2(1.35)	2(15g)	2(5min)	2	2	2	
3	1	3(1.45)	3(20g)	3(8min)	3	3	3	
4	2(50～55℃)	1	1	2	2	3	3	
5	2	2	2	3	3	1	1	
6	2	3	3	1	1	2	2	
7	3(60～65℃)	1	2	1	3	2	3	
8	3	2	3	2	1	3	1	
9	3	3	1	3	2	1	2	

续表

试验号＼列号	1 *A*	2 *B*	3 *C*	4 *D*	5	6	7	浊度
10	1	1	3	3	2	2	1	
11	1	2	1	1	3	3	2	
12	1	3	2	2	1	1	3	
13	2	1	2	3	1	3	2	
14	2	2	3	1	2	1	3	
15	2	3	1	2	3	2	1	
16	3	1	3	2	3	1	2	
17	3	2	1	3	1	2	1	
18	3	3	2	1	2	3	1	

四、实验步骤

（一）硫酸亚铁的制备

1. 仪器和药品

仪器：烧杯、蒸发皿、抽滤装置、铁屑、铁钉。

药品：硫酸、碳酸钠。

2. 实验步骤

（1）计算制备 200g $FeSO_4 \cdot 7H_2O$ 所需的铁屑和 3mol · L^{-1} H_2SO_4的量[1]（过量 25%）。

（2）把计算量的铁屑放入烧杯中，加入 100mL Na_2CO_3溶液（100g · L^{-1}），小火加热约 10min，用倾斜法除去碱液，用水把铁屑冲洗干净，然后倒入所需 H_2SO_4（3mol · L^{-1}）。盖上表面皿，用小火加热，使铁屑和 H_2SO_4反应直至不再有气泡冒出为止（约需 20min）。在加热过程中应不时加入少量水，以补充被蒸发掉的水分，防止 $FeSO_4$结晶出来。趁热过滤，滤液转移到蒸发皿中，滤液的 pH 值应在 1 左右。在滤液中放入一枚洁净的小铁钉，用小火加热蒸发，溶液应保持在 70℃以下。当溶液中开始有结晶析出时，停止蒸发，冷至室温，抽滤，称量并计算产率。

（二）聚合硫酸铁的制备

1. 仪器与药品

仪器：磁力搅拌器、烧杯、硫酸亚铁。

药品：硫酸、氯酸钠。

2. 实验步骤

以试验号 1 为例，即反应温度为 40 ~ 45℃，总 SO_4^{2-}/总 Fe 的值为 1.25（摩尔比），$NaClO_3$的用量为 10g，搅拌时间为 2min，来叙述聚合硫酸铁的制备步骤。

（1）计算制备 200mL 聚合硫酸铁所需 $FeSO_4 \cdot 7H_2O$ 的量及浓硫酸的量。

（2）在烧杯中加入 90mL 水，再加入所需浓硫酸的 mL 数，配制成稀硫酸溶液，加热至 40 ~ 45℃备用。

（3）分别称取所需 $FeSO_4 \cdot 7H_2O$ 的量和 10g $NaClO_3$，各分为 24 份，在搅拌下分别将 2 份 $FeSO_4 \cdot 7H_2O$ 和 2 份 $NaClO_3$加入到上述稀硫酸溶液中，搅拌 10min 后，继续加入 1 份 $FeSO_4 \cdot 7H_2O$ 和 1 份 $NaClO_3$，以后每隔 2 min 加一次，共计投加 22 次。投料结束后继续搅

拌 10min，冷却至室温。

五、分析测试[2]

（一）中间体分析

硫酸亚铁含量测定。

1. 实验原理

硫酸亚铁含量测定采用氧化还原滴定法。

2. 仪器和药品

仪器：250mL 容量瓶 1 支、25mL 吸量瓶 1 支、50mL 酸式滴定管 1 支、250mL 锥形瓶 2 支。

药品：高锰酸钾标准滴定溶液、$c_{1/5\ KMnO_4}=0.1mol\cdot L^{-1}$、$6mol\cdot L^{-1}$硫酸溶液、$850g\cdot L^{-1}$磷酸溶液。

3. 测定步骤

称取样品(以 90% 计算)6.0～7.0g 准确至 0.0001g，加入 $H_2SO_4(6mol\cdot L^{-1})$15mL，加入水溶解后，定量转移到 250mL 容量瓶，稀释至刻度，摇匀，从中吸取 25.00mL 样品到锥形瓶中，加入 H_3PO_4 2mL，再加入 30mL H_2O [3]。

立即用高锰酸钾标准滴定溶液[$c_{1/5\ KMnO_4}=0.1mol\cdot L^{-1}$]滴定至溶液呈微红色。

4. 结果计算

$$w_{FeSO_4\cdot 7H_2O}=V\cdot c_{1/5\ KMnO_4}\times 278.03/m\times\frac{25}{250}$$

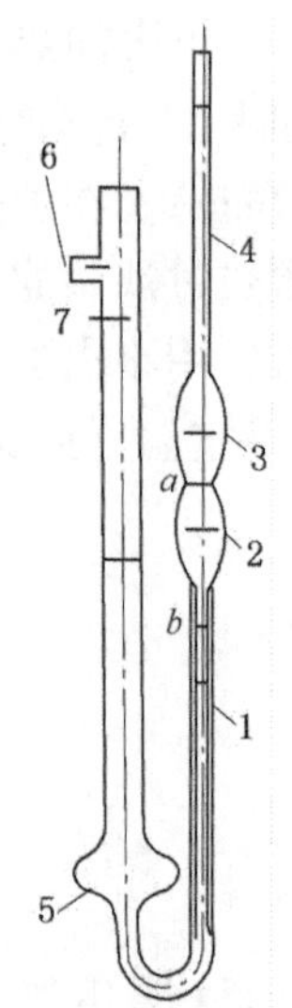

图 2－78　平氏黏度计
1—毛细管；
2、3、5—扩张部分；
4、7—管身；
6—支管；
a、b—标线

式中　$c_{1/5\ KMnO_4}$——高锰酸钾标准滴定溶液的实际浓度，$mol\cdot L^{-1}$；

V——滴定消耗高锰酸钾标准滴定溶液的体积，L；

m——试样的质量，g；

278.03——$FeSO_4\cdot 7H_2O$ 的摩尔质量，$g\cdot moL^{-1}$。

（二）产品分析

（1）聚合硫酸铁密度测定。用测量范围为 1.400～1.500$g\cdot moL^{-1}$的密度计测定 20℃聚合硫酸铁溶液的密度。

（2）聚合硫酸铁 pH 值测定。用精密 pH 试纸或用 pH 计直接测定。

（3）聚合硫酸铁黏度测定。用已知黏度计常数的平氏毛细管黏度计，在 20℃ ±0.1℃的恒温水槽中测定其黏度。

测定步骤：

将橡皮管套在洁净干燥的黏度计支管上(图 2－78)，并用手指堵住管身 7 的口，然后倒置黏度计，将管身 4 插入装有试样的小烧杯中，用吸耳球吸样，同时注意不使管身 4 扩张部分中的液体产生气泡和缝隙。当液面达到标线 b 处时，提起黏度计，迅速恢复到正常状态，同时将管身的管端外壁沾着的试样擦去，并从支管 6 取下橡皮管套在管身 4 上。

将恒温浴调整到规定温度，把装好试样的黏度计浸在恒温槽内，并用夹子将黏度计固定在铁架台上。固定位置时，必须把黏度计的扩张部分 3 浸入一半，利用铅垂线将黏度计调整成为垂直状态。

利用黏度计管身 4 所套着的橡皮管将试样吸入扩张部分 2，使试样液

面稍高于标线 a，并注意不使毛细管和扩张部分 2 中的液体产生气泡和缝隙。

观察试样在管身 4 中流动情况。液面正好到达标线 a 时，开动秒表，液面正好流到标线 b 时停秒表。

流动时间应至少重复测定三次，其中各流动时间与其算术平均值的差数不应超过算术平均值的 ±0.5%。最后取三次流动时间所得的算术平均值作为试样的平均流动时间。

计算方法：

黏度(Pa · s) = 时间(s) × 黏度计常数($m^2 \cdot s^{-2}$) × 密度($kg \cdot m^{-3}$)。

(4) 聚合硫酸铁中总 Fe 的测定：

① 实验原理：总 Fe 的测定采用氧化还原滴定法。

② 仪器和药品：250mL 容量瓶 1 支、50mL 酸式滴定管 1 支、10mL 吸量管 1 支、250mL 锥形瓶 2 支。

高锰酸钾标准滴定溶液($c_{1/5\,KMnO_4} = 0.1mol \cdot L^{-1}$)；盐酸溶液($6mol \cdot L^{-1}$)；二氯化锡($SnCl_2$)溶液($150g \cdot L^{-1}$)：$SnCl_2 \cdot 2H_2O$(无铁)150g 溶于 500mL 浓盐酸中，加入少量片状锡，用水稀释到 1L；钨酸钠溶(Na_2WO_4)液($25g \cdot L^{-1}$)：称 50g 固体 Na_2WO_4用水溶解并稀释至 1L，再与 1L $150g \cdot L^{-1}$ H_3PO_4溶液混匀；三氯化钛溶液($60g \cdot L^{-1}$)：$150g \cdot L^{-1}$ $TiCl_3$溶液 400mL 加入 200mL 浓盐酸，用水稀释至 1L；锰酸滴定液：取 45g $MnSO_4$溶于 500mL 水中，缓慢加入浓 H_2SO_4 130mL，再加入浓 H_3PO_4($850g \cdot L^{-1}$)300mL，稀释至 1L；硫酸铜溶液：$4g \cdot L^{-1}$。

③ 测定步骤：吸取 10.00mL 稀释液(25.00mL 原液稀释至 250.00mL)置于锥形瓶中。加入 10mL HCl 溶液($6mol \cdot L^{-1}$)、蒸馏水 20mL，加热至 80℃(瓶口开始冒气)，慢慢滴加 $SnCl_2$溶液($150g \cdot L^{-1}$)至呈浅黄色，使大部分 Fe^{3+} 离子还原为 Fe^{2+} 离子，$SnCl_2$不能滴加过量。加入 1mL Na_2WO_4溶液($25g \cdot L^{-1}$)滴加 $TiCl_3$溶液($60g \cdot L^{-1}$)至出现蓝色并过量一滴，用蒸馏水稀释至总体积为 100mL，加入 2 滴 $CuSO_4$溶液($4g \cdot L^{-1}$)，在冷水中冷却至室温，待蓝色褪尽。隔 1 ~ 2min 后，再加入 $MnSO_4$滴定液 10mL，然后用高锰酸钾标准滴定溶液($c_{1/5\,KMnO_4} = 0.1moL \cdot L^{-1}$)滴定至溶液呈粉红色并保持半分钟内不褪色，即为终点。

④ 结果计算：

$$\rho_{Fe} = V \cdot c_{1/5\,KMnO_4} \times 55.85/10 \times \frac{25}{250} \quad (g \cdot L^{-1})$$

式中　$c_{1/5\,KMnO_4}$——高锰酸钾标准滴定溶液的实际浓度，$mol \cdot L^{-1}$；

V——滴定消耗高锰酸钾标准滴定溶液的体积，mL；

55.85——Fe 的摩尔质量，$g \cdot moL^{-1}$。

(5) 聚合硫酸铁中 Fe^{3+} 的测定：

a. 实验原理：Fe^{3+} 的测定采用配位滴定法。

b. 仪器和药品：仪器：250mL 容量瓶 1 支、10mL 吸量管 1 支、50mL 酸式滴定管、250mL 锥形瓶 2 支。

药品：盐酸溶液($6mol \cdot L^{-1}$)、氨水(1∶1)、磺基水杨酸指示液($10g \cdot L^{-1}$)水溶液、EDTA 标准滴定液($0.1mol \cdot L^{-1}$)。

c. 测定步骤：吸取 10mL 稀释液(25.00mL 稀释到 250.00mL)于 250mL 锥形瓶中，加入

20～30mL H_2O，加 1mL HCl 溶液(6mol · L^{-1})，加 10 滴氨水(1∶1)，调节 pH 值为 2～2.5，加入 6 滴磺基水杨酸指示液(10g · L^{-1})，溶液显紫红色。加热至 70～80℃用 EDTA 标准滴定溶液($c_{EDTA}=0.1mol \cdot L^{-1}$)滴定，滴定近终点时溶液呈淡紫红色，速度要慢，仔细观察颜色变化，直至出现黄色(用未加指示液的被测液对照)。

d. 结果计算：

$$\rho_{Fe^{3+}}=V \cdot c_{EDTA} \times 55.85/10 \times \frac{25}{250} \quad (g \cdot L^{-1})$$

式中 c_{EDTA}——EDTA 标准滴定溶液的实际浓度 mol · L^{-1}；

V——滴定消耗 EDTA 标准滴液的体积 mL；

55.85——Fe 的摩尔质量 g · mol^{-1}。

(6) 聚合硫酸酸铁碱化度的测定：

① 实验原理：聚合硫酸铁的分子式通式为 $[Fe_2(OH)_n(SO_4)_3-\frac{n}{2}]_m$，其中 $n<2$，$m>10, m=f(n)$。

分子中(OH^-)物质的量与($\frac{1}{3}Fe^{3+}$)的物质的量的比值，代表碱化度[4]，即：

$$碱化度=\frac{n(OH^{-1})}{n(\frac{1}{3}Fe^{3+})} \times 100\%$$

它显示聚合硫酸铁分子中的氢氧根含量。采用 Fe^{3+} 与过量的氟化钠反应生成氟铁配合物对酚酞呈中性反应，使溶液里不存在由三价铁离子水解导致的酸性干扰，然后将沉淀滤去，对滤液进行酸碱滴定，酚酞指示终点，其反应式如下：

$$Fe^{3+}+6F^- = [FeF_6]^{3-}$$

② 仪器与药品：10mL 吸量管 1 支、4 号玻璃滤埚 3 个、50mL 碱式滴定管 1 支、恒温水浴 1 个、250mL 锥形瓶 3 支、25mL 和 100mL 量筒各 1 个。

饱和氟化钠溶液：称取 5g 氟化钠溶于 120mL 蒸馏水中待溶解完全后，加入酚酞指示液 2 滴，然后用氢氧化钠标准滴定试剂($c_{NaOH}=0.1mol \cdot L^{-1}$)滴定至溶液呈微红色。弃去沉淀，储存于塑料瓶中。

氟化钠溶液：称取 1.5g 氟化钠溶于蒸馏水中，稀释至 100mL，其他步骤与饱和氟化钠溶液的配制方法相同。

氢氧化钠标准滴定溶液($c_{NaOH}=0.1mol \cdot L^{-1}$)、酚酞指示液、乙醇溶液(1g · L^{-1})、盐酸溶液(0.1mol · L^{-1})。

③ 实验步骤：吸取 10.00mL 稀释液(25.00mL 原液稀释至 250.00mL)于 250mL 锥形瓶中，加 25mL 盐酸溶液(0.1mol · L^{-1})，在 50℃水浴中加热 10min，流水冷却至室温。加入饱和氟化钠溶液 70mL，再放置 30min 后，用 4 号玻璃滤埚过滤，除去沉淀，用氟化钠溶液(15g · L^{-1})将沉淀物洗 2～3 次，然后在滤液中加 3 滴酚酞指示液(1g · L^{-1})，立即用氢氧化钠标准溶液($c_{NaOH}=0.1moL \cdot L^{-1}$)滴定至溶液呈粉红色为终点，同时做一个空白平行试验对照。

④ 结果计算：

$$碱化度=(V_{空}-V_{试}) \cdot c_{NaOH}/\rho_{Fe^{3+}} \times 5.372 \times 10^{-5} \times 100\%$$

式中　$V_{空}$——空白试样中消耗氢氧化钠标准滴定溶液的体积，L；

$V_{试}$——试样中消耗氢氧化钠标准滴定溶液的体积，L；

c_{NaOH}——氢氧化钠标准滴定溶液的实际浓度，moL · L^{-1}；

$\rho_{Fe^{3+}}$——Fe^{3+}的含量，g · L^{-1}；

5.372×10^{-5}——Fe^{3+}的含量换算成（$1/3Fe^{3+}$）物质的量的转换系数。

（7）聚合硫酸铁的混凝效果试验：

在1000mL水样中加入一定量的聚合硫酸铁，配成$\rho_{Fe}=0.02g\cdot L^{-1}$的试样，用变速电动同步搅拌机，以150r · min^{-1}的速度搅拌3min后，再以60r · min^{-1}的速度搅拌3min，静止30min后，吸取上层清液，用光电式浑浊度仪测定其浊度[5]。

六、试验结果分析

利用正交实验确定K、N、M、A、Y的值，通过运算得出最佳工艺条件并加以讨论。

七、思考题

1. 制备聚合硫酸铁时，原料的投入为什么要分批加入？$NaClO_3$和$FeSO_4$先混合后再加入好吗？

2. 为什么要在一定温度下测聚合硫酸铁的密度和黏度？

3. 在混凝效果试验中，1000mL水样中加入多少mL原液才能配制$\rho_{Fe}=0.02g\cdot L^{-1}$的试样（假设聚铁原料中含铁量为160g · L^{-1}）？

注释

[1]　原料可利用工业废硫酸和钢铁边角料生产硫酸亚铁，也可利用太白粉厂生产二氧化钛过程中的副产物硫酸亚铁与含硫酸亚铁的废硫酸。

[2]　成本分析、测试所用标准滴定溶液的配制和标定全部采用国家标准GB 601—88。部分物质的含量测定的实验原理、测定步骤可参阅相关文献资料。

[3]　H_2O是新煮沸冷却的蒸馏水。

[4]　碱化度原来的定义为分子中OH^-的克当量数与Fe^{3+}的克当量数的比值。

[5]　测定水样浊度所用光电式浑浊度仪，其使用方法详见仪器说明书。

附：聚合硫酸铁的物化指标

（1）外观红褐色黏稠液体。

（2）物理化学指标见表2－10。

表2－10　物理化学指标

项　目		指　标	项　目		指　标
密度（d_4^{20}）/（g · mL^{-1}）	≥	1.45	碱化度/%		8～16
总Fe^{3+}含量/（g · L^{-1}）	≥	160	黏度（20℃）/（Pa · s）		0.011～0.013
Fe^{2+}含量/（g · L^{-1}）	≤	1	砷（As）/（g · L^{-1}）	≤	0.002
pH值		0.5～1.0	重金属含量以Pb计/（g · L^{-1}）	≤	0.01

附　录

附录Ⅰ　化学试剂的部颁标准

我国化学试剂等级标志

级　别	一级品	二级品	三级品
中文标志	保证试剂优级纯	分析试剂分析纯	化学纯
代　号	G. R.	A. R.	C. P.
瓶签颜色	绿色	红色	蓝色

我国对生产出厂的化学试剂部颁标准：

一级品：纯度最高，适用于精密的分析工作和科研工作。

二级品：纯度较一级品略差，适用于重要的分析工作。

三级品：纯度较二级品相差较大，适用于工矿、教学实验的一般分析工作。

各种具体化学试剂的一级、二级、三级指标，国家和主管部门都颁布了具体的指标要求，原装试剂的标签上也都标明了该试剂所达到的各项指标数据。

附录Ⅱ　常见的危险品试剂

危险品要按性质加以分类存放，严禁混合存放，以免发生危险。如燃烧剂、还原剂不应和氧化剂放在一起。一般分类的方法：

第一类：爆炸剂。这类物质具有强烈的爆炸性，受到强烈的撞击、摩擦、震动和高温时能立刻引起猛烈的爆炸。

第二类：易燃剂。属于自燃或易燃的物质，在低温下也能气化挥发，或遇火种后发生爆炸燃烧。易燃剂不能与爆炸剂、氧化剂混合存放。根据易燃剂的易燃程度，液体分为三级，固体分为两级。

一级易燃液体如汽油、丙酮、乙醚等。

二级易燃液体如酒精、甲醇、甲苯、二氯乙烷等。

三级易燃液体如煤油、柴油等。

一级易燃固体物质：在常温下（没有保存剂）或遇水后就能自燃的物质，如钾、钠、黄磷等。

二级易燃固体物质：这类物质不能自燃，但遇火后就能燃烧的物质，如硫磺、赤磷、硝化纤维等。

第三类：氧化剂。氧化剂又称助燃剂，本身不能燃烧，但受高温和与其他化学药品（如酸）作用时，能产生大量的氧气，促使燃烧更加剧烈。强氧化剂与有机物作用可发生爆炸，如硝酸钾、硫磺和木炭，木屑混合物就是炸药，只要经重击或碰撞就能爆炸。氧化剂根据其性能分三个等级：

一级氧化剂具有强烈的氧化性能，与有机物作用时极易引起爆炸，如氯酸钾、过氧化钠等。

二级氧化剂遇热或日晒后能产生氧气助燃或促进爆炸，如高锰酸钾、双氧水等。

三级氧化剂较二级氧化剂稳定，但遇高温或与酸作用时，也能产生氧气而助燃或促进爆炸，如重铬酸钾、硝酸铅等。

第四类：剧毒物质。这类物质具有强烈的毒性(如氰化钾、氰化钠、砒霜等)，或能产生毒害作用(如汞、氯气等)，少量毒物浸入人体或接触皮肤能引起局部或全身患病，使人在短时间内丧生或产生极大危害。

第五类：腐蚀剂。本身(或挥发出的蒸气)具有毒性，使人体或其他物质受到严重的破坏，如硫酸、盐酸、硝酸等。

附录Ⅲ　无机实验中常见的毒物

无机实验中常见事物

物质名称	分子式	常温、常压下最高允许浓度	对人体的危害
一氧化碳	CO	$50\mu g \cdot g^{-1}$	吸入后中毒，甚至造成化学窒息。尽管及时处理，亦多半有较大残留危害
一氧化氮	NO	$25\mu g \cdot g^{-1}$	吸入后引起刺激、中毒，接触眼睛和皮肤后，若作迅速处理，可能有较小残留危害。吸入中毒后尽管迅速处理，亦多半有较大残留危害。慢性中毒
二氧化钛	TiO_2	$15mg \cdot m^{-3}$	吸入粉尘对人体有毒
二氧化氮	NO_2	$5\mu g \cdot g^{-1}$	同一氧化氮
二硫化碳	CS_2	$20\mu g \cdot g^{-1}$	吸入、接触眼睛、口服、都能引起慢性中毒
二氧化硫	SO_2	$13mg \cdot m^{-3}$	有强烈的刺激作用，吸入、接触眼睛及皮肤都可能引起残留危害。吸入量大时，使喉头水肿，以致窒息死亡
三氧化二氮	N_2O_3		吸入、接触眼睛或皮肤，都有高度毒性
三氧化二砷	As_2O_3	$0.5mg \cdot m^{-3}$	有剧烈的毒性，吸入后引起中毒
三氧化铬	CrO_3	$0.1mg \cdot m^{-3}$	吸入后对鼻、咽、肺刺激并中毒。接触眼睛或皮肤，多半留下残留危害
三氯化铝	$AlCl_3$		对眼、鼻、咽都有刺激作用
三氯化磷	PCl_3	$0.5\mu g \cdot g^{-1}$	吸入有刺激作用
三氯化锑	$SbCl_3$	$0.5mg \cdot m^{-3}$	在潮湿空气中产生 HCl，吸入引起中毒，对眼睛有刺激作用
三氟化硼	BF_3	$1\mu g \cdot g^{-1}$	刺激呼吸道，吸入中毒，接触眼睛或皮肤有较大残留危害
四氧化二氮	N_2O_4		吸入引起慢性中毒
四氢铝锂	$LiAlH_4$		有高度腐蚀性
四氟化硅	SiF_4		吸入有高度刺激性和毒性，对眼损伤严重
四氯化钛	$TiCl_4$		吸入或接触眼睛，都能引起较强的中毒和较大的残留危害
四氯化碳	CCl_4	$10\mu g \cdot g^{-1}$	吸入引起慢性中毒能使小白鼠致癌
四硼酸钠	$Na_2B_4O_7$		吸入、接触眼睛，由皮肤渗入都能引起急性中毒
五氧化二磷	P_2O_5		有腐蚀性和刺激性
五氧化二钒	V_2O_5	$0.1mg \cdot m^{-3}$	吸入粉尘有刺激性
五氯化磷	PCl_5	$1mg \cdot m^{-3}$	吸入、接触眼或皮肤，都有刺激性
钼化合物(无机)			吸入后引起中毒

续表

物质名称	分子式	常温、常压下最高允许浓度	对人体的危害
锡化合物(无机)			吸入后引起中毒
亚硝酸钠	$NaNO_2$		口服后中毒
亚砷酸钠	Na_3AsO_3		口服后中毒，剧毒
红磷	P_4		吸入、接触眼或皮肤都可引起慢性中毒
过氧化钠	Na_2O_2		口服有害，吸入有毒
过氧化钾	K_2O_2		吸入、接触眼均有毒
重铬酸钾(铵)	$K_2Cr_2O_7$		吸入、接触眼或皮肤造成腐蚀性毒害，可使受伤皮肤溃疡
臭氧	O_3	$0.1\mu g \cdot g^{-1}$	吸入有刺激性、中毒
氢氟酸	HF		剧毒，接触眼或皮肤、吸入，都能引起残留危害
氢氧化钡	$Ba(OH)_2 \cdot 8H_2O$	$0.5mg \cdot m^{-3}$	吸入后中毒，刺激眼、鼻、咽
氟气	F_2		有高度毒性
氟化氢	HF		有毒性和剧烈的腐蚀性，对眼睛、皮肤可引起严重的残留危害
铅	Pb	$0.2mg \cdot m^{-3}$	引起慢性中毒
砷化氢	AsH_3	$0.05\mu g \cdot g^{-1}$	剧毒，吸入后引起中毒。接触皮肤和黏膜后也能引起全身中毒
氯化亚铜	CuCl		收入或口服或引起胃肠炎、肾炎和肝损伤
溴化氢	HBr		有毒，强烈腐蚀眼、皮肤和黏膜
碘酸	HIO_3		对皮肤、黏膜有强腐蚀性
磷化氢	PH_3	$0.3\mu g \cdot g^{-1}$	有恶臭的剧毒气体，严重中毒，可致死亡
氰化氢 氰化钠	HCN NaCN	$10\mu g \cdot g^{-1}$	属最剧烈毒物，一旦中毒，即便是微量，处理稍一迟缓，往往无法挽救。蒸气、粉尘吸入微量也会严重，甚至能通过皮肤渗入，引起中毒

附录Ⅳ　常用的无机干燥剂

为了保持药品的干燥或对制得的气体进行干燥，必须使用干燥剂。常用的干燥剂有三类：一类为酸性干燥剂，有浓硫酸、五氧化二磷、硅胶等；第二类为碱性干燥剂，有固体烧碱、石灰和碱石灰(氢氧化钠和氢氧化钙的混合物)等；第三类是中性干燥剂，如无水氯化钙、无水硫酸镁等。常用干燥剂的性能和用途如下：

（1）浓 H_2SO_4：具有强烈的吸水性，常用来除去不与 H_2SO_4 反应的气体中的水分，例如，常作为 H_2、O_2、CO_2、Cl_2 等气体的干燥剂。

（2）无水氯化钙：因其价廉、干燥能力强而被广泛应用。干燥速度快，能再生，脱水温度 473K。一般用以填充干燥器和干燥塔，干燥药品和多种气体，不能用来干燥氨、酒精等。

（3）无水硫酸镁：有很强的干燥能力，吸水后生成 $MgSO_4 \cdot 7H_2O$。吸水作用迅速，效率高，价廉，为一良好的干燥剂，常用来干燥有机试剂。

（4）固体氢氧化钠和碱石灰：吸水快、效率高、价格便宜，是极佳的干燥剂，但不能用以干燥酸性物质。常用来干燥氢气、氧气、氨和甲烷等气体。

（5）变色硅胶：常用来保持仪器、天平的干燥，吸水后变红。失效的硅胶可以经烘干再生后继续使用。

(6) 活性氧化铝(Al_2O_3)：吸水量大、干燥速度快、能再生(400~500K 烘烤)。

(7) 适用于某些气体的干燥剂。

气体名称(分子式)	常用干燥剂	气体名称(分子式)	常用干燥剂
CO	浓 H_2SO_4、$CaCl_2$、P_2O_5	H_2S	$CaCl_2$
CO_2	$CaCl_2$、浓 H_2SO_4、P_2O_5	N_2	浓 H_2SO_4、$CaCl_2$、P_2O_5
Cl_2	$CaCl_2$、浓 H_2SO_4	NH_3	CaO、KOH 或碱石灰
H_2	$CaCl_2$、P_2O_5	NO	$Ca(NO_3)_2$
HBr	$CaBr_2$、$ZnBr_2$	O_3	$CaCl_2$
HCl	$CaCl_2$、浓 H_2SO_4	SO_2	浓 H_2SO_4、$CaCl_2$、P_2O_5
HI	$CaCl_2$		

附录Ⅴ　一些试剂的配制方法

一些试剂的配制方法

试剂名称	浓度/($mol \cdot L^{-1}$)	配制方法
$BiCl_3$	0.1	溶解 31.6g $BiCl_3$ 于 330mL 6$mol \cdot L^{-1}$ HCl 中，加水稀释至 1L
$SbCl_3$	0.1	溶解 22.8g $SnCl_3$ 于 330mL 6$mol \cdot L^{-1}$ HCl 中，加水稀释至 1L
$SnCl_2$	0.1	溶解 22.6g $SnCl_2$、$2H_2O$ 于 330mL 6$mol \cdot L^{-1}$ HCl 中，加水稀释至 1L。加入几粒锡，以防止氧化
$Hg(NO_3)_2$	0.1	溶解 33.4g $Hg(NO_3)_2 \cdot \frac{1}{2}H_2O$ 于 1L 0.6$mol \cdot L^{-1}$ HNO_3 中
$Hg_2(NO_3)_2$	0.1	溶解 56.1g $Hg(NO_3)_2 \cdot 2H_2O$ 于 1L 0.6$mol \cdot L^{-1}$ HNO_3 中，并加入少许汞
$(NH_4)_2CO_3$	↓	将 90g 研细的 $(NH_4)_2CO_3$ 溶于 1L 2$mol \cdot L^{-1}$ 氨水中
$FeSO_4$	0.25	溶解 69.5g $FeSO_4 \cdot 7H_2O$ 于适量水中，加入 5mL18$mol \cdot L^{-1}$ H_2SO_4，再加入稀释至 1L，放入几枚干净的小铁钉
$(NH_4)_2SO_4$	饱和	将 50g $(NH_4)_2SO_4$ 溶于 100mL 热水中，冷却后过滤
Na_2S	1	溶解 40g $Na_2S \cdot 9H_2O$ 和 40gNaOH 于水中，稀释至 1L
$(NH_4)_2S$	3	在 200mL 浓(15$mol \cdot L^{-1}$)氨水中，通入 H_2S，直至不再吸收为止。然后加入 200mL 浓氨水，稀释至 1L
$K_3[Fe(CN)_5]$	0.02	取 $K_3[Fe(CN)_6]$0.6-1g 溶解于水中，稀释 100mL(使用时临时配制)
二乙酰二肟		溶解 10g 二乙酰二污于 1L 95% 的酒精中
镁试剂		溶解 0.01 镁试剂于 1L 1$mol \cdot L^{-1}$ NaOH 溶液中
镁铵试剂		将 100g $MgCl_2 \cdot 6H_2O$ 和 100g NH_4Cl 溶于水中，加入 50mL 浓氨水，用水稀释至 1L
奈氏试剂		溶解 115g HgI_2 和 80g KI 于水中，稀释至 500mL，加入 500mL 6$mol \cdot L^{-1}$ NaOH 溶液，静置后取其清液，保存在棕色瓶中
甲基红		将 2g 甲基红溶于 1L 60% 乙醇中
甲基橙		将 1g 甲基橙溶于 1L 水中
酚　酞		将 1g 酚酞溶于 1L90% 乙醇中
石　蕊		将 2g 石蕊溶于 50mL 水中，静置一昼夜后过滤。在滤液中加入 30mL 95% 乙醇，再加水稀释至 100mL
氯　水		在水中通入氯气直至饱和(使用时临时配制)
溴　水		在水中滴入液溴至饱和
碘　水	0.01	溶解 1.3g 碘和 5g KI 于尽可能少的水中，加水稀释至 1L
品红溶液	1%	将 1g 品红溶于 100g 水中
淀粉溶液	1%	将 1g 淀粉和小量水调成糊状，倒入 100mL 沸水中，煮沸后冷却即可

附录Ⅵ　几种常用洗液的配制及使用

（1）铬酸洗液：将 20g$K_2Cr_2O_7$溶于 20mL 水中，在冷却下慢慢加入 400mL 浓 H_2SO_4（98%）就配成了铬酸洗液。

用铬酸洗液清洗玻璃器皿：浸润或浸泡数小时，再用水冲洗。洗液要回收，多次使用。若发现变绿，即不再使用。该洗液有强烈的腐蚀性，不得与皮肤接触。

（2）含氢氧化钠的乙醇溶液：溶解 120g 固体 NaOH 于 120mL 水中，用 95% 乙醇稀释至 1L。

在铬酸洗液洗涤无效时，可用该洗液清洗各种油污。由于碱对玻璃有腐蚀作用，此洗液不得与玻璃仪器长时间接触。

（3）含高锰酸钾的氢氧化钠溶液：将 4g 高锰酸钾固体溶于少量水中，加入 100mL 10% 氢氧化钠溶液。

用此洗液清洗玻璃器皿内壁油污或其他有机物质的方法：将该洗液倒入待洗的玻璃器皿内，5～10min 后倒出，在壁的污垢处即析出一层 MnO_2。再加入适量浓盐酸，使之与 MnO_2 反应而生成氯气，则起到清除污垢的作用。

（4）硫酸亚铁的酸性溶液：含有少量 $FeSO_4$ 的稀 H_2SO_4 溶液，该洗液用于洗涤由于储存 $KMnO_4$ 溶液而残留在玻璃器皿上的棕色污斑。

附录Ⅶ　强酸、强碱、氨溶液的百分浓度与密度（$g \cdot cm^{-3}$）、物质的量浓度 c（$mol \cdot L^{-1}$）的关系

强酸、强碱、氨百分浓度与密度、物质的量的关系

百分浓度/%	H_2SO_4		HNO_3		HCl		KOH		NaOH		氨溶液	
	密度	c	密度	c	密度	c	密度	c	密度	c	密度	c
2	1.013		1.011		1.009		1.016		1.023		0.992	
4	1.027		1.022		1.019		1.033		1.046		0.983	
6	1.040		1.033		1.029		1.048		1.069		0.973	
8	1.055		1.044		1.039		1.065		1.092		0.967	
10	1.069	1.1	1.056	1.7	1.049	2.9	1.082	1.9	1.115	2.8	0.960	5.6
12	1.083		1.068		1.059		1.100		1.137		0.953	
14	1.098		1.080		1.069		1.118		1.159		0.946	
16	1.112		1.093		1.079		1.137		1.181		0.939	
18	1.127		1.106		1.089		1.156		1.213		0.932	
20	1.143	2.3	1.119	3.6	1.100	6	1.176	4.2	1.225	6.1	0.926	10.9
22	1.158		1.132		1.110		1.196		1.247		0.919	
24	1.178		1.145		1.121		1.217		1.268		0.913	12.9
26	1.190		1.158		1.132		1.240		1.289		0.908	13.9
28	1.205		1.171		1.142		1.263		1.310		0.903	
30	1.224	3.7	1.184	5.6	1.152	9.5	1.268	6.8	1.332	10	0.898	15.8
32	1.238		1.198		1.163		1.310		1.352		0.893	
34	1.255		1.211		1.173		1.334		1.374		0.889	18.7
36	1.273		1.225		1.183	11.7	1.358		1.395		0.884	
38	1.290		1.238		1.194	12.4	1.384		1.416			
40	1.307	5.3	1.251	7.9			1.411	10.1	1.437	14.4		
42	1.324		1.264				1.437		1.458			

续表

百分浓度/%	H_2SO_4		HNO_3		HCl		KOH		NaOH		氨溶液	
	密度	*c*	密度	*c*	密度	*c*	密度	*c*	密度	*c*	密度	*c*
44	1.342		1.277				1.460		1.478			
46	1.361		1.290				1.485	16.1	1.499			
48	1.380		1.303				1.511		1.519			
50	1.399	7.1	1.316	10.4			1.538	13.7	1.540	19.3		
52	1.419		1.328				1.564		1.560			
54	1.439		1.340				1.590		1.580			
56	1.460		1.351				1.616	16.1	1.601			
58	1.482		1.362						1.622			
60	1.503	9.2	1.373	13.3					1.643	24.6		
62	1.525		1.384									
64	1.547		1.394									
66	1.571		1.403									
68	1.594		1.412	15.8								
70	1.617	11.6	1.421	15.8								
72	1.640		1.429									
74	1.664		1.437									
76	1.687		1.445									
78	1.710		1.453									
80	1.732		1.460	18.5								
82	1.755		1.467									
84	1.776		1.474									
86	1.793		1.480									
88	1.808		1.486									
90	1.819	16.7	1.491	23.1								
92	1.830		1.496									
94	1.837		1.500									
96	1.840		1.504									
98	1.841	18.4	1.510									
100	1.838		1.522	24								

注：表中物质的量浓度(c)与密度(D)、百分浓度(A)、摩尔质量(m)的关系式：

$$c = \frac{D \times A \times 1000}{m}$$

附录Ⅷ　酸、碱和盐的溶解性表(293K)

酸、碱和盐的溶解性表

阳离子＼阴离子	OH^-	NO_3^-	Cl^-	SO_4^{2-}	S^{2-}	SO_3^{2-}	CO_3^{2-}	SiO_3^{2-}	PO_4^{3-}
H^+		溶、挥	溶、挥	溶	溶、挥	溶、挥	溶、挥	微	溶
NH_4^+	溶、挥	溶	溶	溶	溶	溶	溶	溶	溶
K^+	溶	溶	溶	溶	溶	溶	溶	溶	溶
Na^+	溶	溶	溶	溶	溶	溶	溶	溶	溶
Ba^{2+}	溶	溶	溶	不	—	不	不	不	不
Ca^{2+}	微	溶	溶	微	—	不	不	不	不

续表

阳离子＼阴离子	OH^-	NO_3^-	Cl^-	SO_4^{2-}	S^{2-}	SO_3^{2-}	CO_3^{2-}	SiO_3^{2-}	PO_4^{3-}
Mg^{2+}	不	溶	溶	溶	—	微	微	不	不
Al^{3+}	不	溶	溶	溶	—	—	—	不	不
Mn^{2+}	不	溶	溶	溶	不	不	不	不	不
Zn^{2+}	不	溶	溶	溶	不	不	不	不	不
Cr^{3+}	不	溶	溶	溶	—	—	—	不	不
Fe^{2+}	不	溶	溶	溶	不	不	不	不	不
Fe^{3+}	不	溶	溶	溶	—	—	不	不	不
Sn^{2+}	不	溶	溶	溶	不	—	—	—	不
Pb^{2+}	不	溶	微	不	不	不	不	不	不
Bi^{3+}	不	溶	—	溶	不	不	不	—	不
Cu^{2+}	不	溶	溶	溶	不	不	不	不	不
Hg^{+}	—	溶	不	微	不	不	不	—	不
Hg^{2+}	—	溶	溶	溶	不	不	不	—	不
Ag^{+}	—	溶	不	微	不	不	不	不	不

说明：“溶”表示那种物质可溶于水，“不”表示不溶于水，“微”表示微溶于水，“挥”表示挥发性，“—”表示那种物质不存在或遇到水就分解了。

有机化学部分

第一章　有机化学实验的一般知识

第一节　有机化学实验的任务

（1）通过实验，使学生在有机化学实验的基本操作方面获得较全面的训练。

（2）配合课堂讲授，验证和巩固课堂讲授的基本理论和知识。

（3）培养学生正确观察，精密思考和分析，诚实记录的科学态度、方法和习惯。

第二节　有机化学实验室规则

为了保证实验的正常进行和培养良好的实验室作风，学生必须遵守下列实验室规则：

（1）实验前应做好一切准备工作，如复习教材中有关的章节，预习实验指导书等，做到心中有数，防止实验时边看边做，降低实验效果，还要充分考虑防止事故的发生和发生后所采用的安全措施。

（2）进入实验室时，应熟悉实验室及其周围的环境，熟悉灭火器材，急救药箱的使用和放置的地方，严格遵守实验室的安全守则和每个具体实验操作中的安全注意事项，如有意外事故发生应报请老师处理。

（3）实验室中应保持安静和遵守纪律。实验时精神要集中、操作要认真、观察要细致、思考要积极，不得擅自离开，要安排好时间。要如实认真地做好实验记录，不准用散页纸记录，以免散失。

（4）遵从教师的指导，严格按照实验指导书所规定的步骤、试剂的规格和用量进行实验。学生若有新的见解或建议要改变实验步骤和试剂规格及用量时，须征求教师同意后才可改变。

（5）实验台面和地面要经常保持整洁，暂时不用的器材不要放在台面上，以免碰倒损坏。污水、污物、残渣、火柴梗、废纸、塞芯、坏塞子和玻璃破屑等，应分别放入指定的地方，不要乱抛乱丢，更不得丢入水槽，以免堵塞下水道；废酸和废碱应倒入指定的缸中，不得倒入水槽内，以免损坏下水道。

（6）要爱护公物。公共器材用完后，须整理好并放回原处，如有损坏仪器要办理登记换领手续。要节约水、电、煤气及消耗性药品，严格控制药品的用量。

（7）学生轮流值日。值日生应负责整理公用器材、打扫实验室、倒净废物缸；检查水、电、煤气，关好门窗。

第三节　有机化学实验室的安全

在有机化学实验室中工作，若粗心大意，就容易发生事故，因为所用的药品绝大多数是易燃、易爆、有毒的。但是，这些危险是可以预防的，只要实验者思想集中，严格执行操作规程，加强安全措施，就一定能有效地维护实验室的安全，使实验正常地进行。因此，必须重视安全操作和熟悉一般安全常识并切实遵守实验室的安全守则。

一、实验室的安全守则

(1) 实验开始前应检查仪器是否完整无损，装置是否正确稳妥，要征求指导教师同意后才可进行实验。

(2) 实验进行时，不准随便离开岗位，要常注意反应进行的情况和装置有无漏气、破裂等现象。

(3) 当进行有可能发生危险的实验时，要根据实验情况采取必要的安全措施，如戴防护眼镜、面罩或穿防护衣服等。

(4) 实验结束后要细心洗手，严禁在实验室内吸烟或吃、饮食物。

(5) 充分熟悉安全用具如灭火器材、砂箱以及急救药箱的放置地点和使用方法，并妥善爱护。安全用具和急救药品不准移作它用。

二、实验室事故的预防

1. 火灾的预防

实验室中使用的有机溶剂大多数是易燃的，着火是有机实验室常见的事故。防火的基本原则有下列几点，必须充分注意。

(1) 在操作易燃的溶剂时要特别注意：

① 应远离火源；

② 切勿将易燃溶剂放在广口容器内，如烧杯内直火加热；

③ 加热必须在水浴中进行时，切勿使容器密闭，否则会造成爆炸，当附近有露置的易燃溶剂时，切勿点火。

(2) 在进行易燃物质试验时，应养成先将酒精一类易燃的物质搬开的习惯。

(3) 蒸馏易燃的有机物时，装置不能漏气，如发现漏气时，应立即停止加热，检查原因。若因塞子被腐蚀，则待冷却后，才能换掉塞子；若漏气不严重时，可用石膏封口，但是切不能用蜡涂口，因为蜡熔化的温度不高，受热后它会熔融，不仅起不到密封的作用，还会被溶解于有机物中，又会引起火灾，所以用蜡涂封不但无济于事，还往往引起严重的恶果。从蒸馏装置接受瓶出来的尾气出口应远离火源，最好用橡皮管引到室外去。

(4) 回流或蒸馏易燃低沸点液体时应注意：①应放数粒沸石或素烧瓷片或一端封口的毛细管，以防止暴沸，若在加热后才发觉未放入沸石这类物质时，绝不能急躁，不能立即揭开瓶塞补放，而应停止加热，待被蒸馏的液体冷却后才能加入，否则会因暴沸而发生事故；②严禁直接加热；③瓶内液量最多只能装至半满；④加热速度宜慢，不能快，避免局部过热。总之，蒸馏或回流易燃低沸点液体时，一定要谨慎从事，不能粗心大意。

(5) 用油浴加热蒸馏或回流时，必须十分注意避免由于冷凝用水溅入热油浴中致使油外溅到热源上而引起火灾的危险，通常发生危险的原因，主要是由于橡皮管套进冷凝管的侧管上不紧密，开动水阀过快，水流过猛把橡皮管冲出来，或者由于套不紧而漏水，所以要求橡皮管套入侧管时要很紧密，开动水阀也要慢动作使水流慢慢通入冷凝管中。

(6) 当处理大量的可燃性液体时，应在通风橱中或在指定地方进行，室内应无火源。

(7) 不得把燃着或者带有火星的火柴梗或纸条等乱抛乱掷，也不得丢入废物缸中。否则，很容易发生危险事故。

2. 爆炸的预防

在有机化学实验里一般预防爆炸的措施如下：

（1）蒸馏装置必须正确，否则，往往有发生爆炸的危险。

（2）切勿使易燃易爆的气体接近火源，有机溶剂如乙醚和汽油一类的蒸气与空气相混时极为危险，可能会由一个热的表面或者一个火花、电花而引起爆炸。

（3）使用乙醚时，必须检查有无过氧化物存在，如果发现有过氧化物存在，应立即用硫酸亚铁除去过氧化物才能使用。

（4）对于易爆炸的固体，如重金属乙炔化物、苦味酸金属盐、三硝基甲苯等都不能重压或撞击，以免引起爆炸。对于危险的残渣，必须小心销毁，例如，重金属乙炔化物可用浓盐酸或浓硝酸使它分解，重氮化合物可加水煮沸使它分解等。

（5）卤代烷勿与金属钠接触，因反应太猛会发生爆炸。

3. 中毒的预防

（1）有毒药品应认真操作，妥为保管，不许乱放。实验中所用的剧毒物质应有专人负责收发，并向使用毒物者提出必须遵守的操作规程。实验后的有毒残渣必须作妥善而有效的处理，不准乱丢。

（2）有些有毒物质会渗入皮肤，因此，接触这些物质时必须戴橡皮手套，操作后立即洗手，切勿让毒品沾及五官或伤口。例如，氰化钠沾及伤口后就随血液循环至全身，严重者会造成中毒死亡事故。

（3）在反应过程中可能生成有毒或有腐蚀性气体的实验应在通风橱内进行，使用后的器皿应及时清洗。在使用通风橱时，实验开始后不要把头伸入橱内。

4. 触电的预防

使用电器时，应防止人体与电器导电部分直接接触，不能用湿的手或手握湿的物体接触电插头。为了防止触电，装置和设备的金属外壳等都应连接地线，实验后应切断电源，再将连接电源插头拔下。

三、事故的处理和急救

1. 火灾的处理

实验室如发生失火事故，室内全体人员应积极而有秩序地参加灭火。一般采用如下措施：一方面防止火势扩展，立即关闭煤气灯，熄灭其他火源，关闭室内总电闸，搬开易燃物质。

另一方面，有机化学实验室灭火，常采用使燃着的物质隔绝空气的办法，通常不能用水，否则，反而会引起更大火灾。在失火初期，不能口吹，必须使用灭火器、沙、毛毡等。若火势小，可用数层抹布把着火的仪器包裹起来。如在小器皿内着火（如烧杯或烧瓶内），可盖上石棉板使之隔绝空气而熄灭，绝不能用口吹。

如果油类着火，要用沙或灭火器灭火，也可撒上干燥的固体碳酸钠或碳酸氢钠粉末，就能将火扑灭。

如果电器着火，必须先切断电源，然后才用二氧化碳灭火器或四氯化碳灭火器去灭火（注意：四氯化碳蒸气有毒，在空气不流通的地方使用有危险），因为这些灭火剂不导电，不会使人触电。绝不能用水和泡沫灭火器去灭火，因为有水能导电，会使人触电甚至死亡。

如果衣服着火，应立即在地上打滚，盖上毛毡或棉胎一类东西，使之隔绝空气而灭火。

总之，当失火时，应根据起火的原因和火场周围的情况，采取不同的方法扑灭火焰。无论使用哪一种灭火器材，都应从火的四周开始向中心扑灭。

2. 玻璃割伤

玻璃割伤是常见的事故，受伤后要仔细观察伤口有没有玻璃碎粒，若伤势不重，让血流片刻，再用消毒棉花和硼酸水（或双氧水）洗净伤口，搽上碘酒后包扎好；若伤口深，流血不止时，可在伤口上下 10cm 之处用纱布扎紧，减慢流血，有助血凝，并随即到医务室就诊。

3. 药品的灼伤

（1）酸灼伤：

皮肤上：立即用大量水冲洗，然后用 5% 碳酸氢钠溶液洗涤，再涂上油膏，并将伤口扎好。

眼睛上：抹去溅在眼睛外面的酸，立即用水冲洗，用洗眼杯或将橡皮管套上水龙头用慢水对准眼睛冲洗，再用稀碳酸氢钠溶液洗涤，最后滴入少许蓖麻油。

衣服上：先用水冲洗，再用稀氨水洗，最后用水冲洗。

地板上：先撒石灰粉，再用水冲洗。

（2）碱灼伤：

皮肤上：先用水冲洗，然后用饱和硼酸溶液或 1% 醋酸溶液洗涤，再涂上油膏，并包扎好。

眼睛上：抹去溅在眼睛外面的碱，用水冲洗，再用饱和硼酸溶液洗涤后滴入蓖麻油。

衣服上：先用水冲洗，然后用 10% 醋酸溶液洗涤，再用氢氧化铵中和多余的醋酸，最后用水冲洗。

（3）溴灼伤：

应立即用酒精洗涤，涂上甘油，用力按摩，将伤处包好。

如眼睛受到溴的蒸气刺激，暂时不能睁开时，可对着盛有卤仿或酒精的瓶内注视片刻。

上述各种急救法仅为暂时减轻疼痛的措施，若伤势较重，在急救之后应速送医院诊治。

4. 烫伤

轻伤者涂以玉树油或鞣酸油膏，重伤者涂以烫伤油膏后即送医务室诊治。

5. 中毒

溅入口中而尚未咽下的应立即吐出来，用大量水冲洗口腔；如吞下时，应根据毒物的性质给以解毒剂，并立即送医院急救。

（1）腐蚀性毒物：对于强酸，先饮大量的水，再服氢氧化铝膏、鸡蛋白；对于强碱也如此，然后服用醋、酸果汁、鸡蛋白。不论酸或碱中毒都需灌注牛奶，不要吃呕吐剂。

（2）刺激性及神经性中毒：先服牛奶或鸡蛋白使之缓和，再服用硫酸镁溶液（约 30g 溶于一杯水中）催吐，有时也可以用手指伸入喉部催吐后，立即送医院。

（3）吸入气体中毒：将中毒者搬到室外，解开衣领及钮扣。吸入少量氯气和溴气者，可用碳酸氢钠溶液嗽口。

四、急救用具

消防器材：泡沫灭火器、四氯化碳灭火器、二氧化碳灭火器、沙、毛毡、棉胎和淋浴用的水龙头。

急救药箱：红汞、紫药水、碘酒、双氧水、饱和硼酸溶液、1%醋酸溶液、5%碳酸氢钠溶液、70%酒精、玉树油、烫伤膏、药用蓖麻油、硼酸膏或凡士林、磺胺药粉、洗眼杯、消毒棉花、纱布、胶布、剪刀、镊子、橡皮管等。

第四节　有机化学实验常用仪器

一、有机化学实验常用仪器

图 1－1 是有机化学实验常用仪器，在无机化学实验中用过的烧杯、试管均从略。

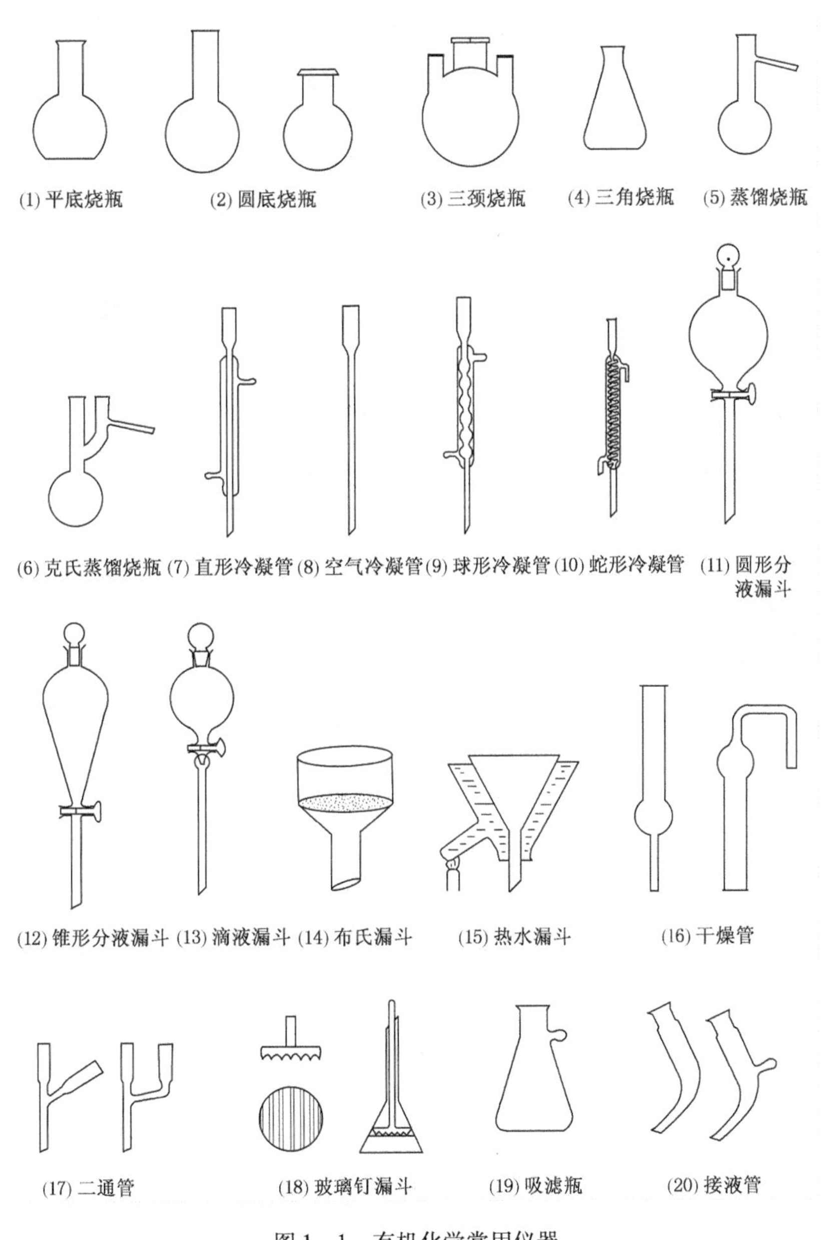

图 1－1　有机化学常用仪器

二、标准磨口玻璃仪器简介

在有机化学实验中特别是在科研上常用到标准磨口玻璃仪器，图1-2为一些常用的标准磨口玻璃仪器。标准磨口仪器全部为硬质料制造。配件比较复杂，品种类型以及规格较多，编号有10、14、19、24、29等多种，数字是指磨口最大外径(mm计)。凡属同类型编号规格的接口均可任意互换，由于口塞的标准化、通用化，可按需要选配和组装各种型式的配套仪器。

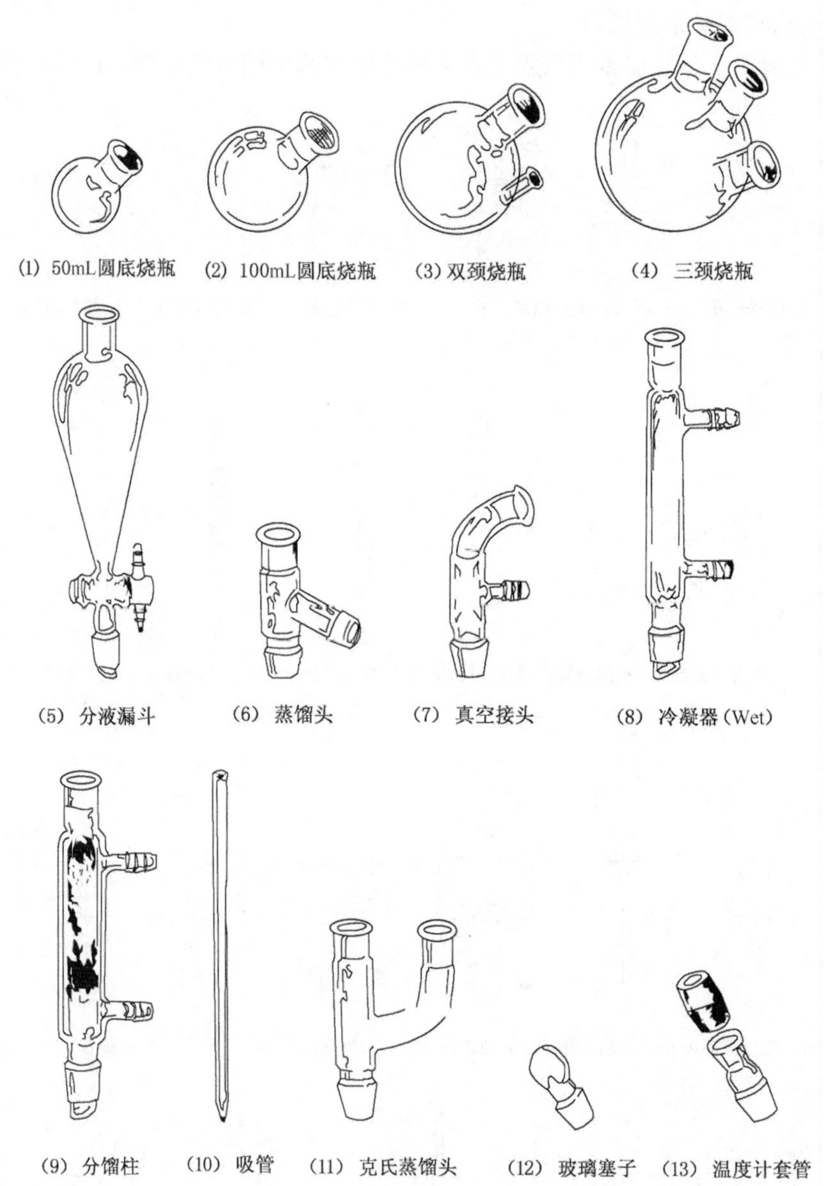

图1-2　一些标准磨口玻璃仪器

有的磨口玻璃仪器用两个数字表示，例如，10/30分别表示磨口最大外径为10mm，磨口长度为30mm。当编号不同而无法连接时，可通过不同编号的磨口接头连接起来。使用标准口玻璃仪器时要注意：

（1）磨口必须清洁无杂物，否则使磨口连接不密，以致漏气或破损。

（2）用后应拆卸洗净，否则磨口对接处常会粘牢，难以拆卸。

（3）装配时要注意正确，使磨口对接处不受扭歪，否则易使仪器磨口破损。

三、仪器的装配

仪器装配的正确与否，对于实验的成败有很大的关系。

首先，在装配一套装置时，所选用的玻璃仪器和配件都要干净，否则往往会影响产物的产量和质量。

其次，所选用的器材要恰当。例如，在需要加热的实验中，如需选用圆底烧瓶时，应选用坚固的，其容积大小应使所盛的反应物占其容积的1/2左右，最多也不超过2/3。

第三，装配时，应首先选好主要仪器的位置，按照一定的顺序逐个地装配起来，先下后上，从左到右。在拆卸时，按相反的顺序逐个的拆卸。

仪器装配要求做到严密、正确、整齐和稳妥。在常压下进行反应的装置，应与大气相通，不能密闭。

铁夹的双钳应贴有橡皮或绒布，或缠上石棉绳、布条等否则容易将仪器夹坏。

第五节　搅拌和搅拌器

搅拌是有机制备实验常见的基本操作之一。搅拌的目的是为了使反应物混合得更均匀，反应体系的热量容易散发和传导，反应体系的温度更加均匀，从而有利于反应的进行。特别是非均相反应，搅拌更为必不可少的操作。

搅拌的方法有两种：人工搅拌和机械搅拌。简单的、反应时间不长的，而且反应体系中放出的气体是无毒的制备实验可以用前一种方法。比较复杂的、反应时间比较长的，而且反应体系中放出的气体是有毒的制备实验则用后一种方法。

机械搅拌主要包括三个部分：电动机、搅拌棒和封闭器。电动机是动力部分，固定在支架上。搅拌棒与电动机相连，当接通电源后，电动机就带动搅拌棒转动而进行搅拌，封闭器是搅拌棒与反应器连接的位置，它可以防止反应器中的蒸气往外逸。

实验室用的搅拌棒一般是用玻璃制成的。根据反应器的大小、形状及反应条件的要求，搅拌棒可以有各种样式，如图1－3所示。其中，前三种较易制作，后四者搅拌效果较好。

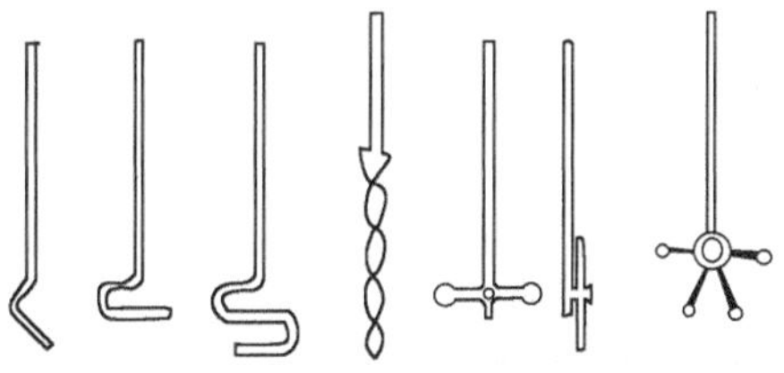

图1－3　各式搅拌棒

实验室用的封闭器一般可以采用简易封闭装置，是一段(长2～3cm)弹性好的橡皮管封口，简易封闭装置制作的方法是在选择好了的塞子中央打一个孔，孔道必须垂直，插入一根长6～7cm、内径较搅拌棒稍粗的玻璃管，使搅拌棒可以在玻璃管内自由地转动。把橡皮管套于玻璃管的上端，然后，由玻璃管上端插入已制好的搅拌棒。这样，橡皮管的上端松松地裹住搅拌棒，棒的搅拌部分接近三颈烧瓶的底部，但不能相碰。在橡皮管和搅拌棒之间滴入少许甘油起润滑和密封作用。

封闭器还有油封闭器(用石蜡油或甘油作填充液)和水银封闭器(用水银作填充液，适当地加些石蜡油或甘油，避免在快速搅拌下水银溅出及蒸发)，由于水银有毒，尽量少用。

搅拌速度可以根据实验要求进行调节。如电动搅拌器的摆幅太大时，可在搅拌棒中部加一个铁夹来限制它。

第六节　实验预习和实验报告的基本要求

学生学习本课程，必须阅读本书第一部分有机化学实验的一般知识。

在进行每个实验之前，必须认真预习有关实验的内容。首先要明确实验的目的、原理、内容和方法，然后写出简要的实验步骤提纲，特别应着重注意实验的关键地方和安全问题。总之，要安排好实验计划。

实验报告应包括实验的目的要求、反应式、主要试剂的规格用量(指合成实验)、实验步骤和现象、产率计算、讨论等。要如实记录填写报告，文字精炼，图要准确。

第二章　有机化学实验基本操作技术

第一节　常用玻璃仪器的洗涤和保养

一、玻璃仪器的洗涤和保养

化学实验用的玻璃仪器一般都需要干净的，洗涤仪器的方法很多，应根据实验的要求、污物的性质和污染的程度来决定。

有机化学实验的各种玻璃仪器的性能是不同的，必须掌握它们的性能、保养和洗涤方法，才能正确使用，提高实验效果，避免不必要的损失。下面介绍几种常用的玻璃仪器的保养和洗涤方法。

1. 温度计

温度计水银球部位的玻璃很薄，容易打破，使用时要特别留心。一不能用温度计当搅拌棒使用；二不能测定超过温度计的最高刻度的温度；三也不能把温度计长时间放在高温的溶剂中否则会使水银球变形，乃至读数不准。

温度计用后要让它慢慢冷却，特别在测量高温之后，切不可立即用水冲洗。否则会破裂，或水银柱破裂。应悬挂在铁座架上，待冷却后把它洗净抹干，放回温度计盒内，盒底要垫上一小块棉花。如果是纸盒，放回温度计时要检查盒底是否完好。

2. 冷凝管

冷凝管通水后很重，所以装置冷凝管时应将夹子夹紧在冷凝管重心的地方，以免翻倒。如内外管都是玻璃质的则不适用于高温蒸馏用。

洗刷冷凝管时要用长毛刷，如用洗涤液或有机溶液洗涤时，用软木塞塞住一端。不用时应直立放置，使之易干。

3. 蒸馏烧瓶

蒸馏烧瓶的支管容易被碰断，故无论在使用时或放置时，要特别注意蒸馏瓶的支管，支管的熔接处不能直接加热。其洗涤方法和烧瓶的洗涤方法相同，参阅本书的“无机化学部分”。

4. 分液漏斗

分液漏斗的活塞和盖子都是磨砂口的，若非原配的就可能不严密。所以，使用时要注意保护它，各个分液漏斗之间也不要互相调换，用后一定要在活塞和盖子的磨砂口间垫上纸片，以免日久难于打开。

二、玻璃仪器的干燥

有机化学实验往往都要使用干燥的玻璃仪器，故要养成在每次实验后马上把玻璃仪器洗净和倒置使之干燥的习惯。干燥玻璃仪器的方法有下列几种：

1. 自然风干

自然风干是指把已洗净的仪器(洗净的标志是玻璃仪器的器壁上，不应附着有不溶物或油污，装着水把它倒转过来，水顺着器壁流下，器壁上只留下一层既薄又均匀的水膜，不挂水珠）放干燥架上自然风干，这是常用和简单的方法。但必须注意，如玻璃仪器洗得不够干净，水珠不易流下，干燥较为缓慢。

2. 烘干

把玻璃仪器放入烘箱内烘干。仪器口向上，带有磨砂口玻璃塞的仪器，必须取出活塞拿开才可烘干，烘箱内的温度保持 100～105℃，片刻即可。当把已烘干的玻璃仪器拿出来时，最好先在烘箱内降至室温后才取出，切不可让很热的玻璃仪器沾上水，以免破裂。

3. 吹干

用压缩空气或用吹风机把仪器吹干。

第二节　加热与冷却

1. 加热与热源

实验室常用的热源有煤气、酒精和电能。

为了加速有机反应，往往需要加热，从加热方式来看有直接加热和间接加热，在有机实验室里一般不用直接加热。例如，用电热板加热圆底烧瓶，会因受热不均匀导致局部过热，甚至破裂，所以在实验室安全规则中规定禁止用明火直接加热易燃的溶剂。

为了保证加热均匀，一般使用热浴间接加热，作为传热的介质有空气、水、有机液体、熔融的盐和金属。根据加热温度、升温速度等的需要，常采用下列手段。

（1）空气浴。这是利用热空气间接加热，对于沸点在 80℃以上的液体均可采用。

把容器放在石棉网上加热，这就是最简单的空气浴。但是，受热仍不均匀，故不能用于回流低沸点易燃的液体或者减压蒸馏。

半球形的电热套是属于比较好的空气浴，因为电热套中的电热丝是玻璃纤维包裹着的，较安全，一般可加热至 400℃，电热套主要用于回流加热。蒸馏或减压蒸馏以不用为宜，因为在蒸馏过程中随着容器内物质逐渐减少，会使容器壁过热。电热套有各种规格，取用时要与容器的大小相适应。为了便于控制温度，要连接调压变压器。

（2）水浴。当加热的温度不超过 100℃时，最好使用水浴加热，水浴为较常用的热浴。但是，必须强调指出当用于钾和钠的操作时，绝不能在水浴上进行。

使用水浴时，勿使容器触及水浴器壁或其底部。如果加热温度稍高于 100℃，则可选用适当无机盐类的饱和水溶液作为热溶液。

例如：

盐类饱和水溶液的沸点（℃）：NaCl（109）、$MgSO_4$（108）、KNO_3（116）、$CaCl_2$（180）。

由于水浴中的水不断蒸发，适当时添加热水，使水浴中水面经常保持稍高于容器内的液面。

总之，使用液体热浴时，热浴的液面应略高于容器中的液面。

（3）油浴。适用 100～250℃，优点是使反应物受热均匀，反应物的温度一般低于油浴液 20℃左右。常用的油浴液：

① 甘油：可以加热到 140～150℃，温度过高时则会分解。

② 植物油：如菜油、蓖麻油和花生油等，可以加热到 220℃，常加入 1% 对苯二酚等抗氧化剂，便于久用，温度过高时则会分解，达到燃点时可能燃烧起来，所以，使用时要

小心。

③ 石蜡：能加热到200℃左右，冷到室温时凝成固体，保存方便。

④ 石蜡油：可以加热到200℃左右，温度稍高并不分解，但较易燃烧。

用油浴加热时要特别小心，防止着火，当油受热冒烟时，应立即停止加热。

油浴中应挂一支温度计，可以观察油浴的温度和有无过热现象，便于调节火焰控制温度。

油量不能过多，否则受热后有油溢出而引起火灾的危险。使用油浴时要极力防止产生可能引起油浴燃烧的因素。

加热完毕取出反应容器时，仍用铁夹夹住反应容器使其离开液面悬置片刻，待容器壁上附着的油滴完后用纸和干布揩干。

(4) 酸液。常用酸液为浓硫酸，可热至250～270℃，当热至300℃左右时则分解生成白烟，若酌加硫酸钾，则加热温度可升到350℃左右。

例如：

浓硫酸(相对密度1.84)	70%	60%
硫酸钾	30%	40%
加热温度	约325℃	约365℃

上述混合物冷却时，即成半固体或固体，因此，温度计应在液体未完全冷却前取出。

(5) 沙浴。沙浴一般是用铁盆装干燥的细海沙(或河沙)，把反应容器半埋沙中加热。加热沸点在80℃以上的液体时可以采用，特别适用于加热温度在220℃以上者，但沙浴的缺点是传热慢、温度上升慢，且不易控制，因此，沙层要薄一些。沙浴中应插入温度计，温度计水银球要靠近反应器。

(6) 金属浴。选用适当的低熔合金，可加热至350℃左右，一般都不超过350℃。否则，合金将迅速氧化。

2. *冷却与冷却剂*

在有机实验中，有时须采用一定的冷却剂进行冷却操作，在一定的低温条件下进行反应、分离、提纯等。例如：

(1) 某些反应要在特定的低温条件下进行才利于有机物的生成，如重氮化反应一般在0～5℃进行；

(2) 沸点很低的有机物，冷却时可减少损失；

(3) 要加速结晶的析出；

(4) 高度真空蒸馏装置(一般有机实验很少运用)。

根据不同的要求，选用适当的冷却剂冷却，最简单的是用水和碎冰的混合物，可冷却至0～5℃，它比单纯用冰块有较大的冷却效能，因为冰水混合物与容器的器壁接触充分。

若在碎冰中酌加适量的盐类，则冰盐混合冷却剂的温度可在0℃以下，例如，普通常用的食盐与碎冰的混合物(33∶100)，其温度可由始温－1℃降至－21.3℃。但在实际操作中温度约－5～－18℃。冰盐浴不宜用大块的冰，而且要按上述比例将食盐均匀撒布在碎冰上，这样冰冷效果才好。

除上述冰浴或水盐浴外，若无冰时，则可用某些盐类溶于水吸热作为冷却剂使用，参阅表2－1及表2－2。

表 2－1　用两种盐及水（冰）组成的冷却剂

盐类及其用量/g		温度/℃ 始温	温度/℃ 冷冻
对 100g 水			
NH_4Cl 31	KNO_3 20	+20	−7.2
NH_4Cl 24	$NaNO_3$ 53	+20	−5.8
NH_4NO_3 79	$NaNO_3$ 61	+20	−14
对 100g 冰			
NH_4Cl 26	KNO_3 13.5		−17.9
NH_4Cl 20	NaCl 40		−30.0
NH_4Cl 13	$NaNO_3$ 37.5		−30.1
NH_4NO_3 42	NaCl 42		−40.0

表 2－2　用一种盐及水（冰）组成的冷却剂

盐　类	用量/g	温度/℃ 始温	温度/℃ 冷冻
	（每 100g 水）		
KCl	30	+13.6	+0.6
$CH_3COONa \cdot 3H_2O$	95	+10.7	−4.7
NH_4Cl	30	+13.3	−5.1
$NaNO_3$	75	+13.2	−5.3
NH_4NO_3	60	+13.6	−13.6
$CaCl_2 \cdot 6H_2O$	167	+10.0	−15.0
	（每 100g 冰）		
NH_4Cl	25	−1	−15.4
KCl	30	−1	−11.1
NH_4NO_3	45	−1	−16.7
$NaNO_3$	50	−1	−17.7
NaCl	33	−1	−21.3
$CaCl_2 \cdot 6H_2O$	204	0	−19.7

第三节　干燥与干燥剂

有机物干燥的方法大致有物理方法（不加干燥剂）和化学方法（加入干燥剂）两种。物理方法如吸收、分馏等，近年来应用分子筛来脱水；在实验室中常用化学干燥法，其特点是在有机液体中加入干燥剂，干燥剂与水起化学反应（例如，$Na + H_2O \longrightarrow NaOH + H_2\uparrow$）或与水结合生成水化物，从而除去有机液体所含的水分，达到干燥的目的。用这种方法干燥时，有机液体中所含的水分不能太多（一般在百分之几以下），否则，必须使用大量的干燥剂，同时有机液体因被干燥剂带走而造成的损失也较大。

1. 液体的干燥

（1）常用干燥剂。常用干燥剂的种类很多，选用时必须注意下列几点：

① 干燥剂与有机物应不发生任何化学变化，对有机物亦无催化作用；

② 干燥剂应不溶于有机液体中；

③ 干燥剂的干燥速度快，吸水量大，价格便宜。

常用干燥剂有下列几种：

① 无水氯化钙价廉、吸水能力大，是最常用的干燥剂之一，与水化合可生成一、二、四或六水化合物(在30℃以下)。它只适于烃类、卤代烃、醚类等有机物的干燥，不适于醇、胺和某些醛、酮、酯等有机物的干燥，因为无水氯化钙能与它们形成络合物，也不宜用作酸(或酸性液体)的干燥剂。

② 无水硫酸镁是中性盐，不与有机物和酸性物质起作用。可作为各类有机物的干燥剂，它与水生成 $MgSO_4 \cdot 7H_2O$(48℃以下)，价较廉，吸水量大，故可用于不能用无水氯化钙干燥的许多化合物。

③ 无水硫酸钠的用途和无水硫酸镁相似，价廉，但吸水能力和吸水速度都差一些，与水结合生成 $NaSO_4 \cdot 10H_2O$(37℃以下)。当有机物水分较多时，常先用本品处理后再用其他干燥剂处理。

④ 无水碳酸钾吸水能力一般，与水生成 $K_2CO_3 \cdot 2H_2O$，作用慢，可用来干燥醇、酯、酮、腈类等中性有机物和生物碱等一般的有机碱性物质。但不适用于干燥酸、酚、或其他酸性物质。

⑤ 金属钠作为干燥剂时：醚、烷烃等有机物用无水氯化钙或硫酸镁等处理后，若仍含有微量的水分时，可加入金属钠(切成薄片或压成丝)除去水分。不宜用作醇、酯、酸、卤烃、醛、酮及某些胺等能与碱起反应或易被还原的有机物的干燥剂。

现将各类有机物的常用干燥剂列于表2－3中。

表2－3　各类有机物的常用干燥剂

液态有机化合物	适用的干燥剂	液态有机化合物	适用的干燥剂
醚类、烷烃、芳烃	$CaCl_2$、Na、P_2O_5	酸　类	$MgSO_4$、Na_2SO_4
醇　类	K_2CO_3、$MgSO_4$、Na_2SO_4、CaO	酯　类	$MgSO_4$、Na_2SO_4、K_2CO_3
醛　类	$MgSO_4$、Na_2SO_4	卤代烃	$CaCl_2$、$MgSO_4$、Na_2SO_4、P_2O_5
酮　类	$MgSO_4$、Na_2SO_4、K_2CO_3	有机碱类(胺类)	NaOH、KOH

(2) 液态有机化合物的干燥。液态有机化合物的干燥操作一般在干燥的三角烧瓶内进行。把按照条件选定的干燥剂投入液体里，塞紧(用金属钠作干燥剂时则例外，此时塞中应插入一个无水氯化钙管，使氢气放空而水气不致进入)，振荡片刻，静置，使所有的水分全被吸去。如果水分太多，或干燥剂用量太少，致使部分干燥剂溶解于水时，可将干燥剂滤出，用吸管吸出水层，再加入新的干燥剂，放置一定时间，将液体与干燥剂分离，进行蒸馏精制。

2. 固体的干燥

从重结晶得到的固体常带水分或有机溶剂，应根据化合物的性质选择适当的方法进行干燥。

(1) 自然晾干。这是最简便、最经济的干燥方法。把要干燥的化合物先在滤纸上面压平，然后在一张滤纸上面薄薄地摊开，用另一张滤纸复盖起来，在空气中慢慢地晾干。

(2) 加热干燥。对于热稳定的固体可以放在烘箱内烘干，加热的温度切忌超过该固体的熔点，以免固体变色和分解，如需要可在真空恒温干燥箱中干燥。

(3) 红外线干燥。特点是穿透性强，干燥快。

(4) 干燥器干燥。对易吸湿或在较高温度干燥时分解或变色的物质，可用干燥器干燥，干燥器有普通干燥器和真空干燥器两种。

实验 2-1　塞子的钻孔和简单玻璃工操作

一、实验目的

练习塞子的钻孔和玻璃管的简单加工。

在有机化学实验特别是制备实验中，常要用到不同规格和形状的玻璃管和塞子等配件，才能将各种玻璃仪器正确地装备起来。因此，掌握玻璃管的加工和塞子的选用及钻孔的方法，是进行有机化学实验必不可少的基本操作，我们应该学会它，才能为顺利地进行有机化学实验打下必要的基础。

二、操作步骤

1. 塞子的钻孔

有机化学实验室常用的塞子有软木塞和橡皮塞两种。软木塞的优点是不易和有机化合物作用，但是漏气和易被酸碱腐蚀。橡皮塞虽然不漏气和不易被酸碱腐蚀，但易被有机物所侵蚀或溶胀，因此各有优缺点，究竟选用哪一种塞子合适要看具体情况而定。一般来说，比较多的使用软木塞，因为在有机化学实验中接触的主要是有机化合物。不论使用哪一种塞子，塞子大小的选择和钻孔的操作，都是必须掌握的。

（1）塞子大小的选择。选择一个大小合适的塞子，是使用塞子的起码要求，总的要求是塞子的大小应与仪器的口径相适合，塞子进入瓶颈或管颈的部分不能少于塞子本身高度的 1/2，也不能多于 2/3，如图 2-1 所示，否则，就不合用。使用新的软木塞时只要能塞入 1/3 ~ 1/2 时就可以了，因为经过压塞机压软后就能塞入 2/3 左右了。

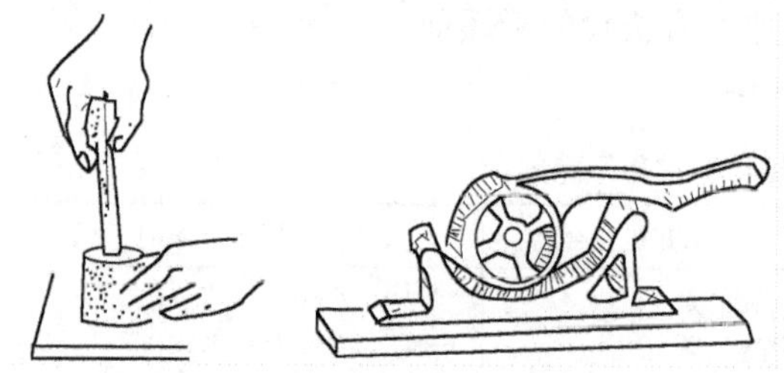

图 2-1　钻孔法与压塞机

（2）钻孔器的选择。有机化学实验往往需要在塞子内插入导气管、温度计、滴液漏斗等，这就是要在塞子上钻孔，钻孔用的工具叫钻孔器（也叫打孔器），这种钻孔器是靠手力钻孔的。也有把钻孔器固定在简单的机械上，借机械力来钻孔的，这种工具叫打孔机。每套钻孔器约有五、六支直径不同的钻嘴以供选择。

若在软木塞上钻孔，就应选用比欲插入的玻璃管等的外径稍小或接近的钻嘴。若在橡皮塞上钻孔，则要选用比欲插入的玻璃管等的外径稍大一些的钻嘴，因为橡皮塞有弹性，孔道钻成后，会收缩使孔径变小。

总之，塞子孔径的大小，应能使插入的玻璃管紧密地贴合固定为度。

（3）钻孔的方法。软木塞在钻孔之前，需用压塞机压紧，防止在钻孔时塞子破裂。

如图 2-2 所示把塞子小的一端朝上，平放在桌面上的一块木板上，这块木板作用是避免当塞子被钻通后，钻坏桌面。钻孔时，左手持紧塞子平稳放在木板上，右手握住钻孔器的柄，在预定好的位置，使劲地将钻孔器以顺时针的方向向下钻动，钻孔器要

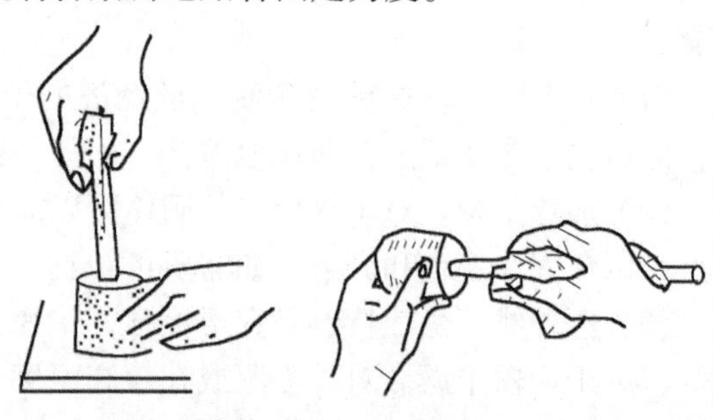

图 2-2　塞子的钻孔

垂直于塞子的面，不能左右摆动，更不能倾斜，不然钻得的孔道是偏斜的。等到钻至约塞子高度的一半时，拔出钻孔器，用铁杆通出钻孔器中的塞芯。拔出钻孔器的方法是将钻孔器边转动边往后拔。然后在塞子大的一端钻孔，要对准小的那端的孔位，照上述同样的操作钻孔，直到钻通为止。拔出钻孔器，通出钻孔器内的塞芯。

为了减少钻孔时的摩擦，特别是橡皮塞钻孔时，可在钻孔器的刀口上搽些甘油或水。钻孔后，要检查孔道是否合用，如果不费力就能插入玻璃管时，这说明孔道过大，玻璃管和塞子之间不够紧密贴合会漏气，不能用。若孔道略小或不光滑时，可用圆锉修整。

2. 简单玻璃工操作

(1) 玻璃管的截断。玻璃管的截断操作，一是锉痕，二是折断。锉痕用的工具是小三角钢锉，如果没有小三角钢锉，可用新敲碎的瓷碎片。锉痕的操作是把玻璃管平放在桌子的边缘上，左手的拇指按住玻璃管要截断的地方，右手执小三角钢锉，把小三角钢锉的棱边放在要截断的地方，用力锉出一道凹痕，凹痕约占管周的1/6，锉痕时只向一个方向即向前或向后锉去，不能来回拉锉。

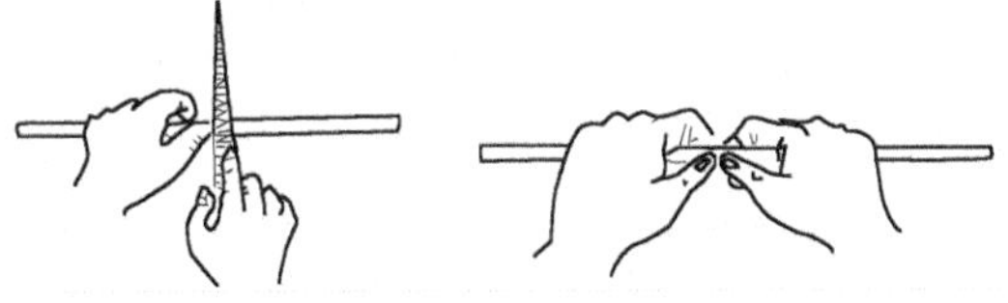
图2－3 玻璃管的折断

当锉出了凹痕之后，下一步就是把玻璃管折断，两手分别握住凹痕的两边，凹痕向外，两个拇指分别按在凹痕的前面的两侧，用力急速轻轻一压带拉，就在凹痕处折成二段，如图2－3所示。为了安全起见常用布包住玻璃管，同时尽可能远离眼睛，以免玻璃碎粒伤人。

玻璃管的断口很锋利，容易划破皮肤，又不易插入塞子的孔道中，所以，要把断口在灯焰上烧平滑。

(2) 玻璃管的弯曲。有机化学实验常常用到曲玻璃管，它是将玻璃管放在火焰中受热至一定温度时，逐渐变软，离开火焰后，在短时间内进行弯曲至所需要的角度而得的。

曲玻璃管弯制的操作如图2－4所示，双手持玻璃管，手心向外把需要弯曲的地方放在火焰上预热，然后放进鱼尾形的火焰中加热，受热的部分约宽5cm，在火焰中使玻璃管缓慢、均匀而不停地向同一个方向转动，如果两个手用力不均匀时，玻璃管就会在火焰中扭歪，造成浪费。当玻璃管受热至足够软化时(玻璃管色变黄)即从火焰中取出，逐渐弯成所需要的角度。为了维持管径的大小，两手持玻璃管在火焰中加热尽量不要往外拉，其次可在弯成角度之后，在管口轻轻吹气(不能过猛)，弯好的玻璃从管的整体来看应尽量在同一平面。然后放在石棉板上自然冷却，不能立即和冷的物件接触。例如，不能放在实验台的瓷板上，因为骤冷会使已弯好的曲玻璃管破裂，造成浪费。检查弯好的玻璃管的外形，图2－5(1)所示的为合用，图2－5(2)所示那样的则不合用。

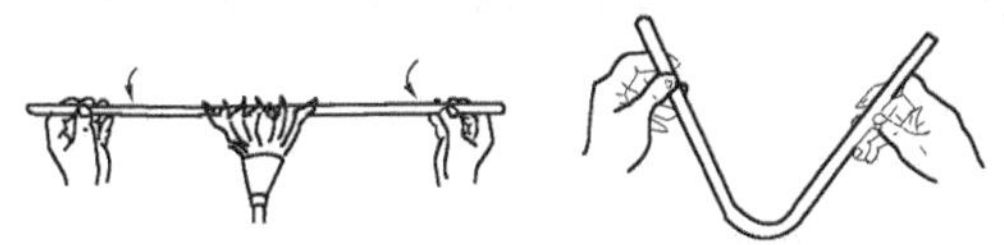
图2－4 弯曲玻璃管的操作

3. 熔点管和沸点管的拉制

这两种管子的拉制实质上就是把玻璃管拉细成一定规格的毛细管。拉制的步骤如下：

把一根干净的直径约0.8～1cm的玻璃管，拉成内径约1～1.5mm和3～4mm的两种毛细管，然后将直径1～1.5mm的毛细管截成15～20cm长，把此毛细管的两端在小火上封闭，当要使用时，在这根毛细管的中央切断，这就是两根熔点管。

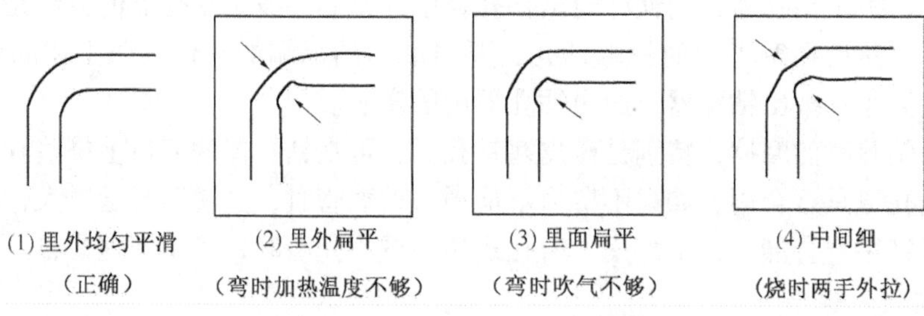

图 2-5　弯好的玻璃管的形状

关于玻璃管拉细的操作：两肘搁在桌面上，用两手执住玻璃管的两端，掌心相对，加热方法和曲玻璃管的弯制相同，只不过加热程度要强一些，等玻璃管被烧成红黄色时，才从火焰中取出，两肘仍搁在桌面上，两手平稳地沿水平方向作相反方向移动，一直拉开至所需要的规格为止。

至于沸点管的拉制是将直径 3 ~ 4mm 的毛细管截成 7 ~ 8cm 长，在小火上封闭其一端，另将直径均为 1mm 的毛细管截成 8 ~ 9cm 长，封闭其一端，这两根毛细管就可组成沸点管了，留作沸点测定的实验使用。

4. 玻璃管插入塞子的方法

先用水或甘油润湿选好的玻璃管的一端（如插入温度计时即水银球部分），然后左手拿住塞了，右手指捏住玻璃管的那一端（距管口约 4cm），如图 2-6 所示，稍稍用力转动逐渐插入，必须注意右手指捏住玻璃管的位置与塞子的距离应保持 4cm 左右。不能太远，其次用力不能过大，以免折断玻璃管刺破手掌，最好用布包住玻璃管较为安全。插入或者拔出弯曲管时，手指不能捏在弯曲的地方。

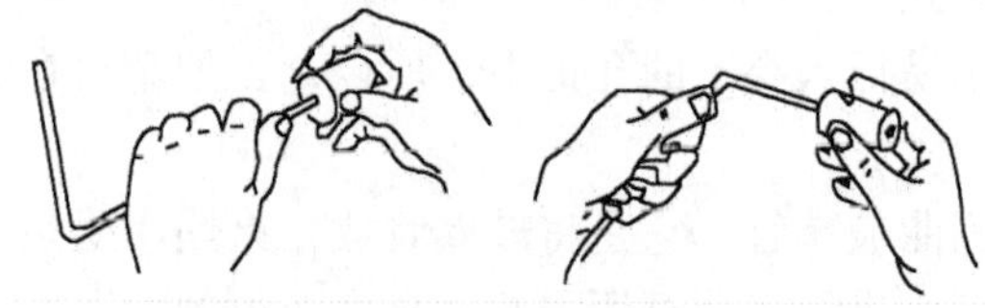

图 2-6　把玻璃管插入塞子的操作

三、思考题

1. 选用塞子时注意什么？塞子钻孔是怎样操作的？怎样才能使钻孔器垂直于塞子的平面？

2. 截断玻璃管时要注意哪些问题？怎样弯曲和拉细玻璃管？在火焰上加热玻璃管时怎样才能防止玻璃管拉歪？

3. 弯曲和拉细玻璃管时软化玻璃管的温度有什么不同？为什么要不同呢？弯制好了的曲玻璃管如果立即和冷的物件接触会发生什么不良后果？应该怎样才能避免？

4. 把玻璃管插入塞子孔道中时要注意些什么？怎样才不会割破手呢？拔出时怎样操作才会安全？

实验 2-2　熔点的测定和温度计刻度的校正

一、实验目的

（1）了解熔点测定的意义，掌握测定熔点的操作。

(2) 了解温度计校正的意义，学习温度计校正的方法。

二、实验步骤

方法一：毛细管法测熔点。

通常晶体物质加热到一定温度时，即可从固态变为液态，此时的温度就是该化合物的熔点。由于大多数有机化合物的熔点都在400℃以下，较易测定，在有机化学实验及研究工作中，多采用操作简便的毛细管法测定熔点，所得的结果虽常略高于真实的熔点，但作为一般纯度的鉴定已经可以了。

纯化合物从开始熔化(始熔)至完全熔化(全熔)的温度范围叫做熔点距，也叫熔点范围。每种纯有机化合物都有自己独特的晶形结构和分子间力，要熔化它需要一定的热能，所以，每种晶体物质都有自己的熔点。同时，当达熔点时，纯化合物晶体几乎同时崩溃，因此熔点距很小，一般为0.5~1℃，但是，不纯品(当有少量杂质存在时)其熔点一般会下降，熔点距增大。因此，测定固体物质的熔点便可鉴定其纯度。

如测定熔点的样品为两种不同有机物的混合物，例如，肉桂酸及尿素，尽管它们各自的熔点均为133℃，但把它们等量混合，再测其熔点时，则比133℃低很多，而且熔点距大。这种现象叫做混合熔点下降，这种试验叫做混合熔点试验，是用来检验两种熔点相同或相近的有机物是否为同一种物质的最简便的物理方法。

1. 测定熔点的毛细管

通常是用直径1~1.5mm、长约60~70mm一端封闭的毛细管作为熔点管，这种毛细管的拉制见实验2-1中熔点管和沸点管的拉制。

2. 样品的填装

取0.1~0.2g样品置于干净的表面皿或玻璃片上，用玻棒或清洁小刀研成粉末，聚成小堆。将毛细管开口一端倒插入粉末堆中，样品便被挤入管中，再把开口一端向上，轻轻在桌面上敲击，使粉末落入管底。也可将装有样品的毛细管，反复通过一根长约40cm直立于玻璃板上的玻璃管，均匀地落下，重复操作，以免样品受潮。样品中如有空隙，不易传热。

样品：分析纯尿素、分析纯肉桂酸、肉桂酸和尿素的等量混合物。

样品一定要研得很细，装样要结实。

3. 仪器的装置

毛细管法测熔点的装置很多，本实验采用如下两种最常用的装置。

第一种装置[图2-7(1)]是首先取一个100mL的高型烧杯，置于放有铁丝网的铁环上，在烧杯中放入一支玻璃搅拌棒(最好在玻璃棒底端烧一个环，便于上下搅拌)，放入约60mL浓硫酸作为热溶液体[1]。其次，将毛细管中下部用浓硫酸润湿后，将其紧附在温度计旁，样品部分应靠在温度计水银球的中部，并用橡皮圈将毛细管紧固在温度计上[图2-7(2)]。最后，在温度计上端套一软木塞，并用铁夹挂住，将其垂直固定在离烧杯底约1cm的中心处。

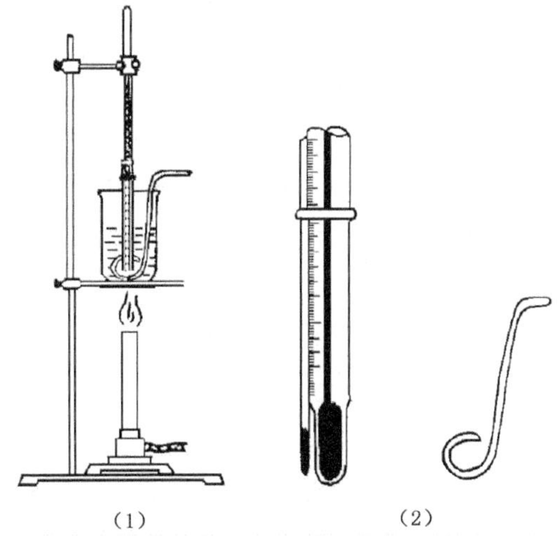

(1)　(2)

图2-7　毛细管法测定熔点

第二种装置(图 2－8)是利用 Thiele 管，又叫 b 形管，也叫熔点测定管测定法。将熔点测定管夹在铁座架上，装入浓硫酸于熔点测定管中至高出上侧管约 1cm 为度，熔点测定管中配一缺口单孔软木塞，温度计插入孔中，刻度应向软木塞缺口。毛细管如同前法附着在温度计旁。温度计插入熔点测定管中的深度以水银球恰在熔点测定管的中部为准。加热时，火焰须与熔点管的倾斜部分接触。这种装置测定熔点的好处是管内液体因温度差而发生对流作用，省去人工搅拌的麻烦。但常因温度计的位置和加热部位的变化而影响测定的准确度。

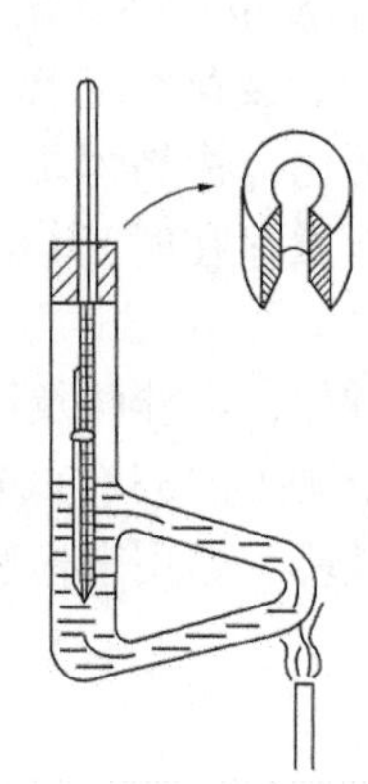

图 2－8　熔点测定管装置图

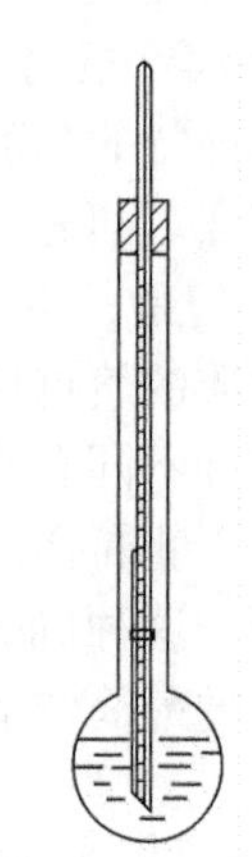

图 2－9　特制圆底烧瓶测定熔点装置图

4. 熔点的测定

上述准备工作完成后，在充足光线下即可进行下述熔点测定的操作。用小火缓缓加热(用第一种装置时还须小心地进行搅拌)，以每分钟上升 3～4℃ 的速度升高温度至与所预料的熔点尚差 15℃左右时减弱加热火焰，使温度上升速度每分钟约 1℃为宜，此时应特别注意温度的上升和毛细管中样品的情况。当毛细管中样品开始蹋落和有湿润现象出现小滴液体时，表示样品开始熔化，是始熔，记下温度，继续微热至样品微量的固体消失成为透明液体时，是全熔，记下温度，此即为样品的熔点[2]。

实验完，把温度计放好(参阅第一部分)，让其自然冷却至接近室温时才能用水冲洗，否则，容易发生水银柱断裂。

测定未知物的熔点时应先将样品填好三根毛细管，首先将其中一根迅速地测得未知物的熔点的近似值。待热浴的温度下降约 30℃后，换过第二和第三根样品管仔细地测定。

进行混合熔点测定至少测定三种比例(1∶9、1∶1、9∶1)。

注释：

[1]　用浓硫酸作热浴时，应特别小心，不仅要防止灼伤皮肤，还要注意勿使样品或其他有机物触及硫酸，所以装填样品时，沾在管外的样品须拭去。否则，硫酸的颜色会变成棕黑，妨碍观察。如已变黑，可酌加少许硝酸钠(或硝酸钾)晶体，加热后便可褪色。

[2]　这样测出的熔点可能因温度计的误差而不准确。所以，除了要校正温度计刻度之外，还要将温度计外露段所引起的误差进行读数的校正，才能够得到正确的熔点。

读数的校正、可按照下式求出水银线的校正值：

$$\Delta t = K_n(t_1 - t_2)$$

式中　Δt——外露段水银线的校正值；

t_1——由温度计测得的熔点，℃（用另一支辅助温度计测定，将这支温度计的水银球紧贴于露出液面的一段水银线的中央）；

n——温度计的水银线外露段的度数；

K——水银和玻璃膨胀系数的差。

普通玻璃在不同温度下的 K 值：

$t_1=0\sim150$℃时，$K=0.000158$；

$t_2=200$℃时，$K=0.000159$；

$t_3=250$℃时，$K=0.000161$；

$t_4=300$℃时，$K=0.000164$。

例：浴液面在温度计的30℃处测定的熔点为190℃（t_1），则外露段为190－30＝160℃，这样辅助温度计水银球应放在 $160℃\times\frac{1}{2}+30℃=110℃$ 处，测得 $t_2=65$℃，熔点为190℃，则 $K=0.000159$，按照上式则可求出：

$$\Delta t=0.000159\times160\times(190-65)=3.18\approx3.2℃$$

所以，校正后的熔点为 190＋3.2＝193.2℃

方法二：熔点仪测熔点法。

1. 准备工作

熔点仪在使用前应首先进行烘干（接通电源即可），然后用熔点标准品对熔点仪进行校正，修正值供以后精密测量时作为依据。

（1）首先将待测物品进行干燥处理：把待测物品研细，用干燥剂干燥，或者用烘箱直接快速烘干（但温度应控制在待测物品的熔点温度以下）。

（2）用醮有乙醚（或乙醚与酒精混合液）的脱脂棉将载玻片擦干净。

（3）将热台放置在显微镜的底座上，然后把热台的电源线接入调压器的输出端，并将热台的接地端接地。

（4）将温度计轻轻插入热台的温度计套内。

（5）取适量待测物品（不大于0.1mg），放在干净的载玻上，盖上盖玻片，轻轻压实，然后放置在热台的中心位置面上。

（6）盖上隔热玻璃。

（7）调节显微镜的调焦距手轮，直到看到清晰的待测物品图像。

（8）接通电源。

2. 操作步骤

（1）调节调压器旋扭，调节电压为200V左右，使热台快速升温，当温度计示值接近待测物品熔点温度以下40℃左右时，立即将调压器的电压调节到适当电压值，使温度计的升温速度被控制在1℃/min左右。

（2）观察待测物品从初熔到全熔的熔化过程。当待测物品全部熔化时（此时晶核完全消失）立即读出温度计示值，此值即为该待测物品的熔点，完成一次测试。

（3）如需要再一次测试时，只需待热台温度冷却到待测物品熔点温度以下40℃左右时，即可继续测试。

（4）进行精密测量时，应对实测值进行修正，并测试数次，计算平均值，其精度可控制在±0.5℃。

（5）测量完毕后，应及时切断电源，待热台冷却后，将仪器按规定装入包装箱内，存放在干燥的地方。

（6）用过的载玻片可用醮有乙醚（或乙醚与酒精混合液）的脱脂棉将载玻片擦干净以备下次测试使用。

三、温度计刻度的校正

普通温度计的刻度是在温度计的水银线全部均匀受热的情况下刻出来的，但我们在测定温度时常仅将温度计的一部分插入热液中，有一段水银线露在液面外，这样测定的温度当然会比温度计全部浸入液体中所得的结果稍为偏低。因此，要准确测定温度的话，就必须对外露的水银线造成的误差进行校正，这就是所谓温度计的读数校正，其校正方法详见本实验的注释[2]。此外，普通温度计常因其毛细管的不均匀或刻度不准确，加上在使用过程中，反复地受冷和冷却，亦会导致温度计零点的变动，而影响测定的结果，因此也要进行校正，这种校正称为温度计刻度校正。在生产和科学实验中，如要得到准确的温度数据时，所用的温度计就必须进行上述两种校正。

关于温度计刻度校正的方法有两种：

第一，比较法，选用一支标准温度计与要进行校正的温度计比较。这种方法比较简便。

第二，定点法，选用若干纯有机物，测定其熔点作为校正的标准，若用本法校正的温度计，则不必再作外露水银线校正（即读数校正）。

1. 用标准温度计校正普通温度计刻度

把要校正的温度计和标准温度计并排放入石蜡油或浓硫酸的浴液中（见热浴），两支温度计的水银球要处于同一水平位置。加热浴液，并用玻璃棒不断搅拌，使浴液温度均匀，控制温度上升速度约为 1～2℃/min（不宜过快）。每隔 5℃便迅速而准确地记下两支温度计的读数，并计算出 Δt：

Δt = 被校正温度计的温度（t_2）－标准温度计的温度（t_1），将计算结果列入表 2－4。

表 2－4　温度计的校正

被校正温度计的温度 t_2/℃	50	55	60	65	70
标准温度计的温度 t_1/℃	50.6	55.5	60.3	64.7	69.8
Δt/℃	－0.6	－0.5	－0.3	+0.3	+0.2

然后，用校正的温度计温度 t_2 对 Δt 作图，如图 2－10 所示。从图中便可得出被校正的温度计的正确温度误差值。例如，假设温度计测得的温度读数（t_2）为 81℃时，从图 2－10 中便可求出校正后的正确读数（t_1）为：

$$\begin{aligned}\Delta t &= +0.8℃\\ t_1 &= t_2 - \Delta t\\ &= 81 - 0.8\\ &= 80.2(℃)\end{aligned}$$

即当从被校正的温度计上读得 81℃时，实际温度应为 80.2℃。

2. 用纯有机化合物的熔点作温度计刻度校正

选择数种已知准确熔点的标准样品（见表 2－5），测定它们的熔点，以观察到的熔点（t_2）作纵坐标，以此熔点（t_2）与准确熔点（t_1）之差（Δt）为横坐标作图，如图 2－11 所示。与前法一样，从图 2－11 中求得校正后的正确温度误差值，如测得的温度为 100℃，则校正后应为 101.3℃。

表 2－5　一些有机化合物的熔点

样品名称	熔点/℃	样品名称	熔点/℃
水－冰	0	D－甘露醇	168
对二氯苯	53.1	对苯二酚	173～174
对二硝基苯	174	马尿酸	188～189
邻苯二酚	105	对羟基苯甲酸	214.5～215.5
苯甲酸	122.4	蒽	216.2～216.4
水杨酸	159		

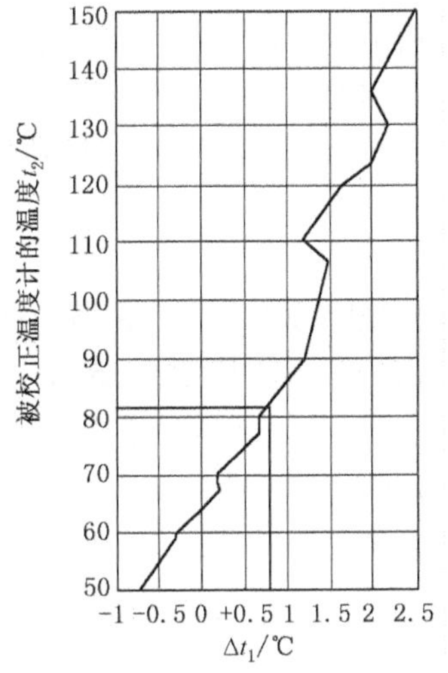

图 2－10　温度计刻度校正示意图

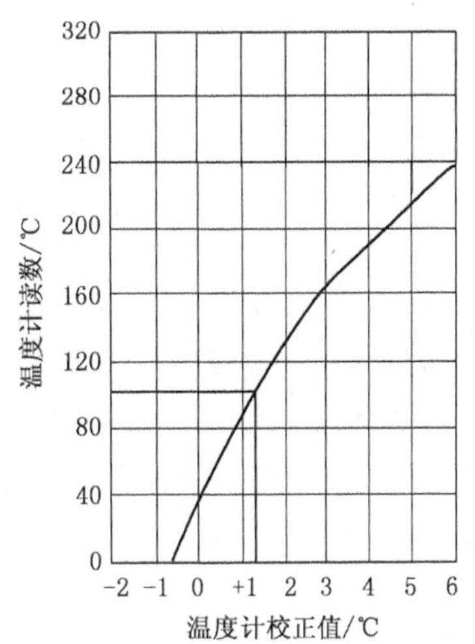

图 2－11　定点法温度计刻度校正示意图

四、思考题

1. 加热的快慢为什么会影响熔点？在什么情况下加热可以快一些，而在什么情况下加热则要慢一些？如果搅拌不均匀时会产生什么不良的结果？

2. 是否可以使用第一次测熔点时已经熔化了的有机化合物再作第二次测定呢？为什么？

第三章　有机化学实验基本分离技术

第一节　蒸　　馏

蒸馏是分离和提纯液态特质的最重要的方法。最简单的蒸馏是通过加热使液体沸腾，产生的蒸气在冷凝管中冷凝下来并被收集在另一容器中的操作过程。液体分子由于分子运动有从表面逸出的倾向，这种倾向随温度的升高而加大，这就造成了液体在一定的温度下具有一定的蒸气压，与体系存在的液体和蒸气的绝对量无关。当液体的蒸气压与外界压务相等时，液体沸腾，即达到沸点。每种纯液态化合物在一定压力下具有固定的沸点。根据不同的物理性质将蒸馏分为普通蒸馏、水蒸气蒸馏和减压蒸馏。

一、普通蒸馏

普通蒸馏操作可用于测定液体化合物的沸点、提纯，或除去不挥发性物质、回收溶剂或蒸出部分溶剂以浓缩溶液，主要用于分离液体混合物。由于很多有机物在150℃以上已显著分解，而沸点低于40℃的液体用普通蒸馏操作又难免造成损失，故普通蒸馏主要用于沸点为40～150℃之间的液体分离，同时普通蒸馏只是进一次蒸发和冷凝的操作。因此，待分离的混合物中各组分的沸点要有较大的差别时才能有效地分离，通常沸点应相差30℃以上。

1. 蒸馏装置

蒸馏使用的装置见图3－1所示。

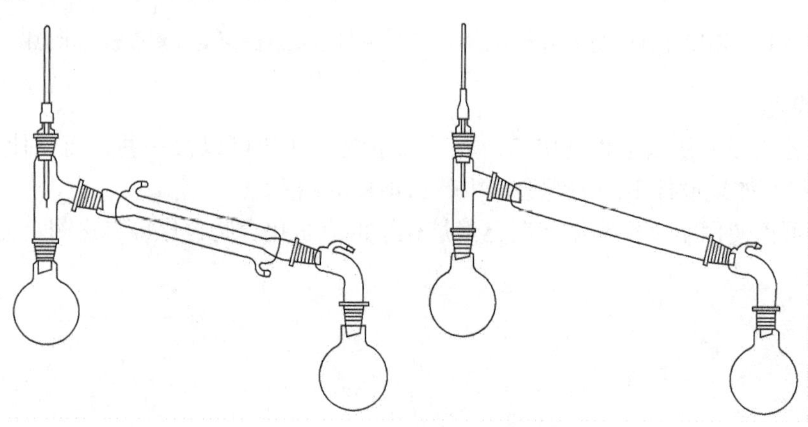

图3－1　实验室蒸馏装置

由图3－1可知，所用仪器主要包括三部分：

（1）汽化部分：由圆底烧瓶、蒸馏头、温度度组成。液体在瓶瓦受热汽化，蒸气经蒸馏头侧管进入冷凝器中，蒸馏瓶的大小一般选择待蒸馏液体的体积不超过其容量的1/2，也不少于1/3。

（2）冷凝部分：由冷凝管组成，蒸气在冷凝管中冷凝成为液体，当液体的沸点高于

140℃时选用空气冷凝管，低于140℃时则选用水冷凝管（通常采用直形冷凝管而不采用球形冷凝管）。冷凝管下端侧管为进水口，上端侧管为出水口，安装时应注意上端出水口侧管应向上，保证套管内充满水。

（3）接受部分：由接液管、接受器（圆底烧瓶或梨形瓶）组成，用于收集冷凝后的液体，当所用接液管无支管时，接液管和接受器之间不可密封，应与外界大气相通。

热源：当液体沸点低于80℃时通常采用水浴，高于80℃时采用封闭式的电加热器配上调压变压器控温。

2. 操作要点

安装的顺序一般是先从热源处开始，然后由下而上，从左往右依次安装。

（1）以热源高度为基准，用铁夹夹在烧瓶瓶颈上端并固定在铁架台上。

（2）装上蒸馏头和冷凝管，使冷凝管的中心线和蒸馏头支管的中心线成一直线，然后移动冷凝管与蒸馏头支管紧密连接起来，在冷凝管中部用铁架台和铁夹夹紧，再依次装上接液管和接受器。整个装置要求准确端下，无论从正面或侧面观察，全套仪器中各个仪器的轴线都要在同一平面内，所有的铁架台和铁夹都应尽可能整齐地放在仪器的背部。

（3）在蒸馏头上装上配套专用温度计，如果没有专用温度计可用搅拌套管或橡皮塞装上一温度计，调整温度计的位置，使温度计水银球上端与蒸馏头支管的下端在同一水平线上（如图3－2所示），以便在蒸馏时它的水银球能完全为蒸气所包围，若水银球偏高则引起所量温度偏低，反之，则偏高。

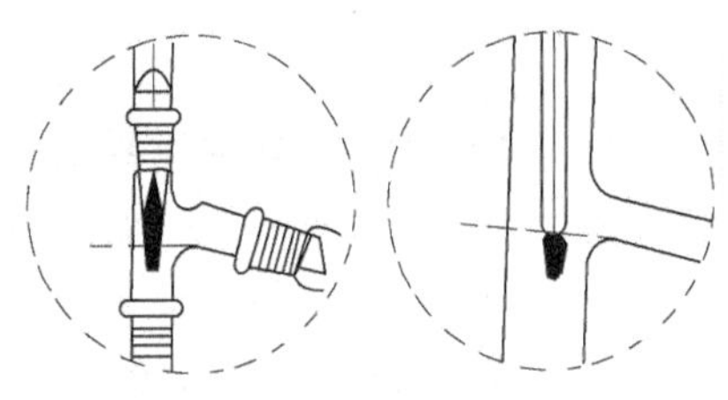

图3－2　温度计的安放

（4）如果蒸馏所得的产物异挥发、易燃或有毒，可在接液管的支管上接一根长橡皮管，通入水槽的下水管内或引出室外。若室温较高，馏出物沸点低甚至与室温接近，可将接受器放在冷水浴或冰水浴中冷却，如图3－3所示。

（5）假如蒸馏出的产品易受潮分解或是无水产品，可在接液管的支管上连接一支氯化钙干燥管，如图3－4所示。如果在蒸馏时放出有害气体，则需装配气体吸收装置，如图3－5所示。

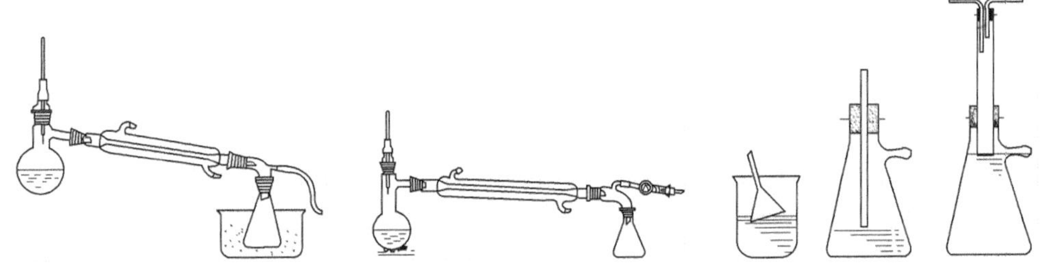

图3－3　蒸馏操作示例一　　图3－4　蒸馏操作示例二　　图3－5　蒸馏操作示例三

3. 操作方法

（1）将样品沿瓶颈慢慢倾入蒸馏烧瓶，加入数粒沸石，以便在液体沸腾时，沸石内的小气泡成为液体汽化中心，保证液体平稳沸腾，防止液体过热而产生爆沸，然后按由下而上、从左往右依次安装好蒸馏装置。

（2）检查仪器的各部分连接是否紧密和正确。

（3）接通冷凝水，开始加热，随加热进行瓶内液体温度慢慢上升，液体逐渐沸腾，当蒸气的顶端到达温度计水银球部分时，温度计读数开始急剧上升。这时应适当控制加热程度，使蒸气顶端停留在原处加热瓶颈上部和温度计处，让水银球上液体和蒸气温度达到平衡，此时温度正是馏出液的沸点。然后适当加大加热程度，进行蒸馏，控制蒸馏速度，以每秒 1 ~ 2 滴为宜。蒸馏过程中，温度计水银球上应始终附有冷凝的液滴，以保持气液两相平衡，这样才能确保温度计读数的准确。

（4）记录第一滴馏出液落入接受器的温度（初馏点），此时的馏出液是物料中沸点较低的液体，称“前馏分”。前馏分蒸完，温度趋于稳定后蒸出的就是较纯的物质（此过程温度变化非常小），当这种组分基本蒸完时，温度会出现非常微小的回落（加热过快会出现温度不降反而快速上升），说明这种组分蒸完。记下这部分液体开始馏出时和最后一滴时的温度计读数，即是该馏分的“沸程”。纯液体沸程差一般不超过 1 ~ 2℃。

（5）当所需的馏分蒸出后，应停止蒸馏，不要将液体蒸干，以免造成事故。

（6）蒸馏结束后，称量馏分和残液并记录。

（7）蒸馏结束后，先移去热源，冷却后停止通水，按装配时的逆向顺序逐件拆除装置。

4. 注意事项

（1）不要忘记加沸石，若忘记加沸石，必须在液体温度低于其沸腾温度时方可补加，切忌在液体沸腾或接近沸腾时加入沸石。

（2）始终保证蒸馏体系与大气相通。

（3）蒸馏过程中欲向烧瓶中添加液体，必须停止加热，冷却后进行，不得中断冷凝水。

（4）对于乙醚等易生成过氧化物的化合物，蒸馏前必须检验过氧化物，若含过氧化物，务必除去后方可蒸馏且不得蒸干，蒸馏硝基化合物也切忌蒸干，以防爆炸。

（5）当蒸馏易挥发和易燃的物质时，不得使用明火加热，否则容易引起火灾事故。

（6）停止蒸馏时应先停止加热，冷却后再关冷凝水。

（7）严格遵守实验室的各项规定（如：用电、用火等的相关规定）。

二、水蒸气蒸馏

水蒸气蒸馏是用来分离和提纯液态或固态有机化合物的一种方法。其过程是在不溶或难溶于热水并有一定挥发性的有机化合物中，加入水后加热，或通入水蒸气后在必要时加热，使其沸腾，然后冷却其蒸气使有机物和水同时被蒸馏出来。

水蒸气蒸馏的优点在于所需要的有机物可在较低的温度下从混合物中蒸馏出来，通常用在下列几种情况：

（1）某些高沸点的有机物，在常压下蒸馏虽可与副产品分离，但其会发生分解。

（2）混合物中含有大量树脂状杂质或不挥发性杂质，采用蒸馏、萃取等方法都难以分离的情况。

（3）从较多固体反应物中分离出被吸附的液体产物。

（4）要求除去易挥发的有机物。

当不溶或难溶有机物与水一起共热时整个系统的蒸气压，根据分压定律，应为各组分蒸气压之和，即 $p_{总} = p_{水} + p_{有机物}$，当总蒸气压（$p_{总}$）与大气压力相等时混合物沸腾。显然，混合物的沸腾温度（混合物的沸点）低于任何一个组分单独存在时的沸点，即有机物可在比其沸点低得多的温度，而且在低于水的正常沸点下安全地被蒸馏出来。

使用水蒸气蒸馏时，被提纯有机物应具备下列条件：

(1) 不溶或难溶于水；

(2) 共沸腾下与水不发生化学反应；

(3) 在水的正常沸点肘必须具有一定的蒸气压(一般不小于1333Pa)。

1. 仪器装置

图3-6是实验室常用的装置。包括水蒸气发生器、蒸馏部分、冷凝部分和接受器四个部分。

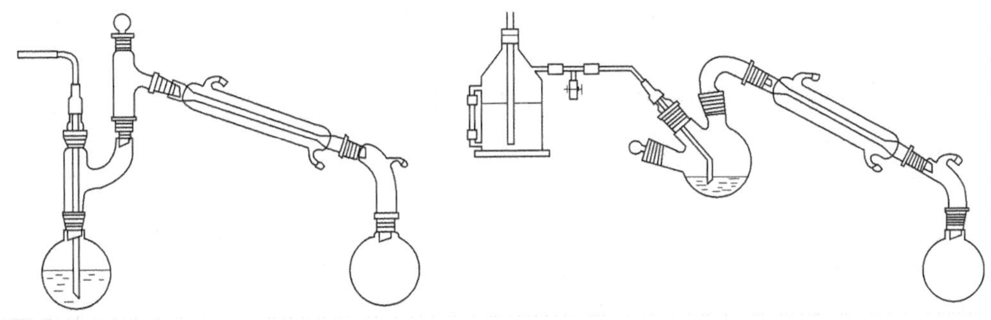

图3-6　水蒸气蒸馏装置

(1) 水蒸气发生器：一般使用专用的金属制的水蒸气发生器，也可用500mL的蒸馏烧瓶代替(配一根长1m、直经约为7mm的玻璃管作安全管)，水蒸气发生器导出管与一个T形管相连，T形管的支管套上一短橡皮管。橡皮管用螺旋夹夹住，以便及时除去冷凝下来的水滴，T形管的另一端与蒸馏部分的导管相连(这段水蒸气导管应尽可能短些，以减少水蒸气的冷凝)。

(2) 蒸馏部分：采用圆底烧瓶，配上克氏蒸馏头，这样可以避免由于蒸馏时液体的跳动引起液体从导出管冲出，以致沾污馏出液。为了减少由于反复换容器而造成产物损失，常直接利用原来的反应器进行水蒸气蒸馏。

(3) 冷凝部分：一般选用直形冷凝管。

(4) 接受部分：选择合适容量的圆底烧瓶或梨形瓶作接受器。

2. 操作要点

(1) 水蒸气发生器上必须装有安全管，安全管不宜太短，下端应插到接近底部，盛水量通常为发生器容量的一半，最多不超过2/3。

(2) 水蒸气发生器与水蒸气导入管之间必须连接T形管，蒸气导管尽量短，以减少蒸气的冷凝。

(3) 被蒸馏的物质一般不超过其容积的1/3，水蒸气导入管不宜过细，一般选用内径大于或等于7mm的玻璃管。

3. 操作方法

将被蒸馏的物质加入烧瓶中，尽量不超过其容积的1/3，仔细检查各接口处是否漏气，并将T形管上螺旋夹打开。

开启冷凝水，然后水蒸气发生器开始加热，当T形管的支管有蒸气冲出时，再逐渐旋紧T形管上的螺旋夹，水蒸气开始通向烧瓶。

（1）如果水蒸气在烧瓶中冷凝过多，烧瓶内混合物体积增加，以至超过烧瓶容积的2/3时，或者水蒸气蒸馏速度不快时，可对烧瓶进行加热。要注意烧瓶内崩跳现象，如果崩跳剧烈，则不应加热，以免发生意外。蒸馏速度每秒2～3滴。

（2）欲中断或停止蒸馏一定要先旋开T形管上的螺旋夹，然后停止加热，最后再关冷凝水。否则烧瓶内混合物将倒吸到水蒸气发生器中。

（3）当馏出液澄清透明、不含有油珠状的有机物时，即可停止蒸馏。

4. 注意事项

（1）蒸馏过程中，必须随时检查水蒸气发生器中的水位是否正常，安全管水位是否正常，有无倒吸现象，一旦发现不正常，应立即将T形管上螺旋夹打开，找出原因排除故障，然后逐渐旋紧T形管上的螺旋夹，继续进行。

（2）蒸馏过程中，必须随时观察烧瓶内混合物体积增加情况，混合物崩跳现象，蒸馏速度是否合适，是否有必要对烧瓶进行加热。

三、减压蒸馏

某些沸点较高的有机化合物在常压下加热还未达到沸点时便会发生分解、氧化或聚合的现象，所以不能采用普通蒸馏，使用减压蒸馏即可避免这种现象的发生。因为当蒸馏系统内的压力降低后，其沸点便降低，使得液体在较低的温度下汽化而逸出，继而冷凝成液体，然后收集在一容器中，这种在较低的压力下进行蒸馏的操作称减压蒸馏。减压蒸馏对于分离或提纯沸点较高或性质比较不稳定的液态有机化合物具有特别重要的意义。

人们通常把低于1×10^{-5}Pa的气态空间称为真空，欲使液体沸点下降得多就必须提高系统内的真空程度。实验室常用水喷射泵（水泵）或真空泵（油泵）来提高系统真空度。

在进行减压蒸馏前，应先从文献中查阅清楚欲蒸馏物质在选择压力下相应的沸点，一般来说，当系统内压力降低到15×133.3Pa（133.3Pa＝1mmHg）左右时，大多数高沸点有机物沸点随之下降100～125℃左右；当系统内压力在（10×133.3）～（15×133.3）Pa之间进行减压蒸馏时，大体上压力每相差133.3Pa，沸点相差约1℃。

1. 减压蒸馏装置

减压蒸馏装置见图3－7所示，主要仪器设备：蒸馏烧瓶、冷凝管、接受器、测压计、吸收装置、安全瓶和减压泵。

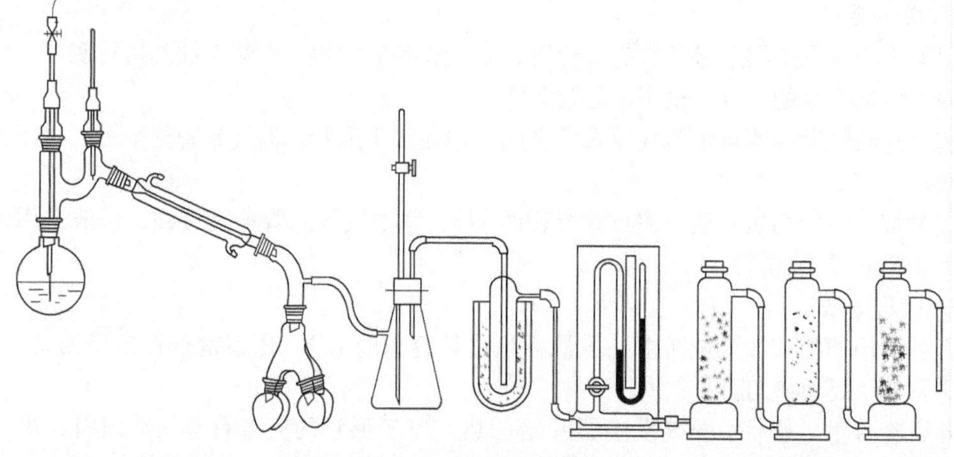

图3－7　减压蒸馏装置

(1) 蒸馏部分：由蒸馏烧瓶、冷凝管、接受器三部分构成。

蒸馏烧瓶采用圆底烧瓶。冷凝管一般选用直形冷凝管，如果蒸馏液体较少且沸点高或为低熔点固体可不用冷凝管。接受器一般选用多个梨形(圆形)烧瓶接在多头接液管上，如图3－8所示。

(2) 测压计：测压计(压力计)有玻璃和金属的两种。常使用的是水银压力计(压差计)，是将汞装入U形玻璃管中制成的，分为开口式和封闭式，如图3－9所示，开口式水银压力计的特点是管长必须超过760mm，读数时必须配有大气压计，因为两管中汞柱高度的差值是大气压力与系统内压之差，所以蒸馏系统内的实际压力应为大气压力减去这一汞柱之差，其所量压力准确。封闭式水银压力计轻巧方便，两管中汞柱高度的差值即为系统内压，但不及开口式水银压力计所量压力准确，常用开口式水银压力计来校正。

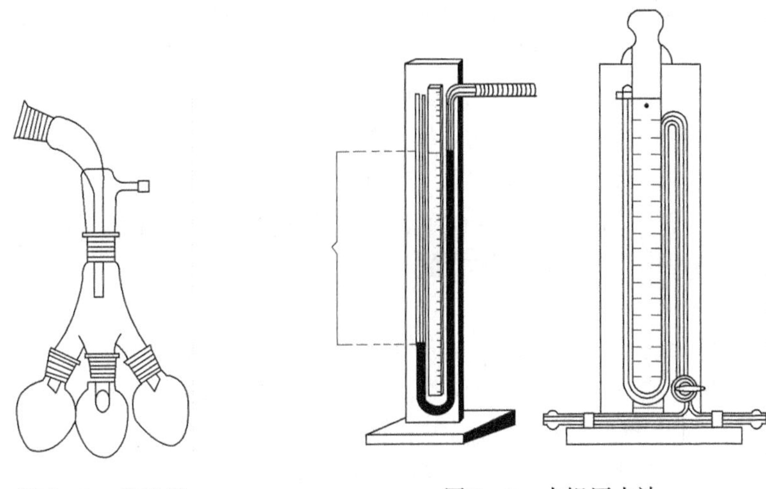

图3－8　接受器　　　　图3－9　水银压力计

金属制压力表，其所量压力的准确度完全由机械设备的精密度决定。一般的压力表所量压力不太准确，然而它轻巧，不易损坏，使用安全，对测量压力准确度要求不太高时非常方便。

(3) 吸收装置：只有使用真空泵(油泵)时采用此装置，其作用是吸收对真空泵有害的各种气体或蒸气，借以保护减压设备，一般由下述几部分组成：

捕集管：用来冷凝水蒸气和一些挥发性物质，捕集管外用冰－盐混合物冷却。

氢氧化钠吸收塔：用来吸收酸性蒸气。

硅胶(或用无水氯化钙)干燥塔：用来吸收经捕集管和氢氧化钠吸收塔后还未除净的残余水蒸气。

(4) 安全瓶：一般用吸滤瓶，壁厚耐压，安全瓶与减压泵和测压计相连，并配有活塞用来调节系统压力及放气。

(5) 减压泵：实验室常用的减压泵有水喷射泵(水泵)和真空泵(油泵)两种。若不需要艮低的压力时可用水喷射泵(水泵)，若要很低的压力时就要用真空泵(油泵)了。

“粗”真空(系统压力大于10×133.3Pa)，一般可用水喷射泵(水泵)获得。

“次高”真空(系统压力小于10×133.3Pa，大于133.3×10^{-3}Pa)，可用油泵获得。

“高”真空(系统压力小于133.3×10^{-3}Pa)，可用扩散泵获得。

2. 操作要点

装配时要注意仪器应安排得十分紧凑，既要做到系统通畅，又要做到不漏气、气密性好，所有橡皮管最好用厚壁的真空用的橡皮管，磨口处均匀地涂上一层真空脂。

如能用水喷射泵(水泵)抽气的，则尽量使用水喷射泵。如蒸馏物中含有挥发性杂质，可先用水喷射泵减压抽除，然后改用真空泵(油泵)。

3. 操作方法

(1) 进行装配前，首先检查减压泵抽气时所能达到的最低压力(应低于蒸馏时的所需值)，然后按图3－7进行装配。装配完成后开始抽气，检查系统能否达到所要求的压力，如果不能满足要求，说明漏气，则分段检查出漏气的部位(通常是接口部分)，在解除真空后进行处理，直到系统能达到所要求的压力为止。

(2) 解除真空，装入待蒸馏液体，其量不得超过烧瓶容积的1/2，然后开动减压泵抽气，调节安全瓶上的活塞达到所需压力。

(3) 开启冷凝水，开始加热，液体沸腾时，应调节热源，控制蒸馏速度每秒1～2滴为宜。整个蒸馏过程中密切注意温度计和压力的读数，并记录压力、相应的沸点等数据。当达到要求时，小心转动接液管，收集馏出液，直到蒸馏结束。

(4) 蒸馏完毕，除去热源，待系统稍冷后，缓慢解除真空，关闭减压泵，最后关闭冷凝水，按从右往左、由上而下的顺序拆卸装置。

4. 注意事项

(1) 蒸馏液中含低沸点组分时，应先进行普通蒸馏再进行减压蒸馏。

(2) 减压系统中应选用耐压的玻璃仪器，切忌使用薄壁的甚至有裂纹的玻璃仪器，尤其不要使用平底瓶(如锥形瓶)，否则易引起内向爆炸。

(3) 蒸馏过程中若有堵塞或其他异常情况，必须先停止加热，稍冷后缓慢解除真空后才能进行处理。

(4) 抽气或解除真空时一定要缓慢进行，否则汞柱急速变化，有冲破压力计的危险。

(5) 解除真空时一定要稍冷后进行，否则大量空气进入有可能引起残液的快速氧化或自燃，发生爆炸。

第二节　分　　馏

蒸馏可以分离两种或两种以上沸点相差较大(大于30℃)的液体混合物，而对于沸点相差较小的或沸点接近的液体混合物仅用一次蒸馏不可能把它们分开。若要获得良好的分离效果，就非得采用分馏不可。

分馏实际上就是使沸腾着的混合物蒸气通过分馏柱(工业上用分馏塔)，进行一系列的热交换，由于柱外空气的冷却，蒸气中的高沸点组分被冷却为液体，回流人烧瓶中，上升的蒸气中含低沸点组分就相对地增加，当上升的蒸气遇到回流的冷凝液，两者之间又进行热交换，使上升的蒸气中高沸点的组分又被冷凝，低沸点的组分仍继续上升，低沸点组分的含量又增加了，如此在分馏柱内反复进行着汽化、冷凝、回流等程序。当分馏柱的效率相当高且操作正确时，在分馏柱顶部出来的蒸气就接近于纯低沸点的组分。这样，最终便可将沸点不同的物质分离出来。

实质上分馏过程与蒸馏相类似，不同在于多了一个分馏柱，使冷凝、蒸发的过程由一次变成多次，大大地提高了蒸馏的效率。因此，简单地说分馏就等于多次蒸馏。

在分馏过程中，有时可能得到与单纯化合物相似的混合物，它也具有固定的沸点和组成，这种混合物称为共沸混合物(或恒沸混合物)，它的沸点(高于或低于其中的每一组分)称为共沸点，该混合物不能用分馏法进一步分离。

分馏的效率与回流比有关。回流比是指在同一时间内冷凝的蒸气及重新回入柱内的冷凝液数量与柱顶馏出的蒸馏液数量之间的比值。一般来说，回流比越高分馏效率就越高，但回流比太高，则蒸馏液被馏出的量少，分馏速度慢。

1. 分馏装置

通常情况下的分馏装置如图 3－10 所示，与蒸馏装置所不同的地方就在于多了一个分馏柱。由于分馏柱构造上的差异使分馏装置有简单和精密之分。

实验室常用的分馏柱如图 3－11 所示，安装和操作都非常方便。图 3－11(1)是韦氏(Vigreux)分馏柱也称刺形分馏柱，分馏效率不高，仅相当于两次普通的蒸馏。图 3－11(2)、图 3－11(3)为填料分馏柱，内部可装入高效填料，提高分馏效率。

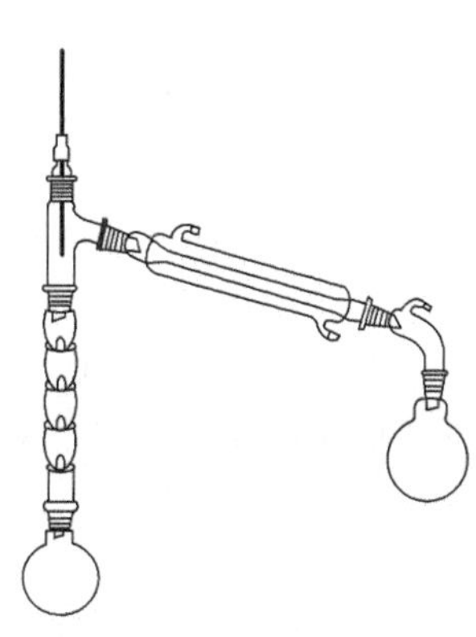

图 3－10　分馏装置图

2. 操作要点

(1) 按图 3－10 正确安装，分馏柱用铁夹固定。

(2) 为尽量减少柱内热量的散失和由于外界温度影响造成的柱温波动，通常分馏柱外必须进行适当的保温，以便能始终维持温度平衡。对于比较长、绝热又差的分馏柱，则常常需要在柱外绕上电热丝以提供外加的热量。

(3) 使用高效率的分馏柱，控制回流比，才可以获得较高的分馏效率。

3. 操作方法

(1) 将待分馏的混合物放入圆底烧瓶中，加入沸石，按图 3－10 安装好装置。

(2) 选择合适的热源，开始加热。当液体一沸腾就及时调节热源，使蒸气慢慢升入分馏柱，约 10～15min 后蒸气到达柱顶，这时可观察到温度计的水银球上出现了液滴。

(3) 调小热源，让蒸气仅到柱顶而不进入支管就全部冷凝，回流到烧瓶中，维持 5min 左右，使填料完全湿润，开始正常地工作。

(4) 调大热源，控制液体的馏出速度为每 2～3 滴/s，这样可得到较好的分馏效果。待温度计读数骤然下降，说明低沸点组分已蒸完，可继续升温，按沸点收集第二、第三种组分的馏出液，当欲收集的组分全部收集完后，停止加热。

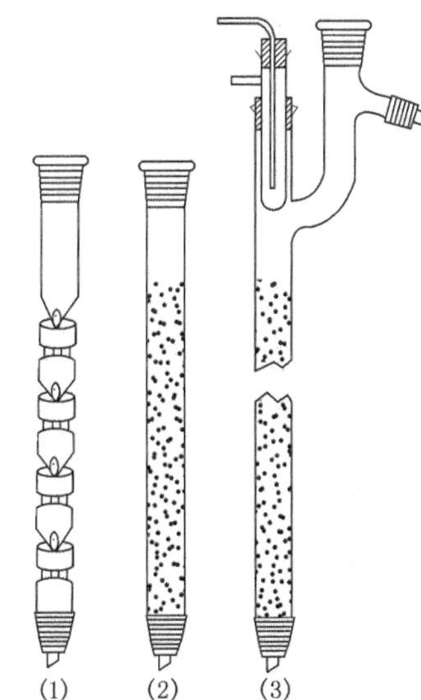

图 3－11　实验室常用分馏柱

4. 注意事项

(1) 参照普通蒸馏中的注意事项。

(2) 一定要缓慢进行，控制好恒定的分馏速度。

(3) 要有足够量的液体回流，保证合适的回流比。

(4) 尽量减少分馏柱的热量失散和波动。

实验3-1 普通蒸馏

一、目的要求

(1) 了解普通蒸馏的原理和意义。

(2) 初步掌握蒸馏装置的装配和拆卸的规范操作。

二、实验原理

本实验利用乙醇(沸点：78.5℃)与水的沸点相差较大，用普通蒸馏法将大部分乙醇在77～88℃蒸出，收集78～80℃馏分得到95%的乙醇。

三、仪器与试剂

直型冷凝管(300mm)1只、蒸馏头1只、圆底烧瓶(150mL)1只、接液管1只、锥形瓶(100mL)2只、乙醇60mL。

四、实验步骤

1. 测乙醇水溶液相对密度

测定乙醇水溶液的相对密度 d_1，查表找出乙醇水溶液的含量。

2. 安装蒸馏装置并加料

根据乙醇水溶液的量选好合适的圆底烧瓶，将上面的乙醇水溶液倒入150mL圆底烧瓶里，加几粒沸石。按图3-1装好蒸馏装置，通人冷却水(冷却水的流速不宜过大，否则造成浪费，只要保证蒸气能够充分冷却即可)。

3. 蒸馏并收集馏分

水浴加热，开始可以把水温调高点，边加热边注意观察蒸馏瓶里的现象和温度计水银柱上升的情况。加热一段时间后，液体沸腾，蒸气前沿逐渐上升，待达到温度计水银球时，温度计水银柱急剧上升，这时要适当调低温度，使温度略为下降，让水银球上的液滴和蒸气达到平衡，使蒸气不是立即冲出蒸馏烧瓶的支口，而是冷凝回流，此时水银球上保持有液滴。待温度稳定后再稍调高水温进行蒸馏，控制流出液滴以每秒1～2滴为宜。

当温度计读数上升至77℃时，换一个已称量过的干燥的接受瓶，收集77～88℃馏分，测定其相对密度 d_2。

将蒸馏得到的77～88℃馏分的乙醇依上法再蒸馏一次，收集78～80℃的馏分，测定其相对密度 d_3，比较 d_1、d_2、d_3，说明其含量有何变化。称量收集乙醇量，计算乙醇的回收率。

4. 用95%工业乙醇做对比实验

用80mL 95%工业乙醇进行蒸馏，观察温度计的变化与上有何不同。操作同上，当瓶内只剩下少量液体时(约0.5～1mL)，水浴温度不变，温度计读数会突然下降，即可停止蒸馏，切不可待瓶内液体完全蒸干，计算回收率。

五、思考题

1. 什么叫沸点？沸点和大气压有什么关系？文献上记载的某物质的沸点温度是否即为你所在地区该物质的沸点温度？

2. 蒸馏时为什么蒸馏瓶所盛液体的量不应超过其容积的2/3，也不少于1/3？

3. 蒸馏时加入沸石的作用是什么？如果蒸馏前忘记加沸石，能否立即将沸石加至将近沸腾的液体中？当重新进行蒸馏时，用过的沸石能否继续使用？

4. 为什么蒸馏时最好控制馏出液的速度为 1 ~ 2 滴/s？

5. 如果液体具有恒定的沸点，那么能否认为它是单纯物质？

6. 在进行蒸馏操作时应注意什么问题（从安全和效果两方面考虑）？

7. 在装置中，把温度计水银球插至液面上或者在蒸馏头支管上方是否正确？这样会发生什么问题？

8. 当加热后有馏液出来时，才发现冷凝管未通水，能否马上通水？如果不行应怎么办？

实验 3 –2　八角茴香的水蒸气蒸馏

一、目的要求

（1）了解水蒸气蒸馏原理；

（2）初步掌握水蒸气蒸馏装置的安装和操作；

（3）学习八角茴香的水蒸气蒸馏操作。

二、实验原理

八角茴香含有一种精油，称八角茴香油（茴油），它可由八角茴香果实或枝叶经水蒸气蒸馏而得，它是无色或淡黄色液体，有茴香气味，密度为 0.980 ~ 0.994g/cm^3（15℃），折光率 1.553 ~ 1.560（20℃），溶于乙醇和乙醚。茴香油中主要成分是茴香脑，可用作配制饮料、食品、烟草等的增香剂，也可用在医药方面。

三、仪器和药品

三口烧瓶（500mL）1 只、蒸馏头 1 只、长颈烧瓶（250mL）1 只、接液管 1 只、指形冷凝管（300mm）1 只、T 形管 1 只、锥形瓶（150mL）1 只、螺旋夹 1 只、长玻璃管（1m）1 根、八角茴香 15g。

四、实验步骤

1. 安装水蒸气蒸馏装置并加料

称取 15g 八角茴香并捣碎，加到 250mL 圆底烧瓶中，并加水 30mL。在水蒸气发生器或 500mL 蒸馏烧瓶中加入约占其容量 3/4 的热水，并加入数片素烧瓷。

2. 蒸馏并收集馏分

按图 3 –6 装好装置，检查装置是否漏气，待装置不漏气后旋开 T 形管上的螺旋夹，加热至沸腾，当有大量水蒸气从 T 形管的支管逸出时，立即将螺旋夹旋紧。这时水蒸气进入圆底烧瓶开始蒸馏（可以看到烧瓶中的物质有翻腾现象）。在蒸馏过程中，如由于水蒸气冷凝而使烧瓶内液体量增加，以致超过烧瓶容积的 1/3 时，或者水蒸气蒸馏速度不快时，可用小火加热烧瓶或者先把烧瓶中混合物预热至接近沸腾，然后再通入蒸气，但在加热过程中要注意瓶内溅跳现象，如果溅跳剧烈，则不应加热，以免发生意外。蒸馏速度以每秒 2 ~ 3 滴为宜。

在操作时，要随时注意安全管中的水柱是否发生不正常的上升现象，以及烧瓶中的溶液是否发生倒吸现象，蒸馏部分混合物溅飞是否厉害。一旦发生不正常，应立即旋开螺旋夹，移去热源，找出原因加以排除，才能继续蒸馏。

当馏出液澄清透明不再混浊时（由于澄清透明而不混浊，需很长时间，一般规定收集到 150mL 馏出液），即可停止蒸馏，这时应先旋开 T 形管上螺旋夹，再移去热源，冷却后，拆卸装置。

五、思考题

1. 水蒸气蒸馏的基本原理是什么？有何意义？与一般蒸馏有何不同？
2. 安全管和T形管各起什么作用？
3. 如何判断水蒸气蒸馏的终点？
4. 停止水蒸气蒸馏时，在操作的顺序上应注意些什么？为什么？

实验3－3　苯乙酮的减压蒸馏

一、实验目的

（1）了解减压蒸馏原理；

（2）初步掌握减压蒸馏装置的安装与操作；

（3）熟悉压力计的使用，掌握体系压力的测定和油泵的安装；

（4）学习苯乙酮的减压蒸馏操作。

二、实验原理

纯苯乙酮的沸点为202.6℃，熔点为20.5℃，折光率 n_D^{20}1.5371，苯乙酮在沸点附近较稳定，可用简单蒸馏法将其蒸出，其缺点是操作不便，安全性较差。采用减压蒸馏法，可使苯乙酮在较低的沸点蒸出，安全性好。本实验将体系压力减至(5～10)×133Pa，收集80℃左右的馏分即可得纯净的苯乙酮。

三、仪器与试剂

直形冷凝管(300mm)1只、双尾接液管1只、圆底烧瓶(100mL)2只、苯乙酮(CP)20mL、克氏蒸馏头1只。

四、实验步骤

1. 安装减压蒸馏装置并检漏

按图3－7装好仪器，磨口接口部分涂上凡士林或少量真空脂，检查气密性，试验装置内的压力能否达到预定要求，保证系统内的低压至少要达到约10mmHg(1mmHg＝133.3224Pa)。

2. 蒸馏并收集馏分

在100mL蒸馏烧瓶中放20mL苯乙酮。旋紧毛细管上螺旋夹，开动抽气泵，逐渐关闭安全瓶上活塞，调节毛细管导入空气量，以能冒出一连串的小气泡为宜(无气泡，可能阻塞应更换)。从压力计上测系统真空度，小心地旋转安全瓶上活塞，使压力计上读数为5～10mmHg左右，用电热套加热；控制馏出速度每秒1～2滴，当系统达到稳定时，立即记下压力和温度值，作为第一组数据。然后移去热源，稍微打开安全瓶上活塞，调节压力到约10～20mmHg，重新加热蒸馏，记下第二组数据。将上述数据填入表3－1，并根据文献值找出相应压力下的沸点温度。

表3－1　实验数据

编号	压力/Pa	实际温度/℃	文献温度/℃	编号	压力/Pa	实际温度/℃	文献温度/℃

3. 解除真空

蒸馏完毕，移去热源，冷却后慢慢旋开夹在毛细管上的橡皮管的螺旋夹，并渐渐打开安全瓶上的旋塞，平衡内外压力，使测压计的水银柱缓慢地回复原状，若放开得太快，水银柱很快上升，有冲破测压计的可能，待内外压力平衡后才可关闭抽气泵，以免抽气泵中的油反吸入干燥塔中，最后拆除仪器。

五、思考题

1. 物质沸点与外界压力有什么关系？减压蒸馏一般在什么情况下使用？

2. 使用水泵抽气，是否也需要气体吸收装置？安全瓶是否可以省去？为什么？

3. 怎样才能使装置严密不漏气？怎样检查装置的气密性？

4. 减压蒸馏开始时，为什么要先抽气再加热？结束时为什么要先移开热源，再停止抽气？顺序可否颠倒？为什么？

5. 减压蒸馏装置应注意什么问题？

6. 减压蒸馏时，为什么不能用火直接加热？

实验 3－4　丙酮和 1，2－二氯乙烷混合物的分馏

一、实验目的

（1）了解分馏的原理和意义；

（2）掌握分馏装置的安装和操作；

（3）学习丙酮和 1，2－二氯乙烷混合物的分馏操作。

二、实验原理

1，2－二氯乙烷的沸点是 83.5℃，密度为 $1.256g \cdot cm^{-3}$（20℃）；丙酮的沸点是 56℃，密度为 $0.7899g \cdot cm^{-3}$（20℃）。本实验利用简单分馏对二者互溶液体进行蒸馏，可得到丙酮含量较高的馏分，与简单蒸馏比较分离效果好。

三、仪器与试剂

圆底烧瓶（100mL）1 只、接液管 1 只、锥形瓶（50mL）1 只、水浴锅 1 只、分馏柱（300mm）1 根、丙酮 24mL、二氯乙烷 16mL、直形冷凝管（300mm）1 只。

四、实验步骤

1. 安装分馏装置并加料

量取丙酮 24mL 和 1，2－二氯乙烷 16mL 的混合物，加入几粒沸石，放在 100mL 圆底烧瓶里，安装好分馏装置（必要时石棉绳包裹分馏柱身），见图 3－10 所示。

2. 分馏并收集馏分

缓慢用水浴均匀加热，防止过热。约 5～10min 后液体开始沸腾，即见到一圈圈气液沿分馏柱慢慢上升，注意控制好温度，一定使蒸馏瓶内液体缓慢微沸，使蒸气慢慢上升，一般要控制到使蒸气到柱顶约 15～20min 为宜。待蒸气停止上升后，调节热源，提高温度，使蒸气上升到分馏柱顶部进入支管。开始有蒸馏液流出时，记录第一滴分馏液落到接受瓶时的温度；控制加热速度，当柱顶温度维持在 56℃时，收集 10mL 左右馏出液（分馏效果好，纯丙酮量可增加）。

随着温度上升，再分别收集 50～60℃、60～70℃、70～80℃、80～83℃的馏分，将不同馏分装在五只试管或小锥形瓶中，并经量筒量出体积（操作时要注意防火，应在离加热源较远的地方进行）。

3. 测馏分的折光率并计算含量

用折光仪分别测定以上各馏分的折光率，并与事先绘制的丙酮和1，2－二氯乙烷组成与折光率工作曲线对照，得到在该分馏条件下各馏分所含丙酮(或1，2－二氯乙烷)的质量分数及其体积量。

五、思考题

1. 分馏和蒸馏在原理、装置、操作上有哪些不同?

2. 分馏柱顶上温度计水银球位置偏高或偏低对温度计读数各有什么影响?

3. 为什么分馏柱装上填料后效率会提高? 分馏时若给烧瓶加热太快，分离两种液体的能力会显著下降，为什么?

4. 在分馏装置中分馏柱为什么要尽可能垂直?

第三节　重结晶法

一、重结晶原理和一般过程

重结晶法是提纯固体有机化合物的一种很有用的方法之一。重结晶提纯法的原理是利用混合物中各组分在某种溶剂中的溶解度不同，将被提纯物质溶解在热的溶剂中达到饱和(被提纯物质溶解度一般随温度升高而增大)，趁热过滤除去不溶性杂质，然后冷却时由于溶解度降低，溶液变成过饱和而使被提纯物质从溶液中析出结晶，让杂质全部或大部分仍留在溶液中，从而达到提纯目的。重结晶提纯法的一般过程为:

(1) 选择适宜的溶剂;

(2) 将样品溶于适宜的热溶剂中制成饱和溶液;

(3) 趁热过滤除去不溶性杂质。如溶液的颜色深，则应先脱色，再进行热过滤;

(4) 冷却溶液或蒸发溶剂，使之慢慢析出结晶而杂质则留在母液中;

(5) 减压过滤分离母液，分出结晶;

(6) 洗涤结晶，除去附着的母液;

(7) 干燥结晶;

(8) 测定晶体的熔点。

一般重结晶法只适用于提纯杂质含量在5%以下的晶体化合物，如果杂质含量大于5%时，必须先采用其他方法进行初步提纯，如萃取、水蒸气蒸馏等，然后再用重结晶法提纯。

二、常用的重结晶溶剂

在重结晶法中选择一适宜的溶剂是非常重要的，否则达不到提纯的目的，它必须符合下面几个条件。

(1) 与被提纯的有机化合物不起化学反应;

(2) 对被提纯的有机化合物应在热溶剂中易溶，而在冷溶剂中几乎不溶。

(3) 对杂质的溶解度非常大或非常小(前者使杂质留在母液中不随提纯物晶体一同析出，后者杂质在热过滤时被滤掉);

(4) 对要提纯的有机化合物能生成较整齐的晶体;

(5) 溶剂的沸点不宜太低，也不宜太高。若过低时溶解度改变不大难分离，且操作困难; 过高时附着于晶体表面的溶剂不易除去;

（6）价廉易得。常见的溶剂有水、乙醇、丙酮、石油醚、四氯化碳、苯和乙酸乙酯等。

一般常用的混合溶剂有乙醇与水、乙醇与乙醚、乙醇与丙酮、乙醚与石油醚、苯与石油醚等。

三、操作方法

（一）仪器装置

（1）溶解样品的器皿：溶解样品时常用锥形瓶或圆底烧瓶作容器，既可减少溶剂的挥发，又便于摇动，促进固体物质溶解。若采用的溶剂是水或不可燃、无毒的有机液体，只需在锥形瓶或圆底烧瓶上盖上表面皿即可。若溶剂是水，还可用烧瓶作容器，盖上表面皿即可。但当采用的溶剂是低沸点易燃或有毒的有机液体时，必须选用回流装置，见图 3－12 所示。若固体物质在溶剂中溶解速度较慢，需要较长加热时间时，也要采用回流装置，以免溶剂损失。

（2）重力过滤装置：在趁热过滤时，一般选用无颈漏斗，也可选用热水漏斗（见图 3－13）。滤纸采用折叠式，以加快过滤速度。

（3）减压抽滤装置（图 3－14）。

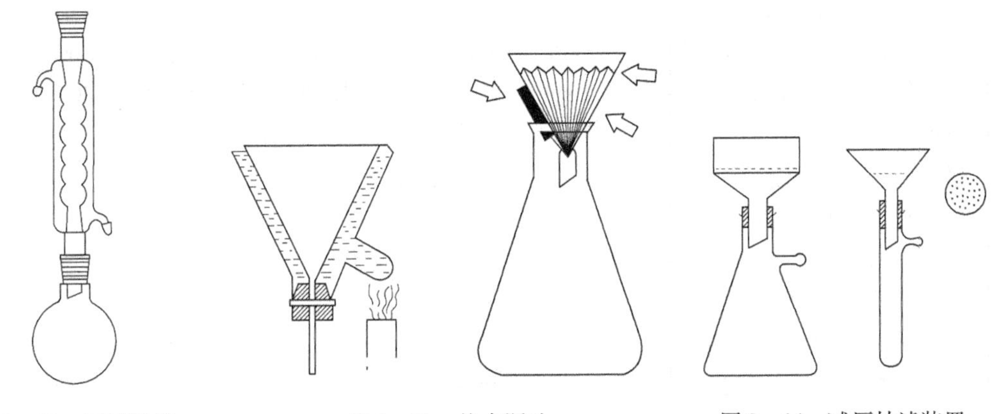

图 3－12　回流装置　　图 3－13　热水漏斗　　图 3－14　减压抽滤装置

（二）操作步骤

1. 正确选择溶剂

选择溶剂时，可根据溶解的一般规律，即相似相溶原理。溶质往往易溶于结构与其相似的溶剂中。通过查阅有关资料查到某化合物在各种溶剂中不同温度的溶解度。

在实际工作中往往通过试验来选择溶剂，试验方法如下：

取 1. 1g 被提纯物质结晶置于一小试管中，用滴管逐滴滴加溶剂，并不断振摇，待加入的溶剂约为 1mL 时，在水浴上加热至沸腾，完全溶解，冷却后析出大量结晶，这种溶剂一般被认为是合适的；如样品在冷却或加热时，都能溶于 1mL 溶剂中，表示这种溶剂不适用。若样品不全溶于 1mL 沸腾的溶剂中时，则可逐步添加溶剂，每次约加 0. 5mL，并加热至沸腾，若加入溶剂总量达 3mL 时，样品在加热时仍然不溶解，表示这种溶剂也不适用。若样品能溶于 3mL 以内的沸腾的溶剂中，则将它冷却，观察有没有结晶析出，还可用玻璃棒摩擦试管壁或用冰水浴冷却，以促使结晶析出，若仍未析出结晶，则这种溶剂也不适用。若有结晶析出，则以结晶体析出的多少来选择溶剂。

按照上述方法逐一试验不同的溶剂，比较后可以选用结晶收率好、操作简便、毒性小、价格低廉的溶剂来进行重结晶。

如果难以找到一种合适的溶剂时，可采用混合溶剂，混合溶剂一般由两种能以任何比例互溶的溶剂组成，其中一种对被提纯物质的溶解度较大，而另一种对被提纯物质的溶解度较小。混合溶剂其操作与使用单一溶剂时的情况相同。

2. 样品的溶解及趁热过滤

通常先将样品和计算量的溶剂一起加热至沸腾(该温度不能高于样品的熔点)，直到样品全部溶解。若无法计算所需溶剂的量，可将样品先与少量溶剂一起加热至沸腾，然后逐渐添加溶剂，每次加入后再加热至沸腾，直到样品全部溶解，如有不溶性杂质则趁热过滤。

样品完全溶解后若溶液有色，则将沸腾溶液稍冷后加入相当样品质量1% ~5%的活性炭，不时搅拌或振摇，加热煮沸5 ~10min以后再趁热过滤。样品溶解后，若溶液澄清透明，确无不溶性杂质，可省略热过滤这步操作。

3. 晶体的析出

将趁热过滤收集的滤液静置，让它慢慢地自然冷却下来，一般在几小时后才能完全。冷却过程中不要振摇滤液，更不要将其浸在冷水甚至冰水中快速冷却，否则往往得到细小的晶粒，表面上容易吸附较多杂质。但也不要使形成的晶粒过大，晶粒过大往往有母液和杂质包在结晶内部。当发现有生成大晶粒(约超过2mm)的趋势时，可缓慢振摇，以降低晶粒的大小。

如果溶液冷却后仍不结晶，可用玻璃棒摩擦器壁引发晶体形成。

如果不析出晶体而得到油状物时，可加热至清液后，让其自然冷却至开始有油状物析出时立即剧烈搅拌，使油状物分散，也可搅拌至油状物消失。

如果结晶不成功，通常必须用其他方法(色谱、离子交换法)提纯。

4. 减压过滤和洗涤

把结晶从母液中分离出来，通常采用减压过滤(抽滤)。抽滤前先用少量溶剂将滤纸润湿，轻轻抽气，使滤纸紧紧贴在漏斗上，继续抽气，把要过滤的混合物倒入漏斗中，使固体物质均匀地分布在整个滤纸面上，用少量滤液将粘附在容器壁上的结晶洗出转移至漏斗中。抽滤至无滤液滤出时，用玻璃瓶塞倒置在结晶表面上并用力挤压，尽量除去母液，滤得的固体习惯叫滤饼。为了除去结晶表面的母液，应进行洗涤滤饼的工作。洗涤前将连接吸滤瓶的橡皮管拔开，把少量溶剂均匀地洒在滤饼上，使全部结晶刚好被溶剂盖好为度，重新接上橡皮管，把溶剂抽去，重复操作二次，就可把滤饼洗净。

5. 干燥晶体并测定熔点

在测定熔点前，晶体必须充分干燥。常用的干燥方法有如下几种：

(1) 空气晾干：将抽干的晶体转移至表面皿，铺成薄层，上面盖一张干净的滤纸，于室温下放置，一般要经过几天后才能彻底干燥。

(2) 烘干：一些对热稳定的化合物可以在低于该化合物熔点以下约10℃的温度下进行烘干。

(3) 用滤纸吸干：有些晶体吸附的溶剂在过滤时很难抽干，这时可将晶体放在二、三层滤纸上，上面再用滤纸挤压以吸出溶剂。此法的缺点是晶体上易沾污一些滤纸纤维。

(4) 置真空干燥器中干燥。

测定熔点：采用显微熔点测定仪测定晶体的熔点。

四、注意事项

(1) 溶解样品过程中，要尽量避免溶质的液化，应在比熔点低的温度下进行溶解。

(2) 溶解过程中，不要因为重结晶的物质中含有不溶解的杂质而加入过量的溶剂。

(3) 为避免热过滤时晶体在漏斗上或漏斗颈中析出造成损失，溶剂可稍过量20%。

(4) 使用活性炭脱色应注意以下几点：①加活性炭以前，首先将待结晶化合物完全溶解在热溶剂中，用量根据杂质颜色深浅而定，一般用量为固体质量的1%～5%。加入后煮沸5～10min。在不断搅拌下，若一次脱色不好，可再加少量活性炭，重复操作。②不能向正在沸腾的溶液中加入活性炭，以免溶液暴沸。③活性炭对水溶液脱色较好，对非极性溶液脱色较差。

(5) 过滤易燃溶液时，特别要注意附近的情况，以免发生火灾。

(6) 要用折叠滤纸过滤，从漏斗上取出结晶时，通常把晶体和滤纸一起取出，待干燥后用刮刀轻敲滤纸，结晶即全部下来，注意勿使滤纸纤维附于晶体上。

实验3-5　乙酰苯胺的重结晶

一、实验目的

(1) 了解重结晶基本原理。

(2) 熟悉溶解、加热、趁热过滤、减压过滤等基本操作。

二、实验原理

纯的乙酰苯胺为无色晶体，熔点114.3℃，粗乙酰苯胺由于含有杂质而显出黄色或褐色。本实验利用乙酰苯胺在100g水中的溶解度为0.46g(20℃)、0.56g(25℃)、0.84g(50℃)、3.45g(80℃)、5.5g(100℃)，将乙酰苯胺溶于沸水中，加活性炭脱色，不溶性杂质与活性炭在趁热时过滤除去，其余杂质在冷却后乙酰苯胺结晶析出时留在母液中除去。

三、仪器与试剂

烧杯(250mL)1只、减压抽滤装置1套、锥形瓶(250mL)1只、滤纸适量、烧杯(150mL)1只、粗乙酰苯胺3g、保温漏斗1只。

四、实验步骤

1. 测粗品熔点

测定粗乙酰苯胺的熔点。

2. 溶解粗品

在250mL锥形瓶或烧杯中，加3g粗乙酰苯胺、60mL水和几粒沸石，在加热过程中，不断用玻璃棒搅动，使固体溶解。此时若有未溶解固体，每次加3～5mL热水，直至沸腾溶液中的固体不再溶解。然后再加入2～5mL热水(一般多加2%～5%的溶剂，目的是溶剂稍过量，可以避免热滤时因温度下降在滤纸上析出晶体，造成损失)。记录用去水的总体积。

3. 活性炭脱色并趁热过滤

乙酰苯胺是无色晶体，如果所得溶液有色，则稍冷后加入活性炭，搅拌使其混合均匀，继续加热微沸5min。

事先在热水漏斗中加入开水，过滤时热水漏斗安置在铁圈上[或按图3-13(1)放置]，热水漏斗中放一配套的玻璃漏斗，在玻璃漏斗中放一预先叠好的折叠滤纸，并用少量热水润湿。将上述热溶液通过折叠滤纸迅速滤入150mL烧杯中。注意，每次倒入漏斗中的液体不要太满，也不要等溶液全部滤完后再加，在过滤过程中要用小火加热热水漏斗保持溶液的温度；待所有溶液过滤完毕后，用少量热水洗涤烧杯和滤纸。

4. 结晶

用表面皿将盛滤液的烧杯盖好，放置一旁，稍冷后用冷水冷却使其完全结晶。如要获得较大颗粒的结晶，可在滤完后将滤液中析出的结晶重新加热溶解，于室温下放置，让其慢慢冷却结晶。

5. 减压抽滤

结晶完成后，用布氏漏斗抽滤（滤纸用少量冷水润湿、吸紧），见图 3－14 所示，使晶体和母液分离，并用玻璃塞挤压晶体，使母液尽量除去。拔下抽滤瓶上橡皮管（或打开安全瓶上的活塞），停止抽气，加少量冷水至布氏漏斗中，使晶体湿润（可用刮刀使晶体松动），然后重新抽干，如此重复 1～2 次，最后用刮刀将晶体移至表面皿上，摊开成薄层，置空气中晾干或在红外灯下烘干，也可在干燥器中干燥。

6. 测纯品熔点

测定已干燥的乙酰苯胺熔点，并与粗产品熔点作比较，称其质量并计算回收率。

五、思考题

1. 加热溶解待重结晶粗产物时，为何加入比计算量（根据溶解度数据）略少的溶剂？在渐渐添加至恰好溶解后，为何再多加少量溶剂？

2. 为什么活性炭要在固体物质完全溶解后加入？能在溶液沸腾时加入吗？为什么？

3. 将溶液进行热过滤时，为什么要尽可能减少溶剂的挥发？如何减少其挥发？

4. 在布氏漏斗中用溶剂洗涤固体时应注意些什么？

5. 在使用布氏漏斗过滤之后的洗涤产品的操作中，要注意哪些问题？如果滤纸大于布氏漏斗底面时，会有什么缺点？停止抽滤前，如不拔除橡皮管就关掉水阀，会有什么后果？请你用水作样品试一试上述的操作，结果如何？从这里应吸取什么教训？

6. 如何检验重结晶后产品的纯度？

7. 你认为做重结晶提纯时还应注意哪些问题？

实验 3－6 粗萘的提纯

一、实验目的

（1）了解非水溶剂重结晶法的一般原理；

（2）练习冷凝管的安装和回流操作；

（3）熟练掌握保温过滤和减压过滤的基本操作。

二、实验原理

纯净的萘为无色晶体，熔点为 80.2℃，工业萘由于含有杂质而呈红色或褐色。本实验利用萘在乙醇中能溶解（良溶剂）而在水中溶解较少（不良溶剂）的性质，配制成 70% 乙醇溶液作混合溶剂。将粗萘溶于热的乙醇溶液中，加活性炭脱色，趁热过滤除去活性炭及不溶性杂质，其余杂质则在冷却后萘结晶析出时留在母液中除去。

三、仪器与试剂

圆底烧瓶（100mL）1 只、水浴锅 1 台、烧杯（100mL）1 只、粗萘 3g、球形冷凝管（300mm）1 只、活性炭适量、热水漏斗 1 只、乙醇 70%。

四、实验步骤

1. 溶解粗品

如图 3－12 所示，在装有回流冷凝管的圆底瓶中，放入 3g 粗萘，加入 20mL 70% 乙醇和 1～2 粒沸石，接通冷凝水。

在水浴上加热至沸，并不时振摇瓶中物，以加速溶解。若所加的乙醇不能使粗萘完全溶解，则应从冷凝管上端继续加入少量 70% 乙醇（注意添加易燃溶剂时应预防火灾），每次加入乙醇后应略为振摇并继续加热，观察是否可完全溶解，待完全溶解后，再多加 5mL 70% 乙醇。

2. 活性炭脱色

移去热源，稍冷后取下冷凝管，向烧瓶中加入少许活性炭，并稍加摇动，再重新在水浴上加热煮沸 5min。

3. 趁热过滤

趁热用配有玻璃漏斗的热水漏斗和折叠滤纸过滤，见图 3－13（1）所示，用少量热的 70% 乙醇润湿折叠滤纸后，将上述萘的热溶液滤入干燥的 100mL 锥形瓶中（注意这时附近不应有明火），滤完后用少量热的 70% 乙醇洗涤容器和滤纸。

4. 结晶并减压过滤

盛滤液的锥形瓶用塞子塞紧，自然冷却，最后再用冰水冷却。用布氏漏斗抽滤（滤纸应先用 70% 乙醇润湿，吸紧），用少量 70% 乙醇洗涤。

5. 干燥晶体并测熔点

抽干后将结晶移至表面皿上，放在空气中晾干或放在干燥器中，待干燥后测其熔点，称其质量并计算回收率。滤液应注意回收。

五、思考题

设有一化合物极易溶解在热乙醇中，但难溶于冷乙醇或水中，对此化合物应怎样进行重结晶？

实验 3－7　非水溶剂重结晶法提纯硫化钠

一、实验目的

（1）了解非水溶剂重结晶法的一般原理；

（2）练习冷凝管的安装和回流操作；

（3）熟练掌握保温过滤和减压过滤的基本操作。

二、实验原理

硫化钠俗称硫化碱，纯的硫化钠为含有不同数目结晶水的无色晶体（如 $Na_2S \cdot 6H_2O$、$Na_2S \cdot 9H_2O$ 等）。工业硫化钠由于含有大量杂质如重金属硫化物、煤粉等而显红至黑的颜色。本实验是应用硫化钠能溶于热的乙醇中，其他杂质或在趁过滤时除去，或在冷却后硫化钠结晶析出时留在母液中而除去的原理。

三、仪器与试剂

圆底烧瓶（250mL）1 只、水浴锅 1 只、球形冷凝管（300mm）1 只、工业硫化钠 16g、烧杯（200mL）1 只、95% 乙醇 60mL、减压抽滤装置 1 套、活性炭适量。

四、实验步骤

1. 溶解粗品

如图 3－12 所示，在台秤上称取粉碎的工业硫化钠 16g，放入 250mL 的圆底烧瓶中，加 60mL 95% 的乙醇和 5mL 水及沸石。将烧瓶放在水浴锅上，烧瓶上装一支长度为 300mm 的球形冷凝管，并向冷凝管通入冷却水。

2. 趁热过滤

加热使水浴锅保持沸腾，回流约 40min。停止加热并将烧瓶在水浴锅上静置 5min，然后取下烧瓶，将瓶内溶液趁热抽滤，以除去不溶杂质。

3. 结晶

将滤液移入一只 200mL 的烧杯中，不断搅拌促使硫化钠晶体大量析出，再放置一段时间，冷却后倾出上层母液。

4. 减压抽滤

硫化钠晶体每次用少量 95% 乙醇在烧杯中用倾注法洗涤 3 次，然后抽滤、干燥。母液装入指定的回收瓶中。这种方法制得的产品组成相当于 $Na_2S \cdot 6H_2O$。如果在烧瓶中加入 60mL 95% 乙醇和 10mL 水，最后产品组成相当于 $Na_2S \cdot 9H_2O$。

五、思考题

用有机溶剂重结晶时，在哪些操作上容易着火？应如何防止？

第四节 萃 取

萃取也是分离和提纯有机化合物常用的操作之一。应用萃取可以从固体或液体混合物中提取出所需要的物质，也可以用来洗去混合物中少量的杂质。通常称前者为抽提或萃取，后者为洗涤。

萃取是利用物质在两种不互溶（或微溶）溶剂中分配特性的不同来达到分离、提纯或纯化目的的一种操作。萃取常用分液漏斗进行，分液漏斗的使用是基本操作之一。

一、萃取的原理

设溶液由有机化合物 X 溶解于溶剂 A 构成。要从其中萃取 X，我们可选择一种对 X 溶解度极好，而与溶剂 A 不相混溶和不起化学反应的溶剂 B，把溶液放入分液漏斗中，加入溶剂 B，充分振荡，静置后，由于 A 和 B 不相混溶，故分成两层，利用分液漏斗进行分离。此过程中 X 在 B、A 两相间的浓度比，在一定温度下，为一常数，叫做分配系数，以 K 表示，这种关系叫做分配定律。

$$K = c_B / c_A$$

式中　c_B——X 在溶剂 B 中的浓度；

c_A——X 在溶剂 A 中的浓度

假设：　V_B——原溶液的体积，mL；

m_0——萃取前溶质 X 的总量，g；

m_1、$m_2 \cdots m_n$——萃取一次、二次…n 次后 A 溶液中溶质的剩余量，g；

V_B——每次萃取溶剂的体积，mL；

第一次萃取后：　$\frac{(m_0 - m_1)/V_B}{m_1/V_A} = K$　　$m_1 = m_0\left(\frac{V_A}{KV_B + V_A}\right)$

第二次萃取后：　$\frac{(m_1 - m_2)/V_B}{m_2/V_A} = K$　　$m_2 = m_1\left(\frac{V_A}{KV_B + V_A}\right)$

第 n 次萃取后：　$m_n = m_0\left(\frac{V_A}{KV_B + V_A}\right)^n$

例如，100mL 水中含有溶质的量为 4g，在 15℃时用 100mL 苯来萃取（$K=3$）。如果用 100mL 苯一次萃取，可提出 3.0g 溶质。如果用 100mL 苯分三次，每次以 33.3mL 萃取，则可提出 3.5g 溶质。由此可见，将 100mL 苯分三次连续萃取要比一次萃取有效得多。

依照分配定律，要节省溶剂而提高提取的效率，用一定分量的溶剂一次加入溶液中萃取，则不如把这个分量的溶剂分成几份作多次萃取好。

二、液体中物质的萃取

1. 仪器装置

最常用的萃取器皿为分液漏斗，常见的有圆球形、圆筒形和梨形三种，如图 3－15 所示。

分液漏斗从圆球形到长的梨形，其漏斗越长，振摇后两相分层所需时间越长。因此，当两相密度相近时，采用圆球形分液漏斗较合适。一般常用梨形分液漏斗。

无论选用何种形状的分液漏斗，加入全部液体的总体积不得超过其容量的 3/4。

盛有液体的分液漏斗应妥善放置，否则玻璃塞及活塞易脱落，而使液体倾洒，造成不应有的损失。正确的放置方法通常有两种：一种是将其放在用棉绳或塑料膜缠扎好的铁圈上，铁圈则牢固地被固定在铁架台的适当高度，见图 3－16 所示。另一种是在漏斗颈上配一塞子，然后用万能夹牢固地将其夹住并固定在铁架台的适当高度，见图 3－17。但不论如何放置，从漏斗口接受放出液体的容器内壁都应贴紧漏斗颈。

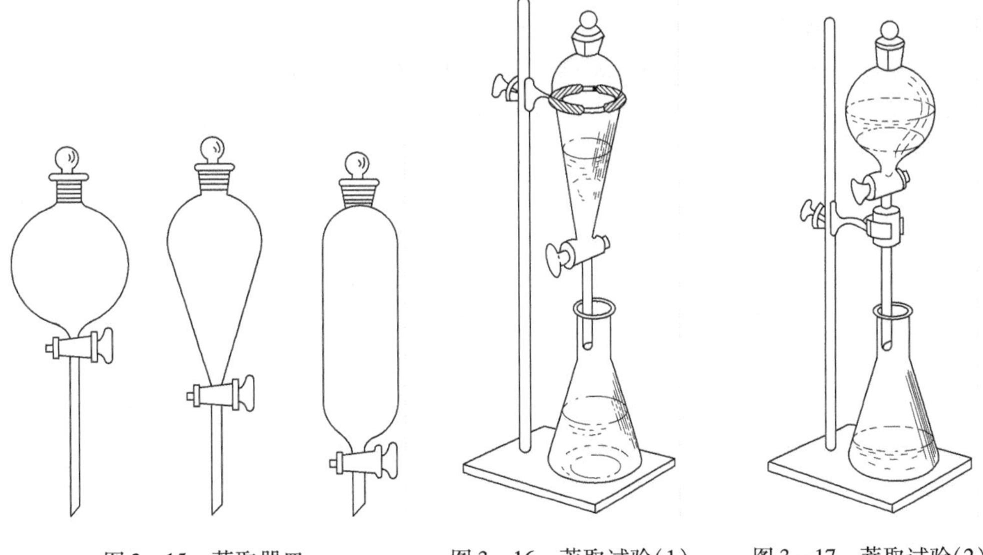

图 3－15　萃取器皿　　图 3－16　萃取试验(1)　　图 3－17　萃取试验(2)

2. 操作要点

(1) 选择容积较液体体积大 1～2 倍的分液漏斗，检查玻璃塞和活塞芯是否与分液漏斗配套，如不配套往往漏液或根本无法操作。待确认可以使用后方可使用。

(2) 将活塞芯擦干，并在上面薄薄地涂上一层润滑脂(如凡士林)，注意：不要涂进活塞孔里。将塞芯塞进活塞，旋转数圈使润滑脂均匀分布(呈透明状)后将活塞关闭好，再在塞芯的凹槽处套上一直经合适的橡皮圈，以防活塞芯在操作过程中因松动漏液或因脱落使液体流失造成实验的失败。

(3) 需要干燥分液漏斗时，要特别注意拔出活塞芯，检查活塞是否洁净、干燥，不合要求者，经洗净干燥后方可使用。

3. 操作方法

(1) 如图3－16、图3－17所示，将含有机化合物的溶液和萃取剂(一般为溶液体积的1/3)，依次自上而下倒入分液漏斗中，装入量约占分液漏斗体积的1/3，塞上玻璃塞。注意：玻璃塞上如有侧槽必须将其与漏斗上端口径的小孔错开。

(2) 取下漏斗，用右手握住漏斗上口径，并用手掌顶住塞子，左手握住漏斗活塞处，用拇指和食指压紧活塞，并能将其自由地旋转，如图3－18所示。

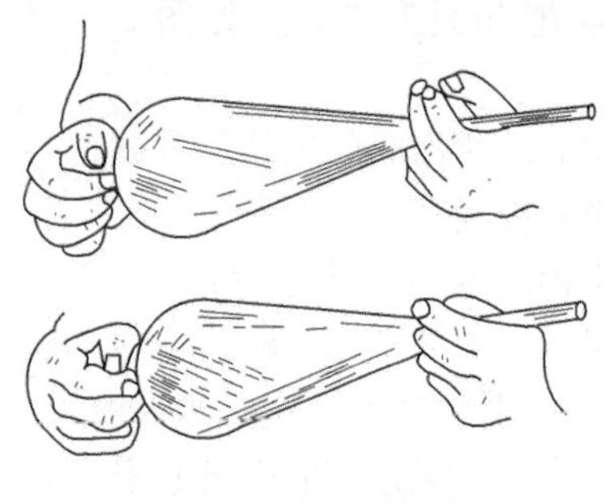

图3－18　旋转漏斗

(3) 将漏斗稍倾后(下部支管朝上)，由外向里或由里向外振摇，以使两液相之间的接触面增加，提高萃取效率。在开始时摇振要慢，每摇几次以后，就要将漏斗上口向下倾斜，下部支管朝向斜上方的无人处，左手仍握在支管处，用拇指、食指两指慢慢打开活塞，使过量的蒸气逸出，这个过程称为“放气”，如图3－19所示。这对低沸点溶剂如乙醚或者酸性溶液用碳酸氢钠或碳酸钠水溶液萃取放出二氧化碳来说尤为重要，否则漏斗内压力将大大超过正常值，玻璃塞或活塞就可能被冲脱使漏斗内液体损失。待压力减小后，关闭活塞。振摇和放气重复几次，至漏斗内超压很小，再剧烈振摇2～3min，最后将漏斗仍按图3－16、图3－17静置。

(4) 移开玻璃塞或旋转带侧槽的玻璃塞使侧槽对准上口径的小孔。待两相液体分层明显、界面清晰时，缓缓旋转活塞，放出下层液体，收集在大小适当的小口容器(如锥形瓶)中，下层液体接近放完时要放慢速度，放完后要迅速关闭活塞。

(5) 取下漏斗，打开玻璃塞，将上层液体由上口倒出，收集在另一容器中。一般宜用小口容器，大小也应当事先选择好。

(6) 萃取次数一般3～5次，在完成每次萃取后一定不要丢弃任何一层液体，以便一旦搞错还有挽回的机会。如果确认何层为所需液体，可参照溶剂的密度，也可将两层液体取出少许，试验其在两种溶剂中的溶解性质。

图3－19　放气

(7) 萃取过程中可能会产生两个问题：第一，萃取时剧烈的摇振会产生乳化现象，使两相界面不清，难以分离。引出这种现象往往是存在浓碱溶液，或溶液中存在少量轻质沉淀，或两液相的相对密度相差较小，或两溶剂易发生部分互溶。破坏乳化现象的方法是较长时间静置，或加入少量电解质(如氯化钠)，或加入少量稀酸(对碱性溶液而言)，或加热破乳，还可以滴加乙醇；第二，在界面上出现未知组成的泡沫状的固态物质，遇此问题可在分层前过滤除去，即在接受液体的瓶上置一漏斗，漏斗中松松地放少量脱脂棉，将液体过滤，见图 3－20 所示。

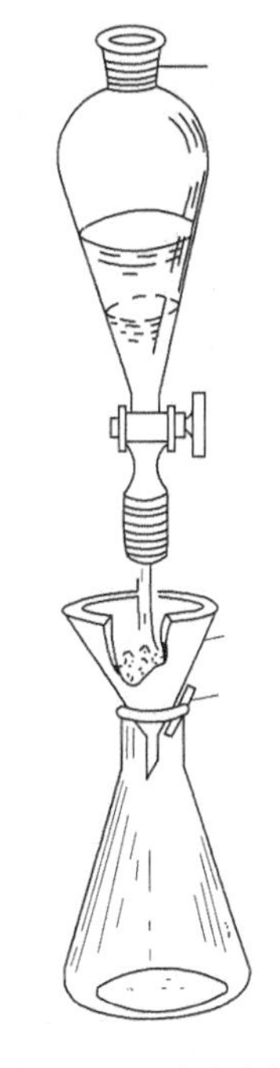
图 3－20　过滤液体

(8) 萃取溶剂为易生成过氧化物的化合物(如醚类)且萃取后为进一步纯化需蒸去此溶剂，在使用前，应检查溶剂中是否含过氧化物，如含有，应除去后方可使用。

(9) 使用低沸点、易燃的溶剂，操作时附近的火都应熄灭，并且当实验室中操作者较多时，要注意排风，保持空气流通。

(10) 层液一定要从分液漏斗上口倒出，切不可从下面活塞放出，以免被残留在漏斗颈下的第一种液体所沾污。

(11) 一定要尽可能将液体分离干净，有时在两相间可能出现一些絮状物应与弃去的液体层放在一起。

(12) 以下任一操作环节都可能造成实验失败：

① 分液漏斗不配套或活塞润滑脂未涂好造成漏液或无法操作；

② 对溶剂和溶液体积估计不准，使分液漏斗装得过满，摇振时不能充分接触，妨碍该化合物对溶剂的分配过程，降低萃取效果；

③ 未把玻璃活塞关好就将溶液倒入，待发现后已大部分流失；

④ 摇振时，上口气孔未封闭，至使溶液漏出，或者不经常开启活塞放气，使漏斗内压力增大，溶液自玻璃塞缝隙渗出，甚至冲掉塞子。溶液漏失，漏斗损坏，严重时会产生爆炸事故；

⑤ 静置时间不够，两液分层不清晰时分出下层，不但没有达到萃取目的，反而使杂质混入；

⑥ 放气时尾部不要对着人，以免有害气体对人造成伤害。

三、固体物质的萃取

固体物质的萃取通常采用下列两种方法。

(1) 长期浸出法。依靠溶剂对固体物质长期的浸润溶解而将其中所需要的成分溶解出来，此法虽不要任何特殊器皿，但效率不高，而且只有在所选用的溶剂对待浸出组分有很大溶解度时才比较有效，否则要用大量溶剂。

(2) 采用索氏提取器，也叫脂肪提取器。利用萃取溶剂在烧瓶加热成蒸气通过蒸气导管被冷凝管冷却成液体聚集在提取器中，与滤纸套内固体物质接触进行萃取，当液面超过虹吸管的最高处时，与溶于其中的萃取物一起流回烧瓶。这一操作连续进行，自动地将固体中的可溶物质富集到烧瓶中，因而效率高且节约溶剂。下面主要介绍索氏提取法。

1. 仪器装置

索氏提取装置如图 3－21 所示，下部为圆底烧瓶，放置萃取剂，中间为提取器，放被萃取的固体物质，上部为冷凝器。提取器上有蒸气上升管和虹吸管。

2. 装配要点

(1) 按由下而上的顺序，先调节好热源的高度，以此为基准，然后用万能夹固定住圆底烧瓶。

(2) 装上提取器，在上面放置球形冷凝管并用万能夹夹住，调整角度，使圆底烧瓶、提取器、冷凝管在同一条直线上且垂直于实验台面。

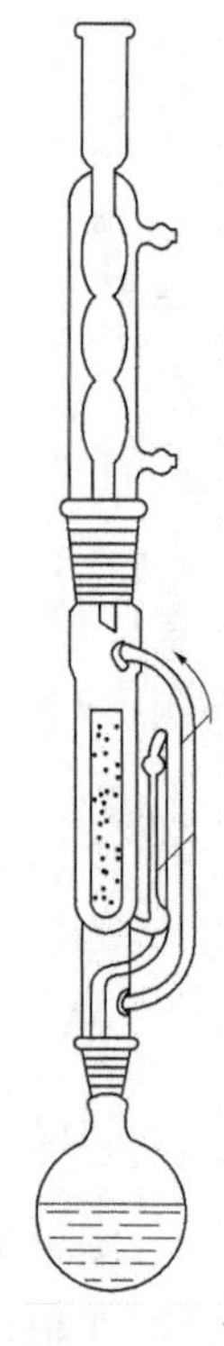
图 3－21　索氏提取装置

(3) 纸套大小既要紧贴器壁，又要能方便取放，其高度不得超过虹吸管，纸套上面可折成凹形，以保证回流液均匀浸润被萃取物。

3. 操作方法

(1) 研细固体物质，以增加液体浸浴的面积，然后将固体物质放在滤纸套内，置于提取器中，按图 3－21 所示装好。

(2) 通冷凝水，选择适当的热浴进行加热。当溶剂沸腾时，蒸气通过玻璃管上升，在冷凝管内冷却为液体，滴入提取器中。

(3) 当液面超过虹吸管的最高处时，即虹吸流回烧瓶，因而萃取出溶于溶剂的部分物质。就这样利用回流、溶解和虹吸作用使固体中的可溶物质富集到烧瓶中，然后用其他方法将萃取到的物质从溶液中分离出来。

4. 注意事项

(1) 用滤纸研细固体物质时要严谨，防止漏出堵塞虹吸管；

(2) 在圆底烧瓶内要加入沸石。

第五节　升　　华

升华是提纯固体有机化合物的方法之一。

某些物质在固态时具有相当高的蒸气压，当加热时不经过液态而直接气化，蒸气受到冷却又直接冷凝成固体，这个过程叫升华。

若固态混合物具有不同的挥发度，则可以应用升华法提纯。升华得到的产品一般具有较高的纯度，此法特别适用于提纯易潮解及与溶剂起离解作用的物质。

升华法只能用于在不太高的温度下有足够大的蒸气压(在熔点前高于 266. 6Pa)的固态物质，因此有一定的局限性。

图 3－22 是常压下简单的升华装置，在瓷蒸发皿中盛粉碎了的样品，上面用一个直径小于蒸发皿的漏斗覆盖，漏斗颈用棉花塞住，防止蒸气逸出，两者用一张穿有许多小孔(孔刺向上)的滤纸隔开，以避免升华上来的物质再落到蒸发皿内。操作过程中，加热时应控制温度(低于被升华物质的熔点)让其慢慢升华。蒸气通过滤纸小孔，冷却后凝结在滤纸上或漏斗壁上。

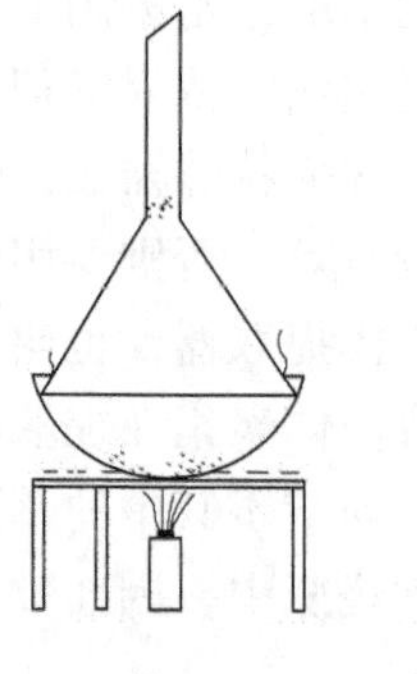
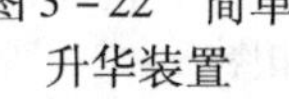
图 3－22　简单升华装置

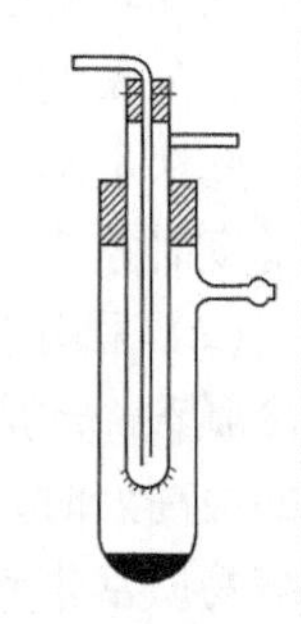
图 3－23　减压升华

为了加快升华速度，可在减压下进行升华，减压升华法特别适用于常压下其蒸气压不大或受热易分解的物质，图 3－23 用于少量物质的减压升华。

实验 3－8　三组分混合物的分离

一、实验目的

(1) 熟悉多组分混合物分离的原理和方法；

(2) 初步掌握分液漏斗的使用和萃取操作。

二、实验原理

甲苯为无色液体，其沸点为 110.6℃，密度 $0.867g \cdot cm^{-3}$（20℃）；苯胺为无色液体，沸点 184.4℃，密度 $1.022g \cdot cm^{-3}$（20℃）；苯甲酸为无色晶体，沸点 249℃，熔点 122.13℃。

甲苯不溶于水且比水轻。苯胺与盐酸反应得到的盐酸盐可溶于水中，加碱后又可与水分层。苯甲酸与碱反应得到的盐溶于水，加酸后又可析出。本实验利用上述性质，用萃取方法将它们从混合物中分离出来，进一步精制即得到纯产品。

三、仪器与药品

烧杯(100mL)1 只、烧杯(50mL)2 只、锥形瓶(50mL)2 只、分液漏斗(250mL)1 只、甲苯 15mL、苯胺 10mL、苯甲酸 1.5g、盐酸 $4mol \cdot L^{-1}$、NaOH$6mol \cdot L^{-1}$。

四、实验步骤

(1) 取混合物(大约 25mL)放入烧杯中，在充分搅拌下逐滴加入 $4mol \cdot L^{-1}$盐酸，使混合物溶液 pH = 3，将其转移至分液漏斗中，静置，分层，水相放入锥形瓶中待处理(Ⅰ)。向分液漏斗中的有机相加入适量的水，洗去附着的酸，分离弃去洗涤液，边振荡边向有机相逐滴加入饱和碳酸氢钠溶液，使 pH = 8 ~ 9，静置，分层。将有机相分出，置于一干燥的锥形瓶中(请问此是何物？该选用何种方法进一步精制？)被分出的水相置于小烧杯中(Ⅱ)。

(2) 将置于小烧杯的水相(Ⅱ)在不断搅拌下，滴加 $4mol \cdot L^{-1}$盐酸，至溶液 pH = 3，此时有大量白色沉淀析出，过滤(选择何法进行纯化，此是何化合物?)。

(3) 将上述第一次置于锥形瓶待处理的水相(Ⅰ)，边振荡边加入 6mol/L 氢氧化钠，使溶液 pH = 10，静置，分层，弃去水层，将有机相置于锥形烧瓶中(此是何化合物？如要进一步得到纯产品，该选用何法进一步精制?)。

五、思考题

1. 若用下列溶剂萃取水溶液(乙醚、氯仿、丙酮、已烷苯)，它们将在上层还是下层？

2. 在三组分混合物分离实验中，各组分的性质是什么？在萃取过程中发生的变化是什么？

实验 3-9　从茶叶中提取咖啡因

一、实验目的

(1) 了解从茶叶中提取咖啡因的原理和方法；

(2) 初步掌握索氏提取器的安装与操作方法；

(3) 初步掌握升华操作。

二、实验原理

茶叶中含有多种生物碱，其中以咖啡碱(又称咖啡因)为主，约占 1% ~5%。另外还含有 11% ~12% 的丹宁酸(又名鞣酸)。咖啡碱是弱碱性化合物，易溶于氯仿、水及乙醇等，微溶于苯；丹宁酸易溶于水和乙醇，但不溶于苯。

含结晶水的咖啡因是无色针状结晶，味苦，能溶于水、乙醇、氯仿等。在 100℃ 即失去结晶水，并开始升华，120℃ 时升华相当显著，至 178℃ 时升华很快。无水咖啡因的熔点为 234.5℃。

为了提取茶叶中的咖啡因，往往利用适当的溶剂(氯仿、乙醇、苯等)在脂肪提取器中连续抽提，然后蒸去溶剂，即得粗咖啡因，利用升华可进一步提纯。

三、仪器与药品

索氏提取器 1 只、绿茶叶末 10g、蒸发皿 1 只、生石灰粉 4g、乙醇。

四、实验步骤

1. 用索氏提取器提取粗咖啡因

（1）称取绿茶叶末 10g，装入滤纸筒，上口用滤纸盖好，将滤纸筒放入提取器中，在圆底烧瓶内加乙醇 80mL。实验装置如图 3－21 所示。

（2）用水浴加热使乙醇沸腾。乙醇蒸气通过蒸气上升管进入冷凝管，蒸气被冷凝为液体滴入提取器中积聚起来，溶液流回烧瓶。经过多次虹吸，咖啡因被富集到烧瓶中。

（3）回流约 2～3h 后，当提取器内溶液的颜色变得很淡时，即可停止回流。待提取器内的溶液刚刚虹吸下去时，立即停止加热。

（4）将仪器改成蒸馏装置，蒸馏回收抽提液中的大部分乙醇。将残液倾入蒸发皿中，拌入生石灰粉 4g，将蒸发皿移至灯焰上焙炒片刻，除去水分。冷却后擦去沾在边上的粉末，以免在升华时污染产品。

2. 用升华法提纯咖啡因

（1）在装有粗咖啡因的蒸发皿上，放一张穿有许多小孔的圆滤纸，再把玻璃漏斗盖在上面，漏斗颈部塞一小团疏松的棉花。实验装置如图 3－22 所示。

（2）在石棉网上或沙浴上小心地将蒸发皿加热，逐渐升高温度，使咖啡因升华（温度不能太高，否则滤纸会炭化变黑，一些有色物质也会被带出来，使产品不纯）。咖啡因通过滤纸孔，遇到漏斗内壁重新冷凝为固体，附在漏斗内壁和滤纸上。当观察到纸上出现大量白色针状晶体时，停止加热。

（3）冷到 100℃左右，揭开漏斗和滤纸，仔细地把附在纸上及漏斗内壁上的咖啡因用小刀刮下。

（4）将蒸发皿中残渣加以搅拌，重新放好滤纸和漏斗，用较大的火再加热片刻，使升华完全。此时火不能太大，否则蒸发皿内大量冒烟，产品既受污染，又遭损失。

（5）合并两次升华所收集的咖啡因，称量并测熔点。

咖啡因的升华提纯也可采用图 3－23 所示的减压升华装置。将粗咖啡因放入指形试管的底部，把装好的仪器放入油浴中，浸入的深度以指形冷凝管的底部与油表面在同一水平为佳。冷凝管通入冷却水，开动流水泵进行抽气减压，并加热油浴至 180～190℃，咖啡因升华凝结在直形冷凝管上。升华完毕，小心取出冷凝管，将咖啡因刮到洁净的表面皿上。

五、思考题

1. 索氏提取器萃取的原理是什么？它和一般的泡浸萃取比较有哪些优点？
2. 进行升华操作时应注意什么问题？

第六节　色谱法

色谱法是近代有机分析中应用最广泛的工具之一，它既可以用来分离复杂混合物中的各种成分，又可以用来纯化和鉴定物质，尤其适用于少量物质的分离、纯化和鉴定。其分离效果远比萃取、蒸馏、分馏、重结晶好。

色谱法是一种物理分离方法，其分离原理是利用混合物中各个组分物理化学性质的差别，即在某一物质中的吸附或溶解性能（分配）的不同，或其他亲和性的差异。当混合物各个组分流过某一支持剂或吸附剂时，各组分由于其物理性质的不同而被该支持剂或吸附剂反复进行的吸附或分配等作用而得到分离。流动的混合物溶液称为流动相，固定的物质（支持剂或吸附剂）称为固定相（可以是固体或液体）。按分离过程的原理，可分为吸附色谱、分配色谱、离子交换色谱等。按操作形式又可分为柱色谱、纸色谱、薄层色谱等。

一、柱色谱

对于分离相当大量的混合物仍是最有用的一项技术。

（一）仪器装置

装置如图 3－24 所示，它是由一根带活塞的玻璃管（称为柱）直立放置并在管中装填经活化的吸附剂。

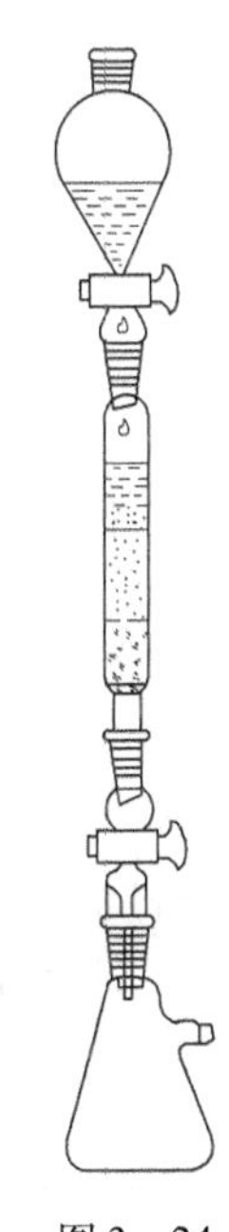

图 3－24

（二）操作要求

1. 吸附剂的选择与活化

常用的吸附剂有氧化铝、硅胶、氧化铁、碳酸钙和活性炭等。吸附剂一般要经过纯化和活化处理，颗粒大小应当均匀。对于吸附剂来说颗粒小、表面积小，吸附能力强。但颗粒小时，溶剂的流速就太慢，因此，应根据实际需要而定。

柱色谱使用的氧化铝有酸性、中性和碱性三种。酸性氧化铝是用 1% 盐酸浸泡后，用蒸馏水洗至氧化铝的悬浮液 pH 值为 4，用于分离酸性物质；中性氧化铝的 pH 值约为 7.5，用于分离中性物质；碱性氧化铝的 pH 值为 10，用于胺或其他碱性化合物的分离。

以上吸附剂通常采用灼烧的方法使其活化。

2. 溶质的结构和吸附能力

化合物的吸附和它们的极性成正比，化合物分子中含有极性较大的基团时吸附性也较强。氧化铝对各种化合物的吸附性按以下次序递减：

酸和碱＞醇、胺、硫醇＞酯、醛、酮＞芳香族化合物＞卤代物＞醚＞烯＞饱和烃。

3. 溶剂的选择

溶剂的选择是重要的一环，通常根据被分离物中各种成分的极性、溶解度和吸附剂活性等来考虑。要求：(1)溶剂较纯；(2)溶剂和氧化铝不能起化学反应；(3)溶剂的极性应比样品小；(4)溶剂对样品的溶解度不能太大，也不能太小；(5)有时可以使用混合溶剂。

4. 洗脱剂的选择

样品吸附在氧化铝柱上后用合适的溶剂进行洗脱，这种溶剂称为洗脱剂。如果原来用于溶解样品的溶剂冲洗柱不能达到分离的目的，可以改用其他溶剂，一般极性较强的溶剂影响样品和氧化铝之间的吸附，容易将样品洗脱下来，达不到分离的目的。因此，常用一系列极性渐次增强的溶剂，即先使用极性最弱的溶剂，然后加入不同比例的极性溶剂配成洗脱溶剂。常用的洗脱溶剂的极性按如下次序递增：

己烷和石油醚＜环己烷＜四氯化碳＜三氯乙烯＜二硫化碳＜甲苯＜二氯甲烷＜氯仿＜乙醚＜乙酸乙酯＜丙酮＜丙醇＜乙醇＜甲醇＜水＜吡啶＜乙酸。

（三）操作步骤

1. 装柱

柱层析的分离效果不仅依赖于吸附剂和洗脱剂的选择，且与吸附柱的大小和吸附剂用量有关。根据经验规律要求柱中吸附剂用量为被分离样品量的 30 ~ 40 倍，若需要时可增至 100 倍，柱高与柱的直径之比一般为 8:1，表 3 – 1 列出了它们之间的相互关系。

表 3 – 1　色谱柱大小、吸附剂量及样品量

样品量/g	吸附剂量/g	柱的直径/cm	柱高/cm
0.01	0.3	3.5	30
0.10	3.0	7.5	60
1.00	30.0	16.0	130
10.00	300.0	35.0	280

根据图 3 – 24 中的色谱柱，先用洗液洗净，用水清洗后再用蒸馏水清洗、干燥。在玻璃管底铺一层玻璃丝或脱脂棉，轻轻塞紧，再在脱脂棉上盖一层厚约 0.5cm 的石英砂（或用一张比柱直径略小的滤纸代替），最后将氧化铝装入管内。装入的方法有湿法和干法两种：湿法是将备用的溶剂装入管内，约为柱高的 3/4，然后将氧化铝和溶剂调成糊状，慢慢地倒入管中，此时应将管的下端活塞打开，控制流出速度为每秒 1 滴。用木棒或套有橡皮管的玻璃棒轻轻敲击柱身，使装填紧密。当装入量约为柱的 3/4 时，再在上面加一层 0.5cm 的石英砂或一小圆形滤纸（或玻璃丝、脱脂棉），以保证氧化铝上端顶部平整，不受流入溶剂干扰；干法是在管的上端放一干燥漏斗，使氧化铝均匀地经干燥漏斗成一细流慢慢装入管中，中间不应间断，时时轻轻敲打柱身，使装填均匀，全部加入后再加入溶剂，使氧化铝全部润湿。

2. 加样

把分离的样品配制成适当浓度的溶液。将氧化铝上多余的溶剂放出，直到柱内液体表面到达氧化铝表面时，停止放出溶剂。沿管壁加入样品溶液，样品溶液加完后，开启下端活塞，使液体渐渐放出。当样品溶液的表面和氧化铝表面相齐时，即可用溶剂洗脱。

3. 洗脱和分离

继续不断加入洗脱剂，且保持一定高度的液面，洗脱后分别收集各个组分。如各组分有颜色，可在柱上直接观察到，较易收集；如各组分无颜色，则采用等分收集。每份洗脱剂的体积随所用氧化铝的量及样品的分离情况而定。一般用 50g 氧化铝，每份洗脱液为 50mL。

（四）注意事项

（1）湿法装柱的整个过程中不能使氧化铝有裂缝和气泡，否则影响分离效果。

（2）加样时一定要沿壁加入，注意不要使溶液把氧化铝冲松浮起，否则易产生不规则色带。

（3）在洗脱的整个操作中勿使氧化铝表面的溶液流干，一旦流干再加溶剂，易使氧化铝柱产生气泡和裂缝，影响分离效果。

（4）要控制洗脱液的流出速度，一般不宜太快，太快了柱中交换来不及达到平衡而影响分离效果。

（5）由于氧化铝表面活性较大，有时可能促使某些成分破坏，所以尽量在一定时间内完成一个柱色谱的分离，以免样品在柱上停留的时间过长，发生变化。

二、纸色谱

纸色谱与吸附色谱分离原理不同。纸色谱不是以滤纸的吸附作用为主，而是以滤纸作为载体，根据各成分在两相溶剂中分配系数不同而互相分离的。例如，亲脂性较强的流动相在含水的滤纸上移动时，样品中各组分在滤纸上受到两相溶剂的影响，产生分配现象。亲脂性较强的组分在流动相中分配较多，移动速度较快，有较高的 R_f 值。反之，亲水性较强的组分在固定相中分配较多，移动较慢，从而使样品得到分离。色谱用的滤纸要求厚薄均匀。

纸色谱和薄层色谱一样，主要用于分离和鉴定。纸色谱的优点是便于保存，对亲水较强的成分分离较好，如酚和氨基酸；其缺点是所费时间较长，一般要几小时至几十小时。滤纸越长，层析越慢，因为溶剂上升速度随高度的增加而减慢，但分离效果好。

（一）仪器装置

如图 3－25 所示。

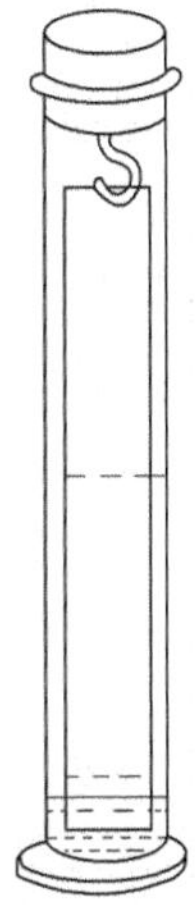

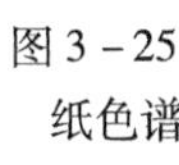

图 3－25　纸色谱

（二）操作要点

1. 滤纸选择

滤纸应厚薄均匀，全纸平整无折痕，滤纸纤维松紧适宜。

2. 展开剂的选择

根据被分离物质的不同，选用合适的展开剂。展开剂应对被分离物质有一定的溶解度。溶解度太大，被分离物质会随展开剂跑到前沿；溶解度太小，则会留在原点附近，使分离效果不好。选择展开剂应注意下列几点：

（1）能溶于水的化合物：以吸附在滤纸上的水作固定相，以与水能混合的有机溶剂作展开剂（如醇类）。

（2）难溶于水的极性化合物：以非水极性溶剂（如甲酰胺、N，N－二甲基甲酰胺等）作固定相，不能与固定相混合的非极性溶剂（如环己烷、苯、四氯化碳、氯仿等）作展开剂。

（3）对不溶于水的非极性化合物：以非极性溶剂（如液体石蜡、α－溴萘等）作固定相，以极性溶剂（如水、含水乙醇、含水乙酸等）作展开剂。

（三）操作方法

（1）将滤纸切成纸条，大小可自行选择，一般约为（3×20）cm、（5×30）cm 或（8×50）cm。

（2）取少量试样完全溶解在溶剂中，配制成约 1% 的溶液。用铅笔在离滤纸底一端 2～3cm 处画线，即为点样位置。

（3）用内径约为 0.5mm 管口平整的毛细管吸取少量试样溶液，在滤纸上按照已写好的编号分别点样，控制点样直径为 2～3mm。每点一次样可用电吹风吹干或在红外灯下烘干。如有多种样品，则各点间距离约为 2cm 左右。

（4）在层析缸中加入展开剂，将已点样的滤纸晾干后悬挂在层析缸上饱和，将点有试样的一端放入展开剂液面下约 1cm 处，但试样斑点的位置必须在展开剂液面之上至少 1cm 处，见图 3－25 所示。

（5）当溶剂上升 15～20cm 时，即取出层析滤纸，用铅笔描出溶剂前沿，干燥。如果化合物本身有颜色，就可直接观察到斑点。如本身无色，可在紫外灯下观察有无荧光斑点，用铅笔在滤纸上划出斑点位置、形状大小。通常可用显色剂喷雾显色，不同类型化合物可用不同的显色剂。

（6）在固定条件下，不同化合物在滤纸上按不同的速度移动，所以各个化合物的位置也各不相同。通常用 R_f 值表示移动的距离，其计算公式如下：

$$R_f = \frac{\text{溶质最高浓度中心至原点中心的距离}}{\text{溶剂前沿至原点中心的距离}}$$

当温度、滤纸质量和展开剂都相同时，对于一个化合物的 R_f 值是一个特定常数。由于影响因素较多，实验数据与文献记载不尽相同，因此，在测定 R_f 值时，常采用标准样品在同一张滤纸上的点样进行对照。

三、薄层色谱

薄层色谱是在洗涤干净的玻璃板上均匀地涂上一层吸附剂或支持剂，干燥活化后进行点样、展开、显色等操作。

薄层色谱(薄层层析)兼备了柱色谱和纸色谱的优点，是近年来发展起来的一种微量、快速而简单的色谱法，一方面适用于小量样品(小到几十微克，甚至0.01μg)的分离，另一方面若在制作薄层板时把吸附层加厚，将样品点成一条线，则可分离多达500mg的样品，因此又可用来精制样品。此法特别适用于挥发性较小或在较高温度易发生变化而不能用气相色谱分析的物质，此外它既可用作反应的定性“追踪”，也可作为进行柱色谱分离前的一种“预试”。

（一）仪器装置

装置如图3－26所示。薄层层析所用仪器通常由下列部分组成：

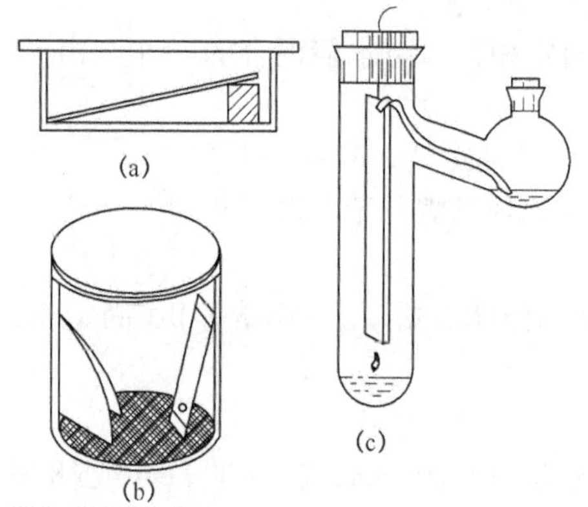

图3－26

(1) 展开室：通常选用密闭的容器，常用的有标本缸、广口瓶、大量筒及长方形玻璃缸。

(2) 层析板：可根据需要选择大小合适的玻璃板。

(3) 实验所用的层析装置一般可自制一个直径为3.5cm、高度为8cm的玻璃杯作展开室，用医用载玻片作层析板，如图3－26(b)所示。

（二）操作要点

1. 吸附剂的选择

薄层层析中常用的吸附剂(或载体)和柱色谱一样，常用的有氧化铝和硅胶，其颗粒大小一般以通过200目左右筛孔为宜。如果颗粒太大，展开时溶剂推进的速度太快，分离效果不好。如果颗粒太小，展开太慢，得到拖尾而不集中的斑点，分离效果也不好。

薄层层析常用的硅胶可分为“硅胶G”、“硅胶H”——不含黏合剂，使用时必须加入适量的粘合剂，如羧甲基纤维素钠(简称CMC)。硅胶 GF_{254} 与硅胶相似，氧化铝也可分“氧化铝G”和“层析用氧化铝”。

2. 薄层板的制备

在洗净干燥且平整的玻璃板上，铺上一层均匀的薄层吸附剂以制成薄层板。薄层板制备的好坏是薄层层析成败的关键，为此薄层必须尽量均匀且厚度(0.25～1mm)要固定。否则在展开时溶剂前沿不齐，色谱结果也不易重复。

3. 薄层板的活化

由于薄层板的活性与含水量有关，且其活性随含水量的增加而下降，因此，必须进行干燥。其中氧化铝薄层干燥后在200～220℃烘4h，可得到约Ⅱ级活性薄层。150～160℃烘4h，可得到Ⅲ～Ⅴ级活性薄层。

（三）操作步骤

1. 薄层板的制备

称取0.5～0.6gCMC，加蒸馏水50mL，加热至微沸，慢慢搅拌使其溶解，冷却后加入25g硅胶或氧化铝，慢慢搅动均匀，然后调成糊状物，采用下面的涂布方法制成薄层板。

（1）倾注法：将调好的糊状物倒在玻璃板上，用手左右摇晃，使表面均匀光滑（必要时可与平台处让一端触台面，另一端轻轻跌落数次并互换位置）。

（2）浸入法：选一个比玻璃板长度高的层析缸，置放糊状的吸附剂，然后取两块玻璃板叠放在一起，用拇指和食指捏住上端，垂直浸入糊状物中，然后以均匀速度垂直向上拉出，多余的糊状物令其自动滴完，待溶剂挥发后把玻璃板分开、平放。此法特别适用于与硅胶G混合的溶剂为易挥发溶剂，如乙醇—氯仿(2∶1)，把铺好的层析板放于已校正水平面的平板上晾干。

2. 薄层板的活化

把制成的薄层板先放于室温晾干后，置烘箱内加热活化，活化一般在烘箱内慢慢升温至105～110℃，约30～50min，然后将活化的薄层板立即放置在干燥器中保存备用。

3. 点样

在铺好的薄层板一端约2.5cm处划一条线，作为起点线，在离顶端1～1.5cm处划一条线，作为溶剂到达的前沿。

用毛细管吸取样品溶液（一般以氯仿、丙酮、甲醇、乙醇、苯、乙醚或四氯化碳等作溶剂，配成1%的溶液），垂直地轻轻接触到薄层的起点线上，如溶液太稀，一次点样不够，待第一次点样干后，再点第二次、第三次。点的次数依样品溶液浓度而定，一般为2～5次。若为多处点样时，则各样品间的距离为2cm左右。

4. 展开

薄层的展开需在密闭的容器中进行。先将选择的展开剂放在展开室中，其高度为0.5cm，并使展开室内空气饱和5～10min，再将点好样的薄层板放入展开室中按图3－26中的装置展开。常用展开方式有三种：

（1）上升法：用于含粘合剂的色谱板，将色谱板竖直置于盛有展开剂的容器中，如图3－26(b)所示。

（2）倾斜上行法：色谱板倾斜15°，适用于无黏合剂的软板。含有黏合剂的色谱板可以倾斜45°～60°，如图3－26(a)所示。

（3）下行法：展开剂放在圆底烧瓶中，用滤纸或纱布等将展开剂吸到薄层的上端，使展开剂沿板下行，这种连续展开法适用于R_f值小的化合物，如图3－26(c)所示。

点样处的位置必须在展开剂液面之上。当展开剂上升至薄层的前沿时，取出薄层板放平晾干，根据R_f值的不同对各组分进行鉴定。

5. 显色

展开完毕取出薄层板。如果化合物本身有颜色，就可直接观察它的斑点，用小针在薄层上划出观察到斑点的位置。也可在溶剂蒸发前用显色剂喷雾显色。不同类型的化合物需选用不同的显色剂，凡可用于纸色谱的显色剂都可用于薄层色谱，薄层色谱还可使用腐蚀性的显色剂（如浓硫酸、浓盐酸和浓磷酸等）。

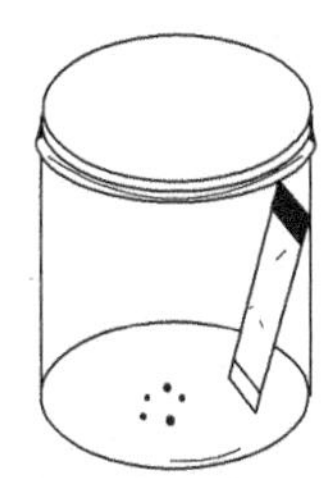

图3－27　显色

可将薄层板除去溶剂后，放在含有少量碘的密闭容器中显色来检查色点，见图3－27，许多化合物都能和碘成棕色斑点。

表3－2列出了一些常用的显色剂。

表3－2　常用的显色剂

显　色　剂	配制方法	能被检出对象
浓硫酸	98% H_2SO_4	大多数有机化合物在加热后可显出黑色斑点
碘蒸气	将薄层板放入缸内被碘蒸气饱和数分钟	很多有机化合物显黄棕色
碘的氯仿溶液	0.5%碘的氯仿溶液	很多有机化合物显黄棕色
磷钼酸乙醇溶液	5%磷钼酸乙醇溶液，喷后于120℃烘，还原性物质显蓝色，背景变为无色	还原性物显蓝色
铁氰化钾－三氯化铁药品	1%铁氰化钾，2%三氯化铁使用前等量混合	还原性物质显蓝色，再喷2mol·L^{-1}盐酸，蓝色加深，检验酚、胺、还原性物质
四氯邻苯二甲酸酐	2%溶液，溶剂：丙酮－氯仿(10＋1)	芳烃
硝酸铈铵	含6%硝酸铈铵的2mol·L^{-1}硝酸溶液	薄层板在105℃烘5min之后，喷显色剂，多元醇在黄色底色上有棕黄色斑点
香兰素－硫酸	3g香兰素溶于100mL乙醇中，再加入0.5mL浓硫酸	高级醇及酮呈绿色
茚三酮	0.3g茚三酮溶于100mL乙醇中后，110℃热至斑点出现	氨基酸、胺、氨基糖

6. 计算各组分 R_f 值

参见本节纸色谱中的相关内容。

（四）注意事项

（1）在制糊状物时搅拌一定要均匀，切勿剧烈搅拌，以免产生大量气泡，难以消失，致使薄层板出现小坑，使薄层板展开不均匀，影响实验效果。

（2）点样时，所有样品不能太少也不能太多，一般以样品斑点直径不超过0.5cm为宜。因为若样品太少，有的成分不易显出，若量过多时易造成斑点过大，互相交叉或拖尾，不能得到很好的分离。

（3）用显色剂显色时对于未知样品，显色剂是否合适，可先取样品溶液一滴点在滤纸上，然后滴加显色剂，观察是否有色点产生。

（4）用碘薰法显色时，当碘蒸气挥发后，棕色斑点容易消失(自容器取出后呈现的斑点一般于2～3s内消失)，所以显色后应立即用铅笔或小针标出斑点的位置。

实验3－10　植物色素的提取及色谱分离

一、实验目的

（1）熟悉从植物中提取天然色素的原理和方法。

（2）掌握分液漏斗的使用和萃取操作。

二、实验原理

绿色植物的茎、叶中含有胡萝卜素等色素。植物色素中的胡萝卜素 $C_{40}H_{56}$ 有三种异构体，即 α - 胡萝卜素、β - 胡萝卜素和 γ - 胡萝卜素，其中，β - 体含量较多，也最重要。β - 体具有维生素 A 的生理活性，其结构是两分子的维生素 A 在链端失去两分子水结合而成的，在生物体内 β - 体受酶催化加氢即形成维生素 A，目前 β-体亦可工业生产，可作为维生素 A 使用。叶绿素 a（$C_{55}H_{72}MgN_4O_5$）和叶绿素 b（$C_{55}H_{70}MgN_4O_5$），它们都是吡咯衍生物与金属镁的络合物，是植物光合作用所必需的催化剂。

三、仪器与试剂

分液漏斗(250mL)1 只、正丁醇、绿色植物叶子 5g、苯、乙醇(95%)、硅胶 G、石油醚(60 ~ 90℃)、中性氧化铝、丙酮、1% 羧甲基纤维素钠水溶液。

四、实验步骤

（一）色素的提取

（1）取 5g 新鲜的绿色植物叶子在研钵中捣烂，用 30mL(2 + 1)的石油醚 - 乙醇分几次浸取。

（2）把浸取液过滤，滤液转移到分液漏斗中，加等体积的水洗涤一次，洗涤时要轻轻振荡，以防止乳化，弃去下层的水 - 乙醇层。

（3）石油醚层再用等体积的水洗两次，以除去乙醇和其他水溶性物质。

（4）有机物用无水硫酸钠干燥后转移到另一锥形瓶中保存，取一半做柱层析分离，其余留作薄层分析。

（二）色素的分离

1. 柱层析分离

用 25mL 酸式滴定管，20g 中性氧化铝装柱。先用(9 + 1)的石油醚一丙酮洗脱，当第一个橙黄色带流出时，换一接受瓶接收，它是胡萝卜素，约用洗脱剂 50mL(若流速慢，可用水泵稍减压)。换用(7 + 3)的石油醚 - 丙酮洗脱，当第二个棕黄色带流出时，换一接受瓶接收，它是叶黄素，约用洗脱剂 200mL。再换用(3 + 1 + 1)的正丁醇 - 乙醇 - 水洗脱，分别接收叶绿素 a(蓝绿色)和叶绿素 b(黄绿色)，约用洗脱剂 30mL。

2. 薄层层析分析

在 $10 \times 4(cm^2)$ 的硅胶板上，分离后的胡萝卜素点样用(9 + 1)的石油醚 - 丙酮展开，可出现 1 ~ 3 个黄色斑点。分离后的叶黄素点样，用(7 + 3)的石油醚 - 丙酮展开，一般可呈现 1 ~ 4 个点。取 4 块板，一边点色素提取液点，另一边分别点柱层分离后的 4 个试液，用(8 + 2)的苯 - 丙酮展开，或用石油醚展开，观察斑点的位置并排列出胡萝卜素、叶绿素和叶黄素的 R_f 值大小的次序。

第四章　有机化合物的制备技术

第一节　概　　述

有机化合物的制备就是利用化学方法将单质、简单的无机物或有机物合成较复杂的有机物的过程，或是将较复杂的物质分解成较简单的物质的过程，以及从天然产物中提取出某一组分或对天然物质进行加工处理的过程。

自然界慷慨地赐予人类大量的物质财富，例如，矿产资源，石油、天然气和无穷无尽的动植物资源。正是这些物质养育了人类，给人类社会带来了现代文明和繁荣。但是天然存在的物质数量虽多，种类却有限，而且大多是以复杂形式存在，难以满足现代科学技术、工农业生产以及人们日常生活的需求。于是人们就设法制备所需要的各种物质，如医药、染料、化肥、食品添加剂、农用杀虫剂、各种高分子材料等。可以说，当今人类社会的生存和发展，已离不开物质的制备技术。因此，熟悉和掌握物质制备的原理、技术和方法是化学、化工专业学生必须具备的基本技能。

要制备一种物质，首先要选择正确的制备路线与合适的反应装置。通过一步或多步反应制得的物质，往往是与过剩的反应物以及副产物等多种物质共存的混合物，还需通过适当的手段对物质进行分离和净化，才能得到纯度较高的产品。

一、制备路线的选择

一种化合物的制备路线可能有多种，但并非所有的路线都能适用于实验室或工业生产。对于化学工作者来说，选择正确的制备路线是极为重要的。比较理想的制备路线应具备下列条件：

(1) 原料资源丰富，便宜易得，生产成本低；

(2) 副反应少，产物容易纯化，总收率高；

(3) 反应步骤少，时间短，能耗低，条件温和，设备简单，操作安全方便；

(4) 不产生公害，不污染环境，副产品可综合利用。

在物质的制备过程中，还经常需要应用一些酸、碱及各种溶剂作为反应介质或精制的辅助材料。如能减少这些材料的用量或用后能够回收，便可节省费用，降低成本。另一方面，制备中如能采取必要措施避免或减少副反应的发生及产品纯化过程中的损失，就可有效地提高产品的收率。

总之，选择一个合理的制备路线，根据不同原料有不同的方法。何种方法比较优越，需要综合考虑各方面因素，最后确定一个效益较高、切实可行的路线和方法。

二、反应装置的选择

选择合适的反应装置是保证实验顺利进行和成功的重要前提。制备实验的装置是根据制备反应的需要来选择的，若所制备的是气体物质，就需选用气体发生装置。若所制备的是固体或液体物质，则需根据反应条件的不同，反应原料和反应产物性质的不同，选择不同的实验装置。实验室中，有机物的制备由于反应时间较长，溶剂易挥发等特点，多需采用回流装置。回流装置的类型较多，如普通回流装置，带有气体吸收的回流装置，带干燥管的回流装置，带水分离器的回流装置，带电动搅拌、滴加物料及测温仪的回流装置等。可根据反应的不同要求正确地进行选择。

三、精制方法的选择

制备的产物常常是与过剩的原料、溶剂和副产物混合在一起的，要得到纯度较高的产品，还需要进行精制。精制的实质就是把所需要的反应产物与杂质分离开来，这就需要根据反应产物与杂质理化性质的差异，选择适当的混合物分离技术。一般气体产物中的杂质，可通过装有液体或固体吸收剂的洗涤瓶或洗涤塔除去；液体产物可借助萃取或蒸馏的方法进行纯化；固体产物则可利用沉淀分离、重结晶或升华的方法进行精制。有时还可以通过离子交换或色层分离的方法来达到纯化物质的目的。

四、制备实验的准备

在确定了制备路线、反应装置和精制方法以后，还需要查阅有关资料，了解原料和产物的物理、化学性质；准备好实验仪器和药品；然后制定实验计划并按计划完成制备实验。制备实验的准备主要包括以下两个方面的内容：

1. 查阅有关资料

了解实验所用药品、溶剂及产物的物理常数、化学性质，可以更好地控制制备反应条件和指导精制操作。这些资料可通过查阅有关工具书获得。

2. 试剂和仪器的准备

制备实验所用的原料和溶剂除要求价格低廉、来源方便外，还要考虑其毒性、极性、可燃性、挥发性以及对光、热、酸、碱的稳定性等因素。在可能的情况下，应尽量选用毒性较小、燃点较高、挥发性小、稳定性好的实验试剂。

有些试剂久置后会发生变化，使用前需纯化处理。

有些制备反应，如酯化反应、付－克反应和格氏反应等，要求无水操作，需要干燥的玻璃仪器。仪器的干燥必须提前进行，绝不可用刚刚烘干、尚未完全降温的玻璃仪器盛装药品，以免仪器骤冷炸裂或药品受热挥发、局部过热氧化和分解等事故发生。

第二节　液体和固体物质的制备

制备液体或固体物质，可根据反应的实际需要选择不同的仪器或装置。在实验中，试管、烧杯和锥形瓶等常用作反应容器，可根据物料性能及用量的多少酌情选择使用，如甲基橙的制备即可用烧杯作反应容器；许多有机物的制备反应，往往需要在溶剂中进行较长时间的加热，如1－溴丁烷的制备等。这类情况应根据需要，选用圆底烧瓶、双颈瓶或三颈瓶等作为反应容器，配以冷凝管，安装回流装置。

一、回流装置

在许多制备反应或精制操作(如重结晶)中，为防止在加热时反应物、产物或溶剂的蒸发逸散，避免易燃、易爆或有毒物造成事故与污染，并确保产物收率，可在反应容器上垂直地安装一支冷凝管。反应(或精制)过程中产生的蒸气经过冷凝管时被冷凝，又回流到原反应容器中。像这样连续不断地沸腾汽化与冷凝流回的过程称为回流，这种装置就是回流装置。

回流装置主要由反应容器和冷凝管组成。反应容器中加入参与反应的物料和溶剂等，根据需要可选用单颈、双颈或三颈圆底烧瓶作反应容器。冷凝管的选择要依据反应混合物沸点的高低，一般多采用球形冷凝管，其冷凝面积较大，冷却效果较好。通常在冷凝管的夹套中自下而上通入自来水进行冷却。当被加热的液体沸点高于140℃时，可选用空气冷凝管；若被加热的液体沸点很低或其中有毒性较大的物质时，则可选用蛇形冷凝管，以提高冷却效率。

实验时，还可根据反应的不同需要，在反应容器上装配其他仪器，构成不同类型的回流装置。

1. 普通回流装置

普通回流装置见图3－12所示，由圆底烧瓶和冷凝管组成。

普通回流装置适用于一般的回流操作，如乙酰水杨酸的制备实验。

2. 带有气体吸收的回流装置

带有气体吸收的回流装置如图4－1(a)所示。与普通回流装置不同的是多了一个气体吸收装置，见图4－1(b)、图4－1(c)。由导管导出的气体通过接近水面的漏斗口(或导管口)进入水中。

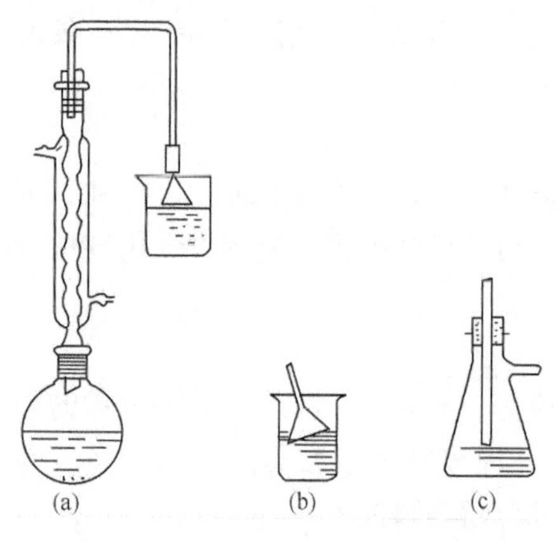

图4－1　带有气体吸收的回流装置

使用此装置要注意漏斗口(或导管口)不得完全浸入水中；在停止加热前(包括在反应过程中因故暂停加热)必须将盛有吸收液的容器移去，以防倒吸。

此装置适用于反应时有水溶性气体，特别是有害气体(如氯化氢、溴化氢、二氧化硫等)产生的实验，如1－溴丁烷的制备实验。

3. 带有干燥管的回流装置

带有干燥管的回流装置见图4－2所示，与普通回流装置不同的是在回流冷凝管的上端装配有干燥管，以防止空气中的水汽进入反应瓶。

为防止系统被密闭，干燥管内不要填装粉末状干燥剂。可在管底塞上脱脂棉或玻璃棉，然后填装颗粒状或块状干燥剂，如无水氯化钙等，最后在干燥剂上塞以脱脂棉或玻璃棉。干燥剂和脱脂棉或玻璃棉都不能装(或塞)得太实，以免堵塞通道，使整个装置成为密闭系统而造成事故。

带有干燥管的回流装置适用于水汽的存在，会影响反应正常进行的实验。

4. 带有搅拌器、测温仪及滴加液体反应物的回流装置

这种回流装置见图4－3所示，与普通回流装置不同的是增加了搅拌器、测温仪及滴加液体反应物的装置。

搅拌能使反应物之间充分接触，使反应物各部分受热均匀，并使反应放出的热量及时散开，从而使反应顺利进行。使用搅拌装置，既可缩短反应时间，又能提高反应产率。常用的搅拌装置是电动搅拌器。

用于回流装置中的电动搅拌器一般具有密封装置。实验室用的密封装置有三种：简易密封装置、液封装置和聚四氟乙烯密封装置，如图4－4所示。

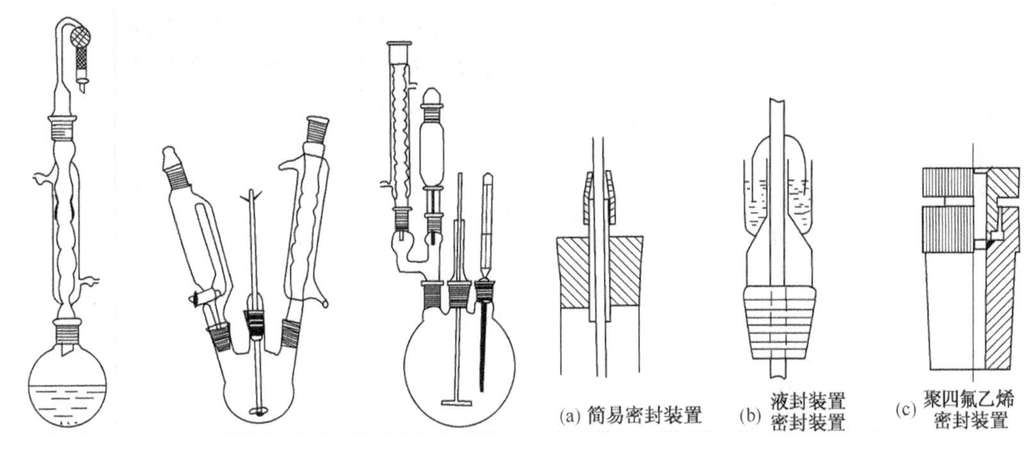

图4-2　带有干燥管的回流装置

图4-3　带有搅拌、测温的回流装置

图4-4　带有(a)、(b)、(c)三种设施的回流装置

一般实验可采用简易密封装置，如图4-4(a)所示。制作方法是在反应容器的中口配上塞子，塞子中央钻一光滑、垂直的孔，插入长6~7cm、内径比搅拌棒稍大一些的玻璃管，使搅拌棒可以在玻璃管内自由地转动。取一段长约2cm、弹性较好、内径能与搅拌棒紧密接触的橡皮管，套于玻璃管上端，然后从玻璃管下端插入已制好的搅拌棒，这样，固定在玻璃管上端的橡皮管因与搅拌棒紧密接触而起到了密封作用。在搅拌棒与橡皮管之间涂抹几滴甘油，可起到润滑和加强密封的作用。

液封装置如图4-4(b)所示，其主要部件是一个特制的玻璃封管，可用石蜡油或甘油作填充液(油封闭器)，也可用水银作填充液(汞封闭器)进行密封。

聚四氟乙烯密封装置如图4-4(c)所示，主要由置于聚四氟乙烯瓶塞和螺旋压盖之间的硅橡胶密封圈起密封作用。

密封装置装配好后，将搅拌棒的上端用橡皮管与固定在电动机转轴上的一短玻璃棒连接，下端距离三颈瓶底约5mm。在搅拌中要避免搅拌棒与塞中的玻璃管或瓶底相碰撞。三颈瓶的中间颈要用铁夹夹紧与电动搅拌器固定在同一铁架台上。进一步调整搅拌器或三颈瓶的位置，使装置正直。先用手转动搅拌器，应无内外玻璃互相碰撞声。然后低速开动搅拌器，试验运转情况，当搅拌棒和玻璃管、瓶底间没有摩擦的声音时，方可认为仪器装配合格，否则需要重新调整。最后再装配三颈瓶另外两个颈口中的仪器，先在一侧口中装配一个双口接管，双口接管上安装冷凝管和滴液漏斗，冷凝管和滴液漏斗也要用铁夹夹紧固定在铁架台上，再于另一侧口中装配温度计。再次开动搅拌器，如果运转正常，才能投入物料进行实验。

向反应器内滴加物料，常采用滴液漏斗、恒压漏斗或分液漏斗。滴液漏斗的特点是当漏斗颈伸入液面下时，仍能从伸出活塞的小口处观察到滴加物料的速度。恒压漏斗的特点是当反应器内压力大于外界大气压时，仍能向反应器中顺利地滴加反应物。使用分液漏斗滴加物料，必须从漏斗颈口处观察滴加速度，当颈口伸入液面下时，就无从观察了。

带有搅拌器、测温仪及滴加物料的回流装置适用于在非均相溶液中进行(需要严格控制反应温度及逐渐加入某一反应物)，还适用于产物为固体的反应，如β-萘乙醚的制备实验。

5. 带有水分离器的回流装置

此装置是在反应容器和冷凝管之间安装一个水分离器，见图4-5所示。

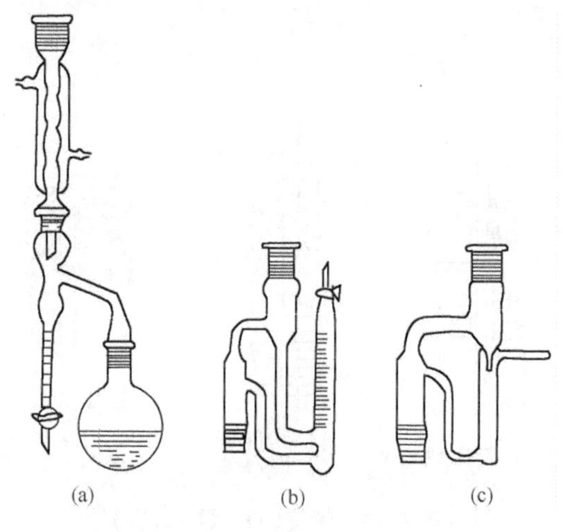

图4－5　带有水分离器的回流装置

带有水分离器的回流装置常用于可逆反应体系，如乙酸异戊酯的制备实验。当反应开始后，反应物和产物的蒸气与水蒸气一起上升，经过回流冷凝管被冷凝后流到水分离器中，静置后分层，反应物与产物由侧管流回反应器，而水则从反应体系中被分出。由于反应过程中不断除去了生成物之一——水，因此，使平衡向增加反应产物方向移动。

当反应物及产物的密度小于水时，采用图4－5(a)所示装置。加热前先将水分离器中装满水并使水面略低于支管口，然后放出比反应中理论出水量稍多些的水。若反应物及产物的密度大于水时，则应采用图4－5(b)或图4－5(c)所示的水分离器。采用图4－5(b)所示的水分离器时，应在加热前用原料物通过抽吸的方法将刻度管充满；若需分出大量水，则可采用图4－5(c)所示的水分离器，该水分离器不需事先用液体填充。使用带水分离器的回流装置，可在出水量达到理论出水量后停止回流。

二、回流操作要点

1. 选择反应容器和热源

根据反应物料量的不同，选择不同规格的反应容器，一般以所盛物料量占反应器容积的1/2左右为宜。若反应中有大量气体或泡沫产生，则应选用容积稍大些的反应器。

实验室中加热方式较多，如水浴、油浴、火焰加热和电热套等。可根据反应物料的性质和反应条件的要求，适当地选用。

2. 装配仪器

以热源的高度为基准，首先固定反应器，然后按由下到上的顺序装配其他仪器。所有仪器应尽可能固定在同一铁架台上。各仪器的连接部位要严密，冷凝管的上口与大气相通，其下端的进水口通过胶管与水源连接，上端的出水口接下水道。整套装置要求正确、整齐和稳妥。

3. 加入物料

原料及溶剂可事先加入反应器中，再安装冷凝管等其他装置；也可在装配完毕后由冷凝管上口用漏斗加入液体物料。沸石应事先加入。

4. 加热回流

检查装置各连接处的严密性后通冷却水，再开始加热。最初宜缓缓升温，然后逐渐升高温度使反应液沸腾或达到要求的反应温度。反应时间以第一滴回流液落入反应器中开始计算。

5. 控制回流速度

调节加热温度及冷却水流量，控制回流速度使液体蒸气浸润面不超过冷凝管有效冷却长度的1/3为宜，中途不可断水。

6. 停止回流

停止回流时应先停止加热，待冷凝管中没有蒸气后再停冷却水，稍冷后按由上到下的顺序拆除装置。

三、粗产品的精制

由化学反应装置制得的粗产物，需要采用适当的方法进行精制处理，才能得到纯度较高的产品。

（一）液体粗产品的精制

液体粗产品通常用萃取和蒸馏的方法进行精制。

1. 萃取

在实验室中，萃取大多在分液漏斗中进行，当需要连续萃取时，可采用索氏提取器。选择合适的有机溶剂可将有机产物从水溶液中提取出来，也可将无机产物中的有机杂质除去；通过水萃取可将反应混合物中的酸碱催化剂及无机盐洗去；用稀酸或稀碱可除去反应混合物中的碱性或酸性杂质。

2. 蒸馏

利用蒸馏的方法不仅可以将挥发性与不挥发性物质分离开来，也可以将沸点不同的物质进行分离。当被分离组分的沸点差在30℃以上时，采用普通蒸馏即可。当沸点差小于30℃时，可采用分馏柱进行简单分馏。蒸馏和简单分馏是回收溶剂的主要方法。有些沸点较高、加热时未达到沸点温度即容易分解、氧化或聚合的物质，需采用减压蒸馏的方式将其与杂质分离。对于那些反应混合物中含有大量树脂状或不挥发性杂质，或液体产物被反应混合物中较多固体物质所吸附时，可用水蒸气蒸馏的方法将不溶于水的产物从混合物中分离出来。

（二）固体粗产物的精制

固体粗产物可用沉淀分离、重结晶或升华的方法来精制。

1. 沉淀分离

沉淀分离法是选用合适的化学试剂将产物中的可溶性杂质转变成难溶性物质，再经过滤分离除去。这是一种化学方法，要求所选试剂能够与杂质生成溶解度很小的沉淀，并且在自身过量时容易除去。

2. 重结晶

选用合适的溶剂，根据杂质含量多少，进行一次或多次重结晶，即可得到固体纯品。若粗产品中含有有色杂质、树脂状聚合物等难以用结晶法除去的杂质时，可在结晶过程中加入吸附剂进行吸附。常用的吸附剂有活性炭、硅胶、氧化铝、硅藻土及滑石粉等。

当被分离混合物中组分性质相近、用简单的结晶方法难以分离时，也可采用分级结晶法。分级结晶法还适用于混合物中不同组分在同一溶剂中的溶解度受到温度影响差异较大的情况。

重结晶一般适用于杂质含量约在百分之几的固体混合物。若杂质过多，可在结晶前根据不同情况，分别采用其他方法进行初步提纯，如水蒸气蒸馏、减压蒸馏、萃取等，然后再进行重结晶处理。

3. 升华

利用升华的方法可得到无水物及分析用纯品。升华法纯化固体物质需要具备两个条件：一是固体物质应有相当高的蒸气压；二是杂质的蒸气压与被精制物的蒸气压有显著的差别（一般是杂质的蒸气压低）。若常压下并不具有适宜升华的蒸气压，可采用减压的方式，以增加固体物质的气化速度。

升华法特别适用于纯化易潮解及易与溶剂作用的物质。

对于一些产物与杂质结构类似、理化性质相似、用一般方法难以分离的混合物，采用色谱分离有时可以达到有效的分离目的而得到纯品。其中液相色谱法适用于固体和具有较高蒸气压的液体的分离，气相色谱法适用于容易挥发的物质的分离。

（三）干燥

无论液体产物还是固体产物，在精制过程中，常需要通过干燥以除去其中所含少量水分或其他溶剂。液体产物中的水分或溶剂，可使用干燥剂或通过选择合适的溶剂形成二元共沸混合物经蒸馏除去。固体产物中的水分或溶剂可根据物质的性质选用自然干燥、加热干燥、红外线干燥、冷冻干燥或干燥器等方法进行干燥。

第三节　转化率和产率的计算及讨论

一、转化率和产率的计算

制备实验结束后，要根据基准原料的实际消耗量和初始量计算转化率，根据理论产量和实际产量计算产率。

$$转化率(\%)=\frac{基准原料的实际消耗量}{基准原料的初始量}\times 100\%$$

$$产率(\%)=\frac{实际产量}{理论产量}\times 100\%$$

为了提高转化率和产率，常常增加某一反应物的用量。计算转化率和产率时，以不过量的反应物为基准原料。

基准原料的实际消耗量——指实验中实际消耗的基准原料的质量。

基准原料的初始量——指实验开始时加入的基准原料的质量。

实际产量——指实验中实际得到纯品的质量。

理论产量——指按反应方程式，实际消耗的基准原料全部转化成产物的质量。

二、影响产率的因素

物质制备实验的实际产量往往达不到理论值，这是因为有下列因素的影响：

（1）反应可逆：在一定条件下，化学反应建立了平衡，反应物不可能全部转化成产物。

（2）有副反应发生：有机反应比较复杂，在发生主反应的同时，一部分原料消耗在副反应中。

（3）反应条件不利：在制备反应中，若反应时间不足、温度控制不好或搅拌不够充分等，都会引起实验产率降低。

（4）分离和纯化过程中造成的损失：有时制备反应所得粗产物的量较多，但却由于精制过程中操作失误，使产率大大降低了。

三、提高产率的措施

1. 破坏平衡

对于可逆反应，可采取增加一种反应物的用量或除去产物之一（如分去反应生成的水）的方法，以破坏平衡，使反应向正方向进行。究竟选择哪一种反应物过量，要根据反应的实际情况、反应的特点、各种原料的相对价格、在反应后是否容易除去以及对减少副反应是否有利等因素来决定。如乙酸异戊酯的制备中，主要原料是冰乙酸和异戊醇。相对来说，冰乙酸价格较低，不易发生副反应，在后处理时容易分离，所以选择冰乙酸过量。

2. 加催化剂

在许多制备反应中，如能选用适当的催化剂，就可加快反应速度，缩短反应时间，提高实验产率，增加经济效益。如乙酰水杨酸的制备中，加入少量浓硫酸，可破坏水杨酸分子内氢键，促使酰化反应在较低温度下顺利进行。

3. 严格控制反应条件

实验中若能严格地控制反应条件，就可有效地抑制副反应的发生，从而提高实验产率。如1－溴丁烷的制备中，加料顺序是先加硫酸，再加正丁醇，最后加溴化钠。如果加完硫酸后即加溴化钠，就会立刻产生大量溴化氢气体逸出，不仅影响实验产率，而且严重污染空气；在硫酸亚铁铵的制备中，若加热时间过长，温度过高，就会导致大量Fe(Ⅲ)杂质的生成；在乙烯的制备中若温度不快速升至160℃，则会增加副产物乙醚生成的机会；在乙酸异戊酯的制备中，如果分出水量未达到理论值就停止回流，则会因反应不完全而引起产率降低。

在某些制备反应中，充分的搅拌或振摇可促使多相体系中物质间的接触充分，也可使均相体系中分次加入的物质迅速而均匀地分散在溶液中，从而避免局部浓度过高或过热，以减少副反应的发生。如甲基橙的制备就需要在冰浴中边缓慢加试剂边充分搅拌，否则将难以使反应液始终保持低温环境，造成重氮盐的分解。

4. 细心精制粗产物

为避免和减少精制过程中不应有的损失，应在操作前认真检查仪器，如分液漏斗必须经过涂油试漏后方可使用，以免萃取时产品从旋塞处漏失。有些产品微溶于水，如果用饱和食盐水进行洗涤便可减少损失。分离过程中的各层液体在实验结束前暂时不要弃去，以备出现失误时进行补救。重结晶时，所用溶剂不能过量，可分批加入，以固体恰好溶解为宜。需要低温冷却时，最好使用冰水浴，并保证充分的冷却时间，以避免由于结晶析出不完全而导致的收率降低。过量的干燥剂会吸附产品造成损失，所以干燥剂的使用应适量，要在振摇下分批加入至液体澄清透明为止。一般加入干燥剂后需要放置30min左右，以确保干燥效果。有些实验所需时间较长，可将干燥静置这一步作为实验的暂停阶段。抽滤前应将吸滤瓶洗涤干净，一旦透滤可将滤液倒出，重新抽滤。热过滤时要使漏斗夹套中的水保持沸腾，以避免结晶在滤纸上析出而影响收率。

总之，要在实验的全过程中对各个环节考虑周全，细心操作。只有在每一步操作中都有效地保证收率，才能使实验最终有较高的收率。

实验4－1　1－溴丁烷的制备

一、实验目的

（1）学习以醇为原料制备卤代烃的原理和方法；

（2）练习带有吸收有害气体装置的回流加热操作。

二、实验原理

本实验中1－溴丁烷由正丁醇与溴化钠、浓硫酸共热制得。

主反应：

$$NaBr + H_2SO_4 \longrightarrow HBr + NaHSO_4$$

$$CH_3CH_2CH_2CH_2OH + HBr \rightleftharpoons CH_3CH_2CH_2CH_2Br + H_2O$$

副反应：

$$CH_3CH_2CH_2CH_2OH \xrightarrow[\triangle]{H_2SO_4} CH_3CH_2CH{=}CH_2 + H_2O$$

$$2CH_3CH_2CH_2CH_2OH \xrightarrow[\triangle]{H_2SO_4} CH_3CH_2CH_2CH_2OCH_2CH_2CH_2CH_3 + H_2O$$

$$2HBr + H_2SO_4 \xrightarrow[\triangle]{} Br_2 + SO_2\uparrow + 2H_2O$$

主反应为可逆反应，为使反应向右移动，提高产率，本实验采用增加溴化钠和硫酸的用量，即保证溴化氢有较高的浓度，以加速正反应的进行。

三、仪器与试剂

试剂：正丁醇 10mL、无水溴化钠 12.5g、浓硫酸（相对密度 1.84）15mL、碳酸钠溶液（10%）10mL、无水氯化钙 2g。

仪器：圆底烧瓶（100mL）2 个、球形冷凝管 1 个、温度计 1 支、指形冷凝管 1 个、玻璃漏斗 1 个、分液漏斗 2 个、应接管 1 个、蒸馏头 1 个、烧杯（200mL）2 个、锥形瓶（100mL）3 个、电热套 1 个。

四、实验步骤

（1）在 100mL 圆底烧瓶中，放入 15mL 水[1]，慢慢地加入 15mL 浓硫酸，混合均匀并冷却至室温。然后加入 10mL 正丁醇、12.5g 研细的无水溴化钠，充分振摇[2]，再投入几粒沸石。装上球形冷凝管及气体吸收装置[3]（参见图 4－1）。用电热套加热，缓慢升温，使反应呈微沸，并经常振摇烧瓶，回流约 1h。

（2）冷却后改为蒸馏装置（参见图 3－1），添加沸石，加热蒸馏至无油滴落下为止[4]。烧瓶中的残液趁热倒入废液缸中，防止硫酸氢钠冷却后结块，不易倒出。

（3）将蒸出的粗 1－溴丁烷转入分液漏斗中，用 15mL 水洗涤[5]，小心地将下层粗产品转入另一干燥的分液漏斗中，用 5mL 浓硫酸洗涤[6]。仔细分去下层酸液，有机层依次用水、碳酸钠溶液和水各 10mL 洗涤。将下层产品放入一干燥的小锥形瓶中。

（4）加入 2g 无水氯化钙干燥，配上塞子，充分摇动至液体澄清，并静止 30min。

（5）安装好干燥的普通蒸馏装置，通过长颈漏斗用倾滗法将液体倒入 100mL 蒸馏烧瓶中，投入 1～2 粒沸石，加热蒸馏，收集 99～103℃的馏分。称重并计算产率。

（6）纯 1－溴丁烷为无色透明液体，沸点 101.6℃，密度 1.2758g·mL^{-1}。

注释

[1] 采用 1∶1 硫酸，一方面减少副产物正丁醇和丁烯的生成，另一方面吸收来不及反应的溴化氢气体，尽量避免其逸出。

[2] 如在加料过程中及反应回流时不摇动，将影响产量。

[3] 吸收液用水即可。漏斗口恰好接触到水面，切勿浸入水中，以免倒吸。

[4] 溴丁烷是否蒸完，可以从下列三方面来判断：

a. 馏液是否由浑浊变为澄清；

b. 蒸馏烧瓶中上层油层是否蒸完；

c. 取一支试管收集几滴馏液，加入少许水摇动，如无油珠出现，则表示有机物已被蒸完。

[5] 用水洗去溶在溴丁烷中的溴化氢。否则滴加浓硫酸后，溶液会变为红色并有白烟产生。

[6]　浓硫酸洗去粗产品中的正丁醚和丁烯等杂质。

五、思考题

1. 本实验根据哪种原料的用量计算产率？计算结果是多少？

2. 加热后反应液呈红色是何缘故？它是如何产生的？

3. 粗溴丁烷中的少量正丁醚和丁烯等杂质是如何除去的？然后依次用水、10%碳酸钠溶液洗涤的目的是什么？

4. 在本实验操作中，如何减少副反应的发生？

实验4-2　乙酸丁酯的制备

一、实验目的

(1) 熟悉酯化反应原理，掌握乙酸丁酯的制备方法。

(2) 初步掌握带水分离器回流装置的安装和使用方法。

(3) 掌握蒸馏、分液漏斗的使用等基本操作技术。

二、实验原理

本实验采用醇和有机酸在 H^+ 的存在下直接酯化生成酯。

主反应：

$$CH_3COOH + CH_3CH_2CH_2CH_2OH \rightleftharpoons CH_3COOCH_2CH_2CH_2CH_3 + H_2O$$

副反应：

$$CH_3CH_2CH_2CH_2OH + HOCH_2CH_2CH_2CH_3 \rightleftharpoons CH_3CH_2CH_2CH_2OCH_2CH_2CH_2CH_3 + H_2O$$

酯化反应为可逆反应，实验中采用增加反应物冰乙酸的浓度，以提高转化率。

三、仪器与试剂

试剂：正丁醇12mL、冰乙酸9mL、浓硫酸少量、10%碳酸钠10mL、无水硫酸镁1.5g。

仪器：圆底烧瓶(100mL)2个、球形冷凝管1个、温度计(200%)1支、指形冷凝管1个、水分离器1支、分液漏斗2个、应接管1个、蒸馏头1个、锥形瓶(100mL)2个、电热套1个。

四、实验步骤

(1) 在100mL干燥的圆底烧瓶中，加入12mL正丁醇、9mL冰乙酸，滴入3~4滴浓硫酸[1]，摇匀[2]，投入沸石。参照图4-5安装带有水分离器的回流装置[3]。用电热套缓慢加热至回流温度，回流约1.5h，到水分离器中水层不再增加为止[4]。

(2) 将反应液冷却至室温，倒入分液漏斗中[5]。依次用10mL水、10mL 10%碳酸钠[6]和10mL水分别洗涤。将分离出来的上层油层倒入干燥的小锥形瓶中。

(3) 在粗产品中放入约1.5g无水硫酸镁，充分摇匀至液体澄清，静止30min。

(4) 安装蒸馏装置一套(仪器必须干燥)，将干燥后的粗酯通过漏斗滤入烧瓶中，加入几粒沸石，加热蒸馏，收集124~127℃馏分。称重后计算产率，并测定折光率。

(5) 纯乙酸丁酯为无色透明有水果香味的液体。沸点126.5℃、折光率(20℃)1.3951、密度0.8825g/mL。

注释

[1]　浓硫酸起催化作用，故只需少量。

[2]　因为硫酸密度大，易沉积在烧瓶底部，加热时易发生炭化。

［3］ 水分离器中要事先充满水至支管口略低处。因为当酯化反应进行到一定程度时，乙酸丁酯、正丁醇和水形成三元共沸物，上层的有机相（酯和醇）可溢流回烧瓶中。

［4］ 理论分水量：$0.125 \times 18 = 2.25(mL)$，实际上分水量约 1.8 ~ 2.0mL，因为水与酯互相仍可以微溶。所以根据分出的水量，可判断反应终点。

［5］ 水分离器中的油层勿弃去：先将其中液体全部放入分液漏斗，分去水层，再与烧瓶中的反应液合并，一同洗涤。

［6］ 碱洗时注意分液漏斗要放气，否则二氧化碳的压力增大会使溶液冲出来。

五、思考题

1. 酯化反应有哪些特点？本实验中如何提高产品收率？
2. 使用水分离器的目的是什么？根据什么来判断终点？
3. 用碳酸钠洗涤主要除去哪些杂质？改用氢氧化钠溶液可以吗？
4. 本实验中为何不用无水氯化钙为干燥剂？

实验 4－3　邻苯二甲酸二丁酯的制备

一、实验目的

（1）熟悉酯化反应原理，掌握邻苯二甲酸二丁酯的制备方法。

（2）掌握带水分离器回流装置的安装和操作。

（3）掌握减压蒸馏装置的安装和操作。

二、实验原理

本实验采用邻苯二甲酸酐与正丁醇在硫酸催化下反应制得邻苯二甲酸二丁酯。

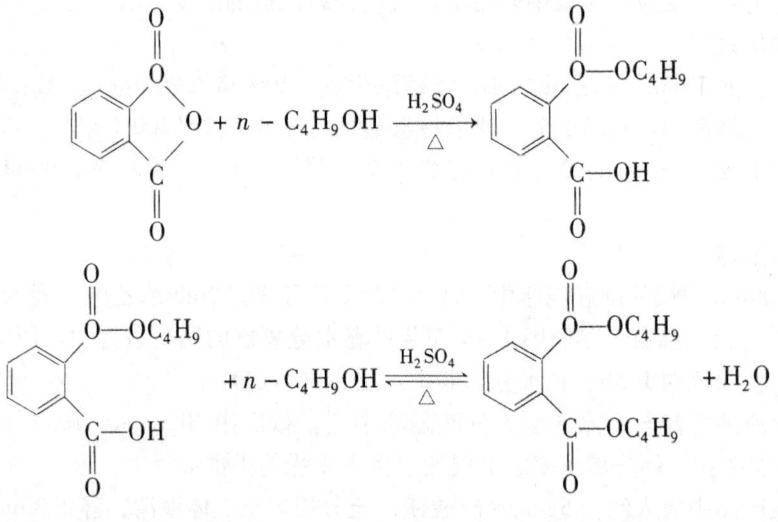

$$C_6H_4(CO)_2O + n-C_4H_9OH \xrightarrow[\triangle]{H_2SO_4} C_6H_4(COOC_4H_9)(COOH)$$

$$C_6H_4(COOC_4H_9)(COOH) + n-C_4H_9OH \underset{\triangle}{\overset{H_2SO_4}{\rightleftharpoons}} C_6H_4(COOC_4H_9)_2 + H_2O$$

反应的第一步进行得迅速而完全。第二步是可逆反应，进行较缓慢，为使反应向生成邻苯二甲酸二丁酯的方向进行，本实验中采用使反应物之一正丁醇过量，并同时利用水分离器将反应中生成的水不断地从反应体系中移去。

三、仪器与试剂

试剂：邻苯二甲酸酐 12g、正丁醇 26mL、浓硫酸 1mL、碳酸钠溶液（5%）30mL、饱和食盐水 30mL。

仪器：三颈瓶（100mL）1 个、圆底烧瓶（50mL）1 个、球形冷凝管 1 个、减压蒸馏装置 1

套、温度计(200℃、250℃)各1支、水分离器1支、分液漏斗1个、电热套1个、pH试纸。

四、实验步骤

(1) 在100mL三颈瓶中加入12g邻苯二甲酸酐、26mL正丁醇和几粒沸石，振摇下滴入1mL浓硫酸。依图4－5在三颈瓶的中口安装带有水分离器的回流装置，水分离器中加入正丁醇至与支管口处相平。封闭三颈瓶的一侧口，另一侧口安装温度计，水银球应位于离烧瓶底部0.5～1cm处。

(2) 用电热套缓慢加热至混合物微沸，当邻苯二甲酸酐固体消失，标志第一步反应完成。很快就有正丁醇－水的共沸物[1]蒸出，并可看到有小水珠逐渐沉到水分离器的底部，正丁醇仍回流到反应瓶中参与反应。随着反应的进行，瓶内的反应温度缓慢上升，当温度升至140℃时便可停止反应[2]，反应时间约2h。

(3) 当反应液冷却至70℃以下时，将其移入分液漏斗中，先用30mL 5%的Na_2CO_3洗涤二次[3]，再用30mL饱和食盐水洗涤2～3次，使之呈中性[4]。

(4) 将洗涤过的粗酯倒入50mL圆底烧瓶中，按图3－7安装减压蒸馏装置。先减压下蒸出正丁醇，再收集180～190℃、1333Pa(10mmHg)的馏分[5]，称重并计算产率。

(5) 纯邻苯二甲酸二丁酯是无色透明、具有芳香气味的油状液体，沸点340℃。

注释

[1] 正丁醇－水的共沸混合物组成为：55.5%正丁醇与44.5%水，沸点93℃。共沸混合物冷凝时分为两层，上层是正丁醇(含水20.1%)，它由水分离器上部回流到反应瓶中，下层是水(含正丁醇7.7%)。

[2] 也可根据水分离器中分出的水量(注意其中含正丁醇7.7%)来判断反应进行的程度。

邻苯二甲酸二丁酯在酸性条件下，当温度超过180℃时易发生分解反应：

$$C_6H_4(COOC_4H_9)_2 \xrightarrow[180℃]{H^+} C_6H_4(CO)_2O + 2CH_2{=}CHCH_2CH_3 + H_2O$$

[3] 碱洗时温度不宜超过70℃，碱的浓度也不宜过高，更不能使用氢氧化钠，否则会发生酯的水解反应。

[4] 用饱和食盐水洗涤一方面是为了尽可能地减少酯的损失，另一方面是为了防止洗涤过程中发生乳化现象，而且这样处理后不必进行干燥即可接着进行下一步操作。

[5] 根据真空度不同，也可收集：200～210℃、2666Pa(20mmHg)，或175～180℃、666.5Pa(5mmHg)以及165～175℃、266.6Pa(2mmHg)的馏分。

五、思考题

1. 正丁醇在硫酸作用下加热至高温，可能会发生哪些反应？若硫酸用量过多时有什么不良影响？

2. 用碳酸钠洗涤粗产品的目的是什么？操作时应注意哪些问题？

实验4－4 乙酰水杨酸的制备

一、实验目的

(1) 熟悉酚酯化反应的原理，掌握乙酰水杨酸的制备方法。

（2）掌握重结晶、抽滤等基本操作技术。

二、实验原理

本实验采用乙酸酐作酰基化剂，在浓硫酸作用下，与水杨酸发生酰化反应得到乙酰水杨酸。

主反应：

$$\text{C}_6\text{H}_4(\text{COOH})(\text{OH}) + (\text{CH}_3\text{CO})_2\text{O} \xrightarrow[\triangle]{浓\ H_2SO_4} \text{C}_6\text{H}_4(\text{COOH})\text{—O—}\overset{\displaystyle O}{\overset{\|}{\text{C}}}\text{CH}_3 + \text{CH}_3\text{COOH}$$

副反应：

$$\text{C}_6\text{H}_4(\text{OH})\text{COOH} + \text{HO—C}_6\text{H}_4\text{COOH} \xrightarrow[\triangle]{H^+} \text{C}_6\text{H}_4(\text{OH})\text{—C(=O)—O—C}_6\text{H}_4\text{COOH} + H_2O$$

水杨酰水杨酸

$$\text{C}_6\text{H}_4(\text{OCOCH}_3)\text{COOH} + \text{HO—C}_6\text{H}_4\text{COOH} \xrightarrow[\triangle]{H^+} \text{C}_6\text{H}_4(\text{OCOCH}_3)\text{—C(=O)—O—C}_6\text{H}_4\text{COOH} + H_2O$$

乙酰水杨酰

三、仪器与试剂

试剂：水杨酸 8g、浓硫酸 1mL、乙酸酐 12mL、乙醇(95%)15mL。

仪器：三颈瓶(100mL)1 个、表面皿 1 块、球形冷凝管 1 个、减压过滤装置 1 套、温度计(200℃)1 支、烧杯 2 个、锥形瓶 1 个、水浴锅 1 个。

四、实验步骤

(1)在 100mL 干燥的三颈瓶中加入 8g 水杨酸和 12mL 乙酸酐，在振摇下缓慢滴加 7 滴浓硫酸[1]。在中口装上球形冷凝管，一侧口安装温度计，另一侧口用塞子塞上(反应装置参见图 4 - 3)。充分振摇反应液后，用水浴加热，缓慢升温至 70℃，在此温度下反应 15min，并不断振摇反应液。最后将温度升至 80℃[2]，再反应 5min。撤去水浴，趁热于球形冷凝管口加入 2mL 蒸馏水，以分解过量的乙酸酐[3]。

(2) 稍冷却，在搅拌下将反应液倒入盛有 100mL 冷水的烧杯中，并用冰水浴冷却，放置 20min。待结晶完全析出后，减压抽滤，用少量冷水洗涤结晶两次，压紧抽干，转移至表面皿上，晾干，称重。

(3) 将粗产品放入 100mL 锥形瓶中，加入 95% 乙醇(每克粗产品约需 3mL 95% 乙醇和 5mL 水)[4]，安装球形冷凝管，于水浴中温热并不断振摇，直至固体完全溶解。拆下冷凝管，取出锥形瓶，向其中缓慢滴加水至刚刚出现浑浊，静止冷却，结晶析出完全后抽滤。产品自然晾干，称重并计算产率。

注释

［1］ 水杨酸能形成分子内氢键，阻碍酚羟基的酰基化反应。加入少量浓硫酸，可破坏其中的氢键，使酰基化反应顺利进行。

［2］ 整个加热过程均缓慢升温，防止水杨酸升华，且反应温度不宜过高，否则将增加副产物的生成，同时水杨酸受热易分解。

$$\text{邻羟基苯甲酸（COOH, OH）} \xrightarrow{\triangle} \text{苯酚（OH）} + CO_2$$

［3］ 由于分解反应产生热量，会使瓶内液体沸腾，故仍需通冷却水。

［4］ 此配比相当于35%的乙醇溶液，每克粗产品约用8mL该乙醇溶液。

五、思考题

1. 制备乙酰水杨酸时，为何要加入少量浓硫酸？反应温度控制在什么范围？高温会造成什么影响？

2. 制备乙酰水杨酸时为何要使用干燥的仪器？

3. 如何鉴定产品中是否含有未反应的水杨酸？

实验4－5　肉桂酸的制备

一、实验目的

(1) 熟悉缩合反应原理，掌握肉桂酸的制备方法。

(2) 熟悉水蒸气蒸馏装置的安装和操作技术。

(3) 熟练掌握重结晶法精制固体产品的操作技术。

二、实验原理

本实验采用苯甲醛和乙酸酐在无水碳酸钾存在下发生缩合反应制取肉桂酸。

主反应：

$$C_6H_5CHO + (CH_3CO_2)_2O \xrightarrow[140\sim170℃]{\text{无水 } K_2CO_3} C_6H_5CH{=}CHCOOH + CH_3COOH$$

副反应：

$$C_6H_5CHO \xrightarrow{O_2} C_6H_5COOH$$

反应产物中含有少量未反应的苯甲醛，利用其易随水蒸气挥发的特点，通过水蒸气蒸馏将其除去。

三、仪器与试剂

试剂：苯甲醛	3.2g	3mL	0.03mol	10%氢氧化钠溶液	20mL
乙酸酐	8.5g	8mL	0.085mol	浓盐酸($1.19g\cdot mL^{-1}$)	14mL
无水碳酸钾	4.2g	0.03mol 刚果红试纸 pH 试纸			
活性炭	1g				

仪器：三颈瓶(250mL)	1个	表面皿	1块
空气冷凝管	1个	减压过滤装置	1套
水蒸气蒸馏装置	1套	烧杯	1个
保温漏斗	1个	电热套	1个
温度计(200℃)	1支		

四、实验步骤

(1) 在干燥[1]的250mL三颈瓶中依次加入4.2g研细的无水碳酸钾，3mL新蒸过的苯甲醛和8mL乙酸酐[2]，摇匀。三颈瓶的中口安装空气冷凝管，一侧口插温度计，另一侧口塞住。用电热套缓慢加热[3]至140℃，回流1h[4]，然后升温至170℃，保持1h。

(2) 参照图3-6装水蒸气蒸馏装置，将未反应的苯甲醛蒸出，直至馏出液无油珠。

(3) 在烧瓶中加入20mL 10%氢氧化钠溶液，振摇，检测溶液的pH值为8~9[5]。抽滤，将滤液转入250mL烧杯中，冷却至室温。

(4) 在搅拌下用浓盐酸酸化至刚果红试纸变蓝(pH=2~3)，冰水浴中冷却后抽滤，压紧、抽干、称重。

(5) 粗产品用热水重结晶[6](每克粗产品加水50mL)。稍冷却加入约1g活性炭，煮沸，趁热用保温漏斗过滤。滤液在冰水浴中充分冷却，抽滤，产品于表面皿上自然晾干，称重并计算产率。

(6) 肉桂酸为白色结晶，熔点133℃，微溶于水(17℃，3500份水)，易溶于醇、醚等有机溶剂。

注释

[1] 木实验中的所有仪器必须干燥。

[2] 苯甲醛放久了，由于自动氧化而生成苯甲酸，这不但影响反应的进行，而且苯甲酸混在产品中不易除干净，将影响产品的质量。故用前一定要蒸馏，收集170~180℃馏分。

乙酸酐放久后因吸潮或水解变为乙酸，严重影响反应，所以使用时也一定要预先蒸馏。

[3] 缩合反应宜缓慢升温，以防苯甲醛被氧化。

[4] 由于逸出二氧化碳，最初有泡沫出现，随着反应的进行，会自动消失。

[5] 此时表明肉桂酸全部生成钠盐而溶解。

[6] 粗产品也可在3:1的稀乙醇溶液中进行重结晶。

五、思考题

1. 水蒸气蒸馏除去什么物质？不进行水蒸气蒸馏或除不干净对结果有何影响？
2. 反应装置中能否用水冷凝管来替代空气冷凝管？为什么？

实验4-6 甲基橙的制备

一、实验目的

(1) 熟悉重氮化反应和重氮盐偶合反应的原理，掌握甲基橙的制备方法。

(2) 熟悉并掌握低温操作技术。

二、实验原理

甲基橙是指示剂，它是由对氨基苯磺酸重氮盐与*N*，*N*-二甲基苯胺的醋酸盐，在弱酸性介质中偶合，首先得到亮黄色的酸式甲基橙称为酸性黄，在碱中酸性黄转变为橙黄色的钠盐，即甲基橙。

$$H_2N-C_6H_4-SO_3H + NaOH \longrightarrow H_2N-C_6H_4-SO_3Na + H_2O$$

$$H_2N-C_6H_4-SO_3Na + 3HCl + NaNO_2 \xrightarrow{0\sim5℃} NaO_3S-C_6H_4-N_2Cl + NaCl + 2H_2O$$

$$NaO_3S-C_6H_4-N_2Cl + C_6H_5-N(CH_3)_2 \xrightarrow[CH_3COOH]{0\sim5℃} [NaO_3S-C_6H_4-N{=}N-C_6H_4-\underset{|\atop H}{N}(CH_3)_2]^+ CH_3COO^-$$

$$[NaO_3S-C_6H_4-N{=}N-C_6H_4-\underset{|\atop H}{N}(CH_3)_2]^+ CH_3COO^- + 2NaOH \longrightarrow NaO_3S-C_6H_4-N{=}N-C_6H_4-N(CH_3)_2 + CH_3COO^-Na + H_2O$$

大多数重氮盐很不稳定，温度高时易发生分解，所以重氮化反应和偶合反应都需在低温下进行。同时强酸性介质的存在，可防止重氮盐与未反应的芳胺发生偶合。

三、仪器与试剂

试剂：对氨基苯磺酸 2.1g、5% 氢氧化钠溶液 35mL、亚硝酸钠 0.8g、浓盐酸(1.19、$g \cdot mL^{-1}$)3mL、*N*，*N* - 二甲基苯胺 1.3mL、冰醋酸 1mL、饱和氯化钠溶液 20mL、无水乙醇、碘化钾 - 淀粉试纸、乙醚。

仪器：烧杯(100mL、200mL)各 1 个、表面皿 1 个、温度计(100℃)1 个、水浴锅 1 个、减压过滤装置 1 套。

四、实验步骤

1. 对氨基苯磺酸重氮盐的制备

在 100mL 的烧杯中，放入 2.1g 对氨基苯磺酸晶体，加入 10mL 5% 氢氧化钠溶液，在热水浴中温热使之溶解[1]，冷却至室温。另溶 0.8g 亚硝酸钠于 6mL 水中，将此溶液倒入上述烧杯中，置于冰水浴中冷却至 0 ~ 5℃。在搅拌下[2]，慢慢滴加 3mL 浓盐酸和 10mL 水配成的溶液，保持温度在 5℃以下[3]，很快就有对氨基苯磺酸重氮盐的细粒状白色沉淀，用碘化钾 - 淀粉试纸检验终点[4]。为保证反应完全，继续在冰水浴中放置 15min。

2. 偶合——生成甲基橙

在试管中加入 1.3mL *N*，*N* - 二甲基苯胺和 1mL 冰醋酸，振荡使之混合均匀。在搅拌下将此溶液慢慢加入到上述冷却的对氨基苯磺酸重氮盐溶液中，加完后继续搅拌 10min，此时有红色的酸性黄沉淀。然后，在搅拌下慢慢加入 25mL 5% 氢氧化钠溶液，反应液变为橙色，粗制的甲基橙呈细粒状沉淀析出。

将反应物加热至沸腾，使粗制的甲基橙溶解后，稍冷，置于冰浴中冷却，待甲基橙重新结晶析出后，抽滤。用 20mL 饱和氯化钠溶液分两次冲洗烧杯和滤饼，压紧抽干，称重[5]。

3. 重结晶

将上述粗产品用沸水(每克粗产品约需 25mL 水)进行重结晶。待结晶完全析出，抽滤。依次用少量乙醇、乙醚洗涤[6]，压紧抽干，得到小鳞片状甲基橙结晶。干燥后称重并计算产率。

4. 定性检验

溶解少许甲基橙于水中，观察溶液的颜色。然后加入 2 滴稀盐酸，观察颜色的变化。再用 3 滴稀氢氧化钠中和，再观察颜色的变化。

注释

[1] 对氨基苯磺酸是两性合物，其酸性比碱性强，能形成酸性内盐，它能与碱作用生成盐，难与酸作用生成盐，所以不溶于酸。但重氮化反应要求在酸性溶液中完成，因此，首先将对氨基苯磺酸与碱作用，生成水溶性较大的对氨基苯磺酸钠，再进行重氮化反应。

[2] 为了使对氨基苯磺酸完全重氮化，反应过程中必须不断搅拌。

[3] 重氮化反应控制温度很重要，反应温度若高于 5℃，则生成的重氮盐易水解成苯酚，降低了产率。

[4] 若试纸不显蓝色，应酌情补加亚硝酸钠溶液，并充分搅拌，直到刚显蓝色，可视为反应终点。但过量的亚硝酸会引起一系列氧化、亚硝基化等副反应。

$$2HNO_2 + 2KI + 2HCl \longrightarrow I_2 + 2NO + 2H_2O + 2KI$$

[5] 粗产品呈碱性，温度稍高时易使产物变质，颜色变深，湿的甲基橙受日光照射亦会使颜色变深，通常可在 65 ~ 75℃环境中烘干。

[6] 用乙醇、乙醚洗涤的目的是使产品迅速干燥。

五、思考题

1. 本实验中重氮化反应为什么要控制在 0 ~ 5℃中进行？偶合反应为什么在弱酸性介质中进行？

2. 对氨基苯磺酸进行重氮化反应时，为什么要先加碱使其变为盐？

实验 4 -7 β - 萘乙醚的制备

一、实验目的

（1）熟悉威廉姆逊法制备混醚的原理，掌握 β - 萘乙醚的制备方法。

（2）掌握带电动搅拌的回流装置的安装和操作技术。

二、实验原理

本实验采用威廉姆逊(Willimson)合成法，用 β - 萘酚钾和溴乙烷在乙醇溶液中反应制取 β - 萘乙醚。

$$C_{10}H_7\text{—}OH + KOH \xrightarrow{\text{乙醇}} C_{10}H_7\text{—}OK + H_2O$$

$$C_{10}H_7\text{—}OK + Br\text{—}CH_2CH_3 \longrightarrow C_{10}H_7\text{—}OCH_2CH_3 + KBr$$

用乙醇重结晶纯化 β - 萘乙醚。

三、仪器与试剂

试剂：β - 萘酚 3g、无水乙醇 35mL、溴乙烷 2mL、95% 乙醇 20mL、氢氧化钾 3g。

仪器：三颈瓶(100mL)1 个、电动搅拌器 1 台、球形冷凝管 1 个、减压过滤装置 1 套、烧杯(200mL)1 个、表面皿 1 块、锥形瓶 1 个、电热套 1 套。

四、实验步骤

（1）在干燥的 100mL 三颈瓶中，加入 3g 氢氧化钾、35mL 无水乙醇和 3g β - 萘酚，振摇下加入 2mL 溴乙烷。依图 4 -3 安装带电动搅拌的回流装置，用电热套或水浴加热，在搅拌下回流 1.5h。

（2）反应结束后，将瓶内反应物倒入盛有 100mL 碎冰的 250mL 烧杯中，同时充分搅拌，待结晶完全析出，抽滤。用 15mL 水分两次洗涤沉淀。

（3）将沉淀移至 100mL 锥形瓶中，加入 20mL 乙醇溶液，装上回流冷凝装置[1]。于水浴上加热，微沸 5min。完全冷却后，将锥形瓶置于冰水浴中 10min，抽滤。滤饼置于表面皿上自然晾干。称重，计算产率。

注释

[1]　乙醇易挥发，所以加热溶解时应装上冷凝管。

五、思考题

1. 为什么β－萘乙醚的制备是用β－萘酚和溴乙烷反应，而不是用乙醇和β－溴萘反应？
2. 为什么β－萘酚钾的生成是用氢氧化钾的乙醇溶液，而不是用氢氧化钾的水溶液？
3. 粗产品为什么要用水洗涤？

实验 4－8　聚乙烯醇缩甲醛（胶水）的制备

一、实验目的

（1）熟悉聚合反应原理，掌握以聚乙烯醇和甲醛为原料制备聚乙烯醇缩甲醛的操作方法；

（2）掌握带电动搅拌回流装置的安装和操作技术。

二、实验原理

本实验中聚乙烯醇缩甲醛是由聚乙烯醇和甲醛在盐酸催化作用下，环化脱水而制得。

反应式：

$$\sim CH_2{-}\underset{\displaystyle OH}{\underset{|}{CH}}{-}CH_2{-}\underset{\displaystyle OH}{\underset{|}{CH}}\sim \; + HCHO \xrightarrow{H^+} \sim CH_2{-}\underset{\displaystyle O{-}CH_2{-}O}{\underset{|\qquad\qquad|}{CH{-}CH_2{-}CH}}\sim + H_2O$$

聚乙烯醇是一种水溶性高聚物，具有良好的溶解性和黏度，性能介于塑料和橡胶之间。同时，聚乙烯醇可以看成是一种带有仲羟基的线型高分子聚合物，分子中的仲羟基具有较高的活性，与甲醛缩合生成聚乙烯醇缩甲醛，即胶水[1]。

聚乙烯醇缩甲醛比聚乙烯醇溶液具有黏接力更强、黏度大、耐水性强、成本低廉等优点，用途广泛，是我国合成胶黏剂大宗品种之一[2]。

三、仪器与试剂

试剂：聚乙烯醇 10g、甲醛（纯）2.5mL、38% 盐酸 1mL、10% 氢氧化钠 10mL。

仪器：三颈瓶（250mL）1 个、电动搅拌器 1 台、球形冷凝管 1 个、温度计（100℃）1 支、水浴锅 1 个或电热套 1 套。

四、实验步骤

（1）在 250mL 三颈瓶中加入 100mL 蒸馏水和 10g 聚乙烯醇。依图 4－3 安装带电动搅拌的回流装置，用 100℃水浴加热，并不断搅拌，直至聚乙烯醇完全溶解[3]（约 1.5h）。加入 2.5mL 甲醛，搅拌 15min，再加入 1mL HCl，控制反应温度在 85～90℃，20min 左右有黏稠状物产生，此时撤去水浴。

（2）向三颈瓶中加入 10% NaOH，调节溶液的 pH 值为 8～9，约需 NaOH5～8mL，得无色透明的黏稠液体，即胶水。

注释

[1]　缩醛的性质决定于催化剂的用量、反应时间等。缩醛度（指已反应的羟基数占总羟基数的百分数）越大水溶性越差，因此，反应过程中必须控制较低的缩醛度，使产物保持水溶性，如果反应过于剧烈，则会造成局部高缩醛度，导致不溶性物质生成而影响产品质量。通常缩醛度低于 50% 时溶于水，可配制成水溶性胶黏剂；缩醛度大于 50% 时不溶于水，溶于有机溶剂如乙醇和甲苯的混合溶剂中。

［2］ 聚乙烯醇缩甲醛因游离甲醛含量太高，刺激人眼及呼吸系统，危害人体健康，在发达国家早已禁用。我国从2002年7月1日开始全面禁用，现已被环保型无甲醛胶黏剂替代。

［3］ 由于高聚物的大分子扩散速度比溶剂小分子扩散速度慢，溶剂小分子能迅速地向高聚物内扩散，以致使高聚物在溶解前首先发生体积增大，即溶胀。随着溶胀的继续进行，高聚物分子与溶剂分子进一步相互扩散，直至形成溶液，完全溶解。聚乙烯醇是线型高分子聚合物，在溶解过程中会发生溶胀，当温度适当、溶剂量足够多、溶解时间足够长时，才能完全溶解。

五、思考题

1. 产物的pH值为什么要调至8～9？不调对产品质量有何影响？
2. 为何聚乙烯醇缩甲醛等胶黏剂现已被全面禁用？

实验4-9　三苯甲醇的制备

本实验以苯和乙醇为原料，通过溴乙烷、乙苯、苯甲酸及苯甲酸乙酯的制备，进而合成三苯甲醇，并对原料、中间体及产品的有关指标进行分析测试。

一、实验目的

(1) 掌握溴代反应、乙基化反应、氧化反应、酯化反应、格氏试剂的生成及与酯加成反应的原理和实验方法；

(2) 掌握蒸馏、分馏、水蒸气蒸馏、萃取、重结晶等分离提纯化合物的方法；

(3) 熟练掌握机械搅拌、加热、回流、洗涤、干燥、过滤、结晶等多种基本操作；

(4) 熟练掌握酸碱滴定法、氧化还原滴定法、沉淀滴定法等分析法；

(5) 熟练掌握气相色谱分析；

(6) 熟练掌握熔点、折射率、密度等物理量的测定方法；

(7) 了解对副产物的分离与提纯技术，减少环境污染，树立正确的环保意识。

二、实验原理

1. 溴代反应

$$NaBr + H_2SO_4 \longrightarrow HBr + NaHSO_4$$

$$CH_3CH_2OH + HBr \longrightarrow CH_3CH_2Br + H_2O$$

该反应可逆，为使平衡向右移动，采用增加反应物乙醇的用量，并及时将生成的溴乙烷蒸出，以提高产率。

2. 乙基化反应

$$C_6H_6 + CH_3CH_3Br \xrightleftharpoons{\text{无水 } AlCl_3} C_6H_5CH_2CH_3 + HBr$$

烷基化反应常难以停止在一烷基化阶段，但适当选择试剂配比，可以部分控制多烷基取代物的生成。本步采用溴乙烷与过量的苯反应，在三氯化铝的催化下制得乙苯。

3. 氧化反应

$$C_6H_5CH_2CH_3 + 4KMnO_4 \longrightarrow C_6H_5COOH + 3KOH + 4MnO_2 + H_2O + CO_2$$

$$C_6H_5COOK + HCl \longrightarrow C_6H_5COOH + KCl$$

芳香族羧酸通常用芳香烃氧化制得。本步采用高锰酸钾水溶液作氧化剂，将乙苯氧化生成苯甲酸钾，经酸化进一步得到苯甲酸。

$$C_6H_5COOH + CH_3CH_2OH \xrightleftharpoons{H_2SO_4} C_6H_5COOC_2H_5 + H_2O$$

4. 酯化反应

酯化反应是一个可逆反应。由于苯甲酸乙酯的沸点较高，乙醇又与水混溶，故本步采用加入苯及几倍理论量的乙醇，利用苯、乙醇和水组成的三元恒沸物蒸馏带走反应过程中不断生成的水，使反应向生成苯甲酸乙酯的方向进行。

5. 格氏试剂的生成及与酯的加成

$$C_6H_5{-}Br + Mg \xrightarrow{\text{干醚}} C_6H_5{-}MgBr$$

$$C_6H_5{-}MgBr + C_6H_5{-}COOC_2H_5 \xrightarrow{\text{干醚}} (C_6H_5)_2C(OMgBr){-}OC_2H_5 \longrightarrow C_6H_5{-}\overset{O}{\overset{\|}{C}}{-}C_6H_5$$

$$C_6H_5{-}MgBr + C_6H_5{-}\overset{O}{\overset{\|}{C}}{-}C_6H_5 \xrightarrow{\text{干醚}} (C_6H_5)_3COMgBr \xrightarrow{H_3^+O} (C_6H_5)_3C{-}OH$$

无水乙醚存在下，卤代烷烃与金属镁反应生成格氏试剂，后者与酯加成制得三苯甲醇。由于格氏试剂相当活泼，遇含活泼氢的化合物即分解成烃，故实验所用的药品必须无水，仪器必须干燥。

三、实验过程

(一) 溴乙烷的制备

将实验中所用主要化合物的物理化学性质填入表 4－1。

表 4－1　实验中主要化合物的某些物理化学性质

名　称	相对分子质量	密　度	沸　点	其　他
溴化钠				
乙　醇				
硫　酸				
溴乙烷				

1. 仪器和试剂

仪器：蒸馏和分馏装置(参见图 3－10)、气体吸收装置。试剂：无水溴化钠、硫酸、乙醇。

2. 实验步骤

(1) 制备粗品：在 250mL 圆底烧瓶中，加入 20mL(0.33mol)95% 乙醇和 18mL 水[1]。在冷却和振荡下，慢慢加入 36mL 浓硫酸，将混合物冷却至室温，在搅拌下加入研细的溴化钠[2]25.8g(0.25mol) 和几粒沸石。在圆底烧瓶上安装分馏柱及带有气体吸收装置的回流装置，小火加热，使反应平稳，直至无油状物滴出为止[3]。

(2) 精制粗品：将馏出液转入分液漏斗中，收集下层粗品于一干燥的锥形瓶中，并置于冰水浴中冷却，在振荡下逐滴加入浓硫酸，以除去乙醚、水、乙醇等副产物[4]。滴加硫酸的量以能观察到上层澄清的溴乙烷和下层硫酸明显分层为止(大约 2mL)，再用分液漏斗分去硫酸层。将处理后的溴乙烷转入 100mL 圆底烧瓶内，在水浴上小火加热，用干燥的锥形瓶(浸入冰水中)接收，收集 35 ~ 40℃的馏分。

溴乙烷为无色液体：沸点 38.4℃，相对密度 1.460，折射率(n^{20})1.4239。

(3) 硫酸氢钠的回收：把反应后烧瓶中的溶液及时倒入烧杯中，并置于冷水浴中冷却，轻轻搅动溶液，使晶体析出。等到溶液冷却至室温，抽滤，滤饼烘干后即得硫酸氢钠粗制晶体。将其加适量水进行重结晶，可得较纯净的硫酸氢钠无色晶体。

(二) 乙苯的制备

将实验中所用的主要化合物的物理化学性质填入表 4 – 2。

表 4 – 2　实验中主要化合物的某些物理化学性质

名　称	相对分子质量	密　度	沸　点	其　他
苯				易燃、有毒性
乙苯				易燃
无水三氯化铝				易潮解

1. 仪器和试剂

仪器：带电动搅拌的回流装置、蒸馏和分馏装置、普通回流装置(参见图 3 – 12)、气体吸收装置。试剂：溴乙烷、苯、无水三氯化铝。

2. 实验步骤

(1) 制备粗品：按图 4 – 3 安装带搅拌的回流装置。在 250mL 三颈瓶上分别装上机械搅拌装置、回流冷凝管和滴液漏斗[5]，在冷凝管上口安装氯化钙干燥管和气体吸收装置。把三颈瓶置于水浴中并迅速加入研细的无水三氯化铝[6]3g、苯 20mL。另外，在滴液漏斗中加入 10mL(0.134mol)溴乙烷和 10mL 苯，并摇匀。

在不断搅拌下慢慢滴入溴乙烷和苯的混合物(以每秒 2 滴为宜)[7]，当观察到有溴化氢气体逸出，并有不溶于苯的红棕色配位化合物产生，表明反应已经开始。此时立即减慢加料速度，避免反应过于剧烈，保证溴化氢气体平稳逸出。

加料完毕，继续搅拌，当反应缓和下来时，小火加热，使水浴温度升到 60 ~ 65℃，并在此温度范围保温 1.5 ~ 2h。停止搅拌，改用冷水浴冷却。

(2) 精制粗品：待反应物充分冷却，在通风橱内，于不断搅拌下将反应液倒入预先配制好的 100g 冰、100mL 水和 10mL 浓盐酸的烧杯中进行水解。在分液漏斗中分出上层有机层(保留下层水层，以备回收利用)，用等体积冷水洗涤 2 ~ 3 次，把芳烃转入干燥的锥形瓶中，加入 3g 无水氯化钙干燥 1 ~ 2h，溶液澄清。

将粗品转入干燥的 250mL 圆底烧瓶中，进行蒸馏(配上 Vigreux 分馏柱进行分馏更好)，水浴加热，收集 85℃以前馏分，速度控制在每秒 1 ~ 2 滴。再改用电热套加热，另外收集 132 ~ 138℃馏分[8]。

乙苯为无色透明液体，沸点 136.3℃，密度 0.8669g · mL^{-1}，折射率(n^{20})1.4959。

(3) 铝化合物的回收：将上步保留的水层，加热至 70℃左右，移至通风橱内。滴加氨水，并轻轻搅拌，即有蓬松白色胶状氢氧化铝沉淀生成，继续滴加氨水，直到不再产生沉淀为止（溶液 pH 为 7）。冷却后抽滤，滤饼放入盛有 150mL 热水的烧杯中搅匀后再抽滤，滤饼烘干，即得白色氢氧化铝粉末。

（三）苯甲酸的制备

将实验中所用的主要化合物的物理化学性质填入表 4 -3。

表 4 -3 实验中主要化合物的某些物理化学性质

名 称	相对分子质量	结 晶	沸 点	其 他
高锰酸钾				
苯甲酸				

1. 仪器和试剂

仪器：回流冷凝装置、抽滤装置。试剂：苯、高锰酸钾、盐酸。

2. 实验步骤

（1）制备粗品：在圆底烧瓶中加入 5. 3g（0. 05mol）乙苯和 300mL 水，安装回流冷凝装置，加热至沸腾。从冷凝管上口分批加入 31. 6g（0. 2mol）的高锰酸钾[9]，加完后用少量水冲洗冷凝管内壁附着的高锰酸钾。继续煮沸回流，并不断摇动烧瓶，直到乙苯层近乎消失，回流液不再出现油珠。

（2）精制粗品：趁热减压过滤[10]，并用少量热水洗涤滤饼（保留，以备后用），滤液和洗液合并，放入冰水浴冷却，然后用浓盐酸酸化，直到苯甲酸完全析出，减压过滤，并用少量冷水洗涤，压去水分，即得苯甲酸粗品。将此粗品置于烧杯中，加入适量水进行重结晶[11]，烘干，得精制的苯甲酸。

苯甲酸为无色片状或针状结晶，熔点 122. 13℃。

（3）二氧化锰的回收：

方法一：将上一工序热过滤的滤饼抽干，压平，用少量热水分批洗涤数次，直至滤液呈中性。取出滤饼烘干，即得黑色的二氧化锰粉末。

方法二：将上一工序热过滤的滤饼取出，加入适量的热水，搅拌洗涤，静置澄清后，倾去溶液。如此倾滗法洗涤数次，直至洗涤液呈中性。再抽滤，滤饼烘干即得。

（四）苯甲酸乙酯的制备

将实验中所用的主要化合物的物理化学性质填入表 4 -4。

表 4 -4 实验中主要化合物的某些物理化学性质

名 称	相对分子质量	结 晶	沸 点	其 他
苯甲酸乙酯				难溶于水，易溶于乙醇或乙醚
乙醚				极易挥发和着火，用作溶剂和麻醉剂

1. 仪器和试剂

仪器：带油水分离器的回流冷凝装置、分液漏斗。试剂：苯甲酸、乙醇、苯、浓硫酸、碳酸钠、乙醚。

2. 实验步骤

（1）制备粗品：在圆底烧瓶中加入 12. 2g（0. 10mol）苯甲酸、40mL 乙醇、20mL 苯和 4mL 浓硫酸，摇匀后加入少许沸石。在圆底烧瓶上口装上油水分离器，分离器上端装上回流冷凝管。由回流冷凝管上口加水至油水分离器的支管处，然后放去 9mL 水。将圆底烧瓶置于水浴上加热回流，随着回流的进行，油水分离器中出现上、中、下三层液体[12]。继续加热回流约 4h，油水分离器中层液体达 9mL 左右时即可停止加热。放出中、下层液体，继续用水浴加热，把圆底烧瓶中多余的苯和乙醇蒸至油水分离器中(保留此混合液，以备回收利用)。

(2) 精制粗品：将上述圆底烧瓶中的反应混合液倒入盛有 160mL 冷水的烧杯中，然后在搅拌下分批加入研细的碳酸钠粉末[13]，直到无二氧化碳气体产生(用 pH 试纸检验，溶液呈中性)，用分液漏斗分出粗制的苯甲酸乙酯，然后在水层中用 50mL 乙醚分两次萃取水层的苯甲酸乙酯[14]。将乙醚萃取液及粗制的苯甲酸乙酯合并，用适量无水氯化钙干燥。把干燥后的澄清溶液移入干燥的蒸馏烧瓶中，先用水浴蒸去乙醚，再在电热套上加热蒸馏，收集 210 ~ 213℃的馏分。

苯甲酸乙酯为白色或无色液体，沸点 213℃，相对密度 1.0468，折射率(n_D^{20})1.5001。

(3) 苯的回收：将蒸至油水分离器中的液体混合物转入分液漏斗中，加入该液体量一倍的水，振摇，静置使之分层。分出苯层，加入少许无水氯化钙干燥。待液体澄清后蒸馏，收集 79 ~ 81℃的馏分，即得纯净透明的苯。

(五) 三苯甲醇的制备

1. 仪器和药品

仪器：水蒸气蒸馏装置、冷凝管、回流装置、搅拌器。试剂：无水乙醚、镁、碘、溴苯、乙醇、氯化铵、苯甲酸乙酯。

将实验中所用的主要化合物的物理化学性质填入表 4 – 5。

表 4 – 5　实验中主要化合物的某些物理化学性质

名　称	相对分子质量	密　度	熔　点	沸　点	其　他
乙醚					
溴苯					
三苯甲醇					

2. 实验步骤

(1) 苯基溴化镁的制备：在三颈瓶上分别装上搅拌器、冷凝管及滴液漏斗，在冷凝管和滴液漏斗的上口分别装上氯化钙干燥管。在瓶内放入 1.5g(0.06mol) 镁屑[5]，一小粒碘[6]。滴液漏斗中放置 9.4g(0.06mol、6.3mL) 溴苯及 25mL 无水乙醚，混合均匀。先滴入 10mL 混合物液至三颈瓶中，片刻后碘的颜色逐渐消失即起反应。若反应经过几分钟不发生，可用温水浴加热。反应开始，同时搅拌，继续缓慢滴入其余的溴苯乙醚溶液，以保持溶液微沸[17]。最后用温水浴加热回流 1h，使镁屑作用完全，冷却至室温。

(2) 三苯甲醇的制备：将 3.8mL(0。025mol) 苯甲酸乙酯与 5mL 无水乙醚的混合液加入滴液漏斗中，缓慢滴加于上述苯基溴化镁乙醚溶液中，水浴温热至沸腾，保温回流 1h。冷却至室温，从滴液漏斗中慢慢滴入 30mL 氯化铵饱和溶液，分离产物[18]。用倾滗法将上层液体转入分液漏斗中分去水层，上层乙醚层转入 250mL 三颈瓶中，在水浴上蒸馏，回收乙醚。然后改为水蒸气蒸馏装置，蒸至无油状物蒸出为止[19]，留在瓶中的三苯甲醇呈蜡状。冷却、抽滤、用少量冷水洗涤，粗产品用乙醇 – 水重结晶[20]。

三苯甲醇为白色片状晶体，熔点 164.2℃。

四、分析测试

（一）原料分析

1. 溴化钠含量测定[22]（采用沉淀滴定法）

称取0.3g样品（准确至0.0002g），溶于100mL水中，加10mL（$1mol \cdot L^{-1}$）乙酸溶液及3滴（$5g \cdot L^{-1}$）曙红钠盐指示液，用（$c_{AgNO_3} = 0.1mol \cdot L^{-1}$）硝酸银标准滴定溶液避光滴定至乳液呈红色。

$$\omega_{NaBr} = \frac{V \cdot c_{AgNO_3} \times 102.90}{m}$$

式中　c_{AgNO_3}——硝酸银标准滴定溶液的实际浓度，$mol \cdot L^{-1}$；

V——滴定消耗硝酸银标准滴定溶液的体积，L；

m——试样的质量，g；

102.90——NaBr的摩尔质量，$g \cdot mol^{-1}$。

2. 硫酸含量的测定心[23]（采用酸碱滴定法）

称取2g（约1.1mL）试样（准确至00001g），注入盛有50mL水的具塞轻体锥形瓶中，冷却，加2滴甲基红指示液（$1g \cdot L^{-1}$），用氢氧化钠标准滴定溶液（$c_{NaOH} = 1mol \cdot L^{-1}$）滴定至溶液呈黄色。

结果计算：

$$\omega_{NaSO_4} = \frac{V \cdot c_{NaOH} \times 49.04}{m}$$

式中　c_{NaOH}——氢氧化钠标准滴定溶液的实际浓度，$mol \cdot L^{-1}$；

V——滴定消耗氢氧化钠标准滴定溶液的体积，L；

m——试样的质量，g；

49.04——$\frac{1}{2}H_2SO_4$ 的摩尔质量，$g \cdot mol^{-1}$。

3. 乙醇含量的测定

测定乙醇含量的方法很多，可根据所测得的密度按表4－6进行换算。也可以用测定折光率的方法来确定乙醇的浓度，按表4－7结合PC－5模块，即可求得相应的乙醇浓度。

表4－6　20℃下乙醇和水混合液的质量分数与密度对照表

$\omega_{C_2H_5OH}/(mol \cdot L^{-1})$	d_4^{20}	$\omega_{C_2H_5OH}/(mol \cdot L^{-1})$	d_4^{20}	$\omega_{C_2H_5OH}/(mol \cdot L^{-1})$	d_4^{20}
0.84096	0.81	0.82323	0.88	0.80424	0.95
0.83348	0.82	0.82062	0.89	0.80138	0.96
0.83599	0.83	0.81797	0.90	0.79846	0.97
0.83348	0.84	0.81529	0.91	0.79547	0.98
0.83095	0.85	0.81257	0.92	0.79243	0.99
0.82840	0.86	0.80983	0.93	0.78934	0.100
0.82583	0.87	0.80795	0.94		

表4－7　30℃下折射率与质量分数对照

n_D^{30}	1.3580	1.3585	1.3590	1.3595	1.3600	1.3605	1.3610	1.3613
$\omega_{C_2H_5OH}$	1.00	0.9864	0.9774	0.9703	0.9645	0.9496	0.9334	0.8954

4. 苯含量的测定

采用气相色谱法。其实验原理、仪器、试剂、测定步骤、结果计算参见相关分析化学实验技术。

5. 高锰酸钾含量的测定[24]（采用氧化还原滴定法）

称取1g样品（准确至0.0001g），置于500mL容量瓶中，溶于200mL水，稀释至刻度，混匀。移取50.00mL，加15mL碘化钾溶液（$200g \cdot L^{-1}$）和15mL硫酸溶液 $\omega_{H_2SO_4}=0.20mol \cdot L^{-1}$，摇匀，用硫代硫酸标准滴定溶液（$c_{Na_2S_2O_3}=0.1mol \cdot L^{-1}$）滴定，近终点加2mL淀粉指示液（$10g \cdot L^{-1}$），继续滴定至蓝色消失。同时作空白试验。

计算结果：

$$\omega_{KMnO_4}=\frac{(V-V_1) \cdot c_{NaS_2O_3} \times 31.61}{\frac{50}{100}}$$

式中　$c_{Na_2S_2O_3}$——硫代硫酸标准滴定溶液的实际浓度，$mol \cdot L^{-1}$；

V——滴定消耗硫代硫酸标准滴定溶液的体积，L；

V_1——空白试验滴定消耗硫代硫酸标准滴定溶液的体积，L；

m——试样的质量，g；

31.61——$\frac{1}{5}KMnO_4$ 的摩尔质量，$g \cdot mol^{-1}$。

（二）中间体分析

1. 溴乙烷含量测定（采用色谱分析法）

仪器：102－G型气相色谱仪。

试验条件检测器：热导池检测器。

固定相配比：有机皂土－34（$\omega_B=0.02$）、邻苯二甲酸二甲酯（$\omega_B=0.20$）、101担体（$\omega_B=0.78$）。

载气：N_2；载气流量：$50mL \cdot min^{-1}$；桥电流：130mA；柱温：100℃；气化温度：90℃；纸速：$600mm \cdot h^{-1}$；进样量：$1\sim2\mu L \cdot 次^{-1}$。

结果计算：由于产物都是某一沸程的馏分，浓度变化不大，采用外标法中的单点校正法。

配制一个和被测组分含量接近的标准样，标准样含溴乙烷为 ω_S，取同样量的标准样和试样分别注入色谱仪，得到相应的峰面积 A_S 和 A_i，由待测组分和标准样的峰面积可求出待测物含量。采用该方法要求操作条件稳定，进样量重复性好，否则该方法对分析结果影响较大。

2. 乙苯含量测定

参见相关分析化学实验部分。

3. 苯甲酸含量测定[25]（采用酸碱滴定法）

称取0.25g样品，准确至0.0002g，置于锥形瓶中，加中性乙醇溶液25mL将其溶解，然后再加2滴酚酞指示液（$10g \cdot L^{-1}$），用氢氧化钠标准滴定溶液（$c_{NaOH}=0.1mol \cdot L^{-1}$）滴定至溶液呈粉红色。

中性乙醇溶液的配制：量取50mL乙醇（$\omega_B=0.95$），加入50mL水，混匀，加2滴酚酞指示液($10g \cdot L^{-1}$),用氢氧化钠标准滴定溶液($c_{NaOH} = 0.1mol \cdot L^{-1}$)滴定至溶液呈粉红色。

结果计算:

$$\omega_{C_6H_5COOH} = \frac{V \cdot c_{NaOH} \times 122.1}{m}$$

式中 c_{NaOH}——氢氧化钠标准滴定溶液的实际浓度,$mol \cdot L^{-1}$;

V——滴定消耗氢氧化钠标准滴定溶液的体积,L;

m——试样的质量,g;

122.1——C_6H_5COOH 的摩尔质量,$g \cdot mol^{-1}$。

(三)产品分析

测定三苯甲醇的沸点。测定方法见本教材“熔点的测定”。

注释

[1] 加水是为了减少溴化氢气体的逸出,降低酸度,减少副产物乙醚、乙醇等。

[2] 溴化钠要预先研细,并在搅拌下加入,以防结块而影响氢溴酸的产生。

[3] 馏出液由浑浊变澄清,表示溴乙烷已蒸完,反应结束。

[4] 加入浓硫酸可以除去乙醚、乙醇和水等杂质。此时有少量热产生,为了防止溴乙烷挥发,在冷却下进行操作。

[5] 反应前,反应装置、试剂和溶剂必须充分干燥,因为三氯化铝非常容易水解,将严重影响实验结果或使反应难以进行。

[6] 无水三氯化铝是小颗粒或粗粉状,露于湿空气中立刻冒烟,加少许水于其上即嘶嘶作响。实验时三氯化铝必须无水,称取和加入速度均应尽量快。

[7] 三氯化铝存在下苯与溴乙烷作用,反应速度很快,只要 0.5s 即可生成乙苯。因此,通常是将烷基化剂滴加到芳香族化合物、催化剂和溶剂的混合物中,并不断搅拌冷却使反应速度减慢。烃化反应是可逆的,若在极缓和的条件下起反应,可得到速度控制产物。

[8] 85~131℃的馏分是含少量乙苯的苯,如果将此馏分再分馏一次,可回收一部分乙苯。138℃以上的残液是二乙苯及多乙苯等的混合物。

[9] 加高锰酸钾时,须注意回流情况,如回流冷凝管中有积水,不能加高锰酸钾,否则会发生冲料现象。

[10] 滤液如呈紫色,可以加入少量亚硫酸氢钠,使紫色褪去,并重新进行抽滤。

[11] 苯甲酸在 100mL 水中的溶解度:4℃时为 0.18g;18℃时为 0.27g;75℃时为 2.2g。故重结晶加热操作时,溶液温度必须控制在 80℃左右。

[12] 下层为原来加入的水,中、上层为三元共沸物,上层占 84%(其中 $\omega_{C_5H_6} = 0.860$,$\omega_{C_2H_5OH} = 0.127$,$\omega_{H_2O} = 0.013$),中层占 16%(其中 $\omega_{C_6H_6} = 0.084$,$\omega_{C_2H_5OH} = 0.521$,$\omega_{H_2O} = 0.431$)。

[13] 加碳酸钠是除去硫酸及未作用的苯甲酸,操作时必须小心,分批加入,以避免产生大量泡沫而溢出,造成损失。

[14] 采用乙醚为萃取剂,是因为苯甲酸乙酯易溶于乙醚,而且乙醚的密度与水差异较大,乙醚的沸点较低,易于分层,有利于分离。另外,乙醇为低沸点液体,周围切忌明火。

[15] 将镁条用砂纸打磨发亮,除去表面氧化膜,然后剪成屑状。

[16] 如果仪器及试剂均干燥彻底,完全可以不加碘,同样很容易发生反应。反之,若仪器及试剂不干燥,加碘后仍不发生反应,而且温水加热后还是不反应,则必须弃之,重新干燥仪器再开始做实验。

[17] 溴苯溶液不宜滴入太快,否则反应剧烈,并会增加副产物联苯的生成。

[18] 若反应物中絮状氢氧化镁未完全溶解,可放置过夜,使之慢慢溶解,也可加入少量稀盐酸,促使其全部溶解。

[19] 使未反应的溴苯和副产物联苯一起除去,水蒸气蒸馏要蒸至瓶中固体成松散状(为淡黄色小颗

粒），瓶内水变清不再浑浊为好。若在水蒸气蒸馏过程中有大量固体胶结在一起，最好停止水蒸气蒸馏。可用玻璃棒搅碎再继续水蒸气蒸馏，则可大大减少水蒸气蒸馏时间。也可不做水蒸气蒸馏，蒸完乙醚后，在剩下的棕色油状物质中加入60～70mL沸点为30～60℃的石油醚，即可使三苯甲醇析出。

[20]　一般采用65%～75%的乙醇混合溶剂重结晶为好，可稍多加一点活性炭，以得到良好的白色晶体。

[21]　本分析测试所用标准滴定溶液的配制和标定，全部采用国家标准GB 601—88。部分物质的含量测定，其实验原理、测定步骤等参阅相关分析化学实验技术。

[22]　参阅国家标准GB 1265—77溴化钠含量测定。

[23]　参阅国家标准GB 625—89硫酸含量测定。

[24]　参阅国家标准GB 643—88高锰酸钾含量测定。

[25]　参阅国家标准GB 1901—94苯甲酸含量测定。

五、思考题

1. 溴乙烷粗品用浓硫酸洗涤可除去哪些杂质？为什么能除去？
2. 制备溴乙烷时是根据哪种药品的用量计算理论产量的？转化率如何？
3. 蒸馏溴乙烷前为什么必须将浓硫酸层分干净？
4. 在制备乙苯时苯的用量大大超过理论量的原因是什么？
5. 乙基化反应所用仪器为何要充分干燥？否则会造成什么结果？
6. 乙基化反应完成后为什么要进行水解？
7. 对乙苯粗品分离时，为什么采用分馏法把苯分离出来？
8. 氧化反应中影响苯甲酸产量的主要因素是哪些？
9. 氧化反应完毕后，如果滤液是紫色，为什么要加亚硫酸氢钠？
10. 萃取苯甲酸乙酯为什么用乙醚做萃取剂？使用时应注意什么问题？
11. 苯基溴化镁的制备过程中应注意什么问题？试述碘在该反应中的作用。
12. 在三苯甲醇的制备过程中为什么要用饱和的氯化铵溶液分解？

实验4－10　4－苯基－2－丁酮的制备

本实验以乙醇、乙酸为原料，通过乙酸乙酯、乙酰乙酸乙酯的制备，进而合成4－苯基－2－丁酮及其与亚硫酸氢钠加成物（止咳酮），并对原料、中间产品及产品的有关指标进行分析测试。

一、实验目的

（1）掌握酯化、克莱森（Claisen）酯缩合、乙酰乙酸乙酯合成法的原理；

（2）熟练掌握加热、搅拌、蒸馏、减压蒸馏、回流、洗涤、重结晶、干燥等操作技术；

（3）熟练掌握酸碱滴定等化学分析方法，熟悉气相色谱分析法；

（4）掌握熔点、沸点、折射率等物质理化性质的测量方法；

（5）树立综合利用的思想，了解副产物的提取和过量原料回收的原理和方法。

二、实验原理

1. 酯化反应

$$CH_3\overset{\overset{O}{\|}}{C}OH + CH_3CH_2OH \underset{\triangle}{\overset{H^+}{\rightleftharpoons}} CH_3\overset{\overset{O}{\|}}{C}OCH_2CH_3 + H_2O$$

2. 克莱森（Claisen）酯缩合反应

$$2CH_3COOC_2H_5 \xrightarrow{NaOC_2H_5} [CH_3COCHCOOC_2H_5]^-Na^+$$

$$\xrightarrow{|CH_3COOH} CH_3COCH_2COOC_2H_5 + CH_3COONa$$

$$CH_3-\overset{\overset{O}{\|}}{C}-CH_2-\overset{\overset{O}{\|}}{C}- \xrightarrow[C_2H_5OH]{NaOC_2H_5} [CH_3COCHCOOC_2H_5]^-Na^+$$

$$\xrightarrow{|PhCH_2Cl} \underset{\underset{CH_2Ph}{|}}{CH_3COCHCOOC_2H_5}$$

3. 水解脱羧反应

$$\underset{\underset{CH_2Ph}{|}}{CH_3COCHCOOC_2H_5} \xrightarrow[H_2O]{NaOH} \underset{\underset{CH_2Ph}{|}}{CH_3COCHCOONa} \xrightarrow[-C_2O]{HCl} CH_3COCH_2CH_2Ph$$

4. 加成反应

$$CH_3COCH_2CH_2Ph \xrightarrow[H_2O]{Na_2S_2O_5} CH_3-\overset{\overset{OH}{|}}{\underset{\underset{SO_3Na}{|}}{C}}-CH_2CH_2Ph$$

三、实验过程

（一）乙酸乙酯的制备

将实验中所用主要化合物的物理化学性质填入表4－8。

表4－8　实验中主要化合物的某些物理化学性质

名　称	相对分子质量	密　度	熔　点	沸　点	折光率
冰乙酸					
乙　醇					
浓硫酸					
乙酸乙酯					

1. 仪器和试剂

仪器：普通蒸馏装置、回流装置、滴液漏斗、分液漏斗、锥形瓶。试剂：冰乙酸、乙醇（95%）、浓硫酸、饱和碳酸钠溶液、饱和氯化钠、饱和氯化钙、无水硫酸镁。

2. 实验步骤

（1）粗品制备：在干燥的250mL三颈瓶中，加入17mL 95%的乙醇，在振摇与冷却下分批加入8mL浓硫酸，混匀后加入几粒沸石，参考图3－12和图3－1安装反应装置。滴液漏斗颈末端接一段弯曲拉尖的玻璃管，其末端及水银球都需浸入液面下，距瓶底约0.5～1cm。在滴液漏斗中加入48mL冰乙酸和48mL 95%的乙醇并混合均匀。用电热套或水浴加热，当温度升至120℃时，开始滴加冰乙酸和乙醇的混合物，并调节好滴加速度[1]，使滴加和馏出乙酸乙酯的速度大致相等，同时维持反应温度在115～120℃[2]，滴加约需1h。滴加完毕，在115～120℃继续加热15min。最后可将温度升至130℃，若不再有液体流出，即可停止加热。

（2）精制粗品：在馏出液中缓慢加入约20mL饱和碳酸钠溶液[3]，边搅拌边冷却，直至无二氧化碳逸出，并用pH试纸检验酯层呈中性。然后将混合物转入分液漏斗中，充分振摇（注意放气），静止分层后，分去下层水层。酯层用30mL饱和氯化钠洗涤[4]，注意将水层分净[5]。最后再用30mL饱和氯化钙洗涤两次，以洗去剩余的乙醇。将酯层由漏斗上口倒入干燥的锥形瓶中，用无水硫酸镁干燥，充分振摇至溶液澄清透明，再放置约30min。

安装蒸馏装置(仪器必须干燥)，将干燥后的粗酯通过漏斗(口上铺一薄层棉花)滤入蒸馏瓶中，加入几粒沸石，加热蒸馏，收集74～78℃馏分[6]。

乙酸乙酯为无色透明且有香味的液体，沸点为77.06℃，密度为0.903g·mL^{-1}，折光率为(n^{20})1.3723。

（二）乙酰乙酸乙酯的制备

1. 仪器和试剂

仪器：回流装置、蒸馏装置、减压蒸馏装置、干燥管、分液漏斗。试剂：乙酸乙酯、金属钠、50%乙酸溶液、饱和氯化钠、无水氯化钙、无水硫酸镁。

将实验中所用主要化合物的物理化学性质填入表4－9。

表4－9　实验中主要化合物的某些物理化学性质

名　称	相对分子(原子)质量	密　度	熔　点	沸　点	折光率
金属钠					
乙酰乙酸乙酯					

2. 实验步骤

(1) 粗品制备：在干燥的250mL圆底烧瓶中，加入55mL乙酸乙酯[7]和5g金属钠[8]，装上回流冷凝管及冷凝管上口氯化钙干燥管(见图3－4)。反应立即开始，并有气泡逸出，待剧烈反应过后，用水浴加热回流至金属钠全部作用完(约2h)。反应结束时整个体系为红棕色透明溶液(有时可能带有少量黄白色沉淀)[9]。

(2) 精制粗品：冷却，拆去冷凝管，边振荡边向烧瓶中加入50%乙酸溶液，使溶液呈弱酸性[10](记录所用酸的体积)。将反应液移入分流漏斗中，加入等体积的饱和氯化钠溶液，用力振荡数次后静置，分出酯层，用无水硫酸镁干燥。

将干燥过的酯滤入蒸馏烧瓶中，并以少量乙酸乙酯洗涤干燥剂。热水浴上蒸去未作用的乙酸乙酯，当馏出液的温度升至95℃时停止。

将瓶内剩余液体转入30mL克氏烧瓶中，进行减压蒸馏[11]，收集乙酰乙酸乙酯。

(3) 回收乙酸乙酯：合并经干燥的粗产品和乙酸乙酯洗涤液，热水浴蒸馏回收76～78℃的乙酸乙酯馏分，回收利用。

乙酰乙酸乙酯为无色或微黄色透明液体，沸点为180.4℃，密度为1.0182g·mL^{-1}，折射率(n^{20})1.4191。

（三）4－苯基－2－丁酮及其与亚硫酸氢钠加成物的制备

将实验中所用主要化合物的物理化学性质填入表4－10。

表4－10　实验中主要化合物的某些物理化学性质

名　称	相对分子质量	密　度	熔　点	沸　点	折射率
氯化苄					
4－苯基－2－丁酮					
焦亚硫酸钠					

1. 仪器和试剂

仪器：带有搅拌器的回流装置、滴液漏斗、蒸馏装置、减压蒸馏装置、分液漏斗。试剂：金属钠、无水乙醇、乙酰乙酸乙酯、氯化苄、乙醇(95%)、氢氧化钠、浓盐酸、焦亚硫酸钠、无水硫酸镁。

2. 实验步骤

(1) 4－苯基－2－丁酮的制备。在250mL三颈瓶上安装带有回流冷凝管、搅拌器、滴液漏斗的回流装置。反应瓶中加入40mL无水乙醇和3g切成小片的金属钠(加入速度以维持溶液微沸为宜)，搅拌至金属钠完全溶解。滴加20mL乙酰乙酸乙酯，加完后继续搅拌10min，然后在30min内滴加10.6mL氯化苄[12]，继续搅拌10min后加热回流1.5h，反应物呈米黄色乳浊稠状液，停止加热。稍冷，慢慢加入用8g氢氧化钠和63mL水配制成的溶液，约15min加完，此时反应液呈橙黄色，强碱性。加热回流2.5h，有油层析出，水层pH值为8～9。停止加热，冷却至40℃以下，缓慢加入约19mL浓盐酸至溶液变黄(pH值为1～2)，大概20min加完，再加热回流1.5h，完成脱羧反应。

此后改为蒸馏装置，水浴蒸出78℃以前的低沸点物(含丙酮、乙醇等)，馏出液体积约为25mL，回收利用。

冷却后将剩余的反应液转入分液漏斗，分出油层(主要为红棕色的产品和二苄基取代物等副产物的混合物)，约18g，含纯品60%[13]。取出65%(体积分数)的粗品，不经提纯供下面实验用，其余的用无水硫酸镁干燥后减压蒸馏，收集111℃(1596Pa，12mmHg)馏分。

4－苯基－2－丁酮为无色液体，折射率(n^{20})为1.1511，沸点为233～234℃，密度为0.9849g·mL^{-1}。

(2) 亚硫酸氢钠加成物的制备。在100mL锥形瓶中加入11.7g上述粗品、42mL 95%的乙醇，在水浴上加热至60℃，得到溶液(甲)。在另一100mL锥形瓶中，加入8.17g焦亚硫酸钠和36mL水，搅拌下加热至80%左右，得透明溶液(乙)。在搅拌下慢慢将(甲)倒入(乙)中，加热回流15min，得透明溶液[14]。冷却，待结晶完全后抽滤，以少量95%的乙醇洗涤两次，得片状白色结晶，即为4－苯基－2－丁酮与亚硫酸氢钠加成物[15]。必要时可用70%的乙醇重结晶。

四、分析测试

(一) 原料分析

1. 冰乙酸含量测定

采用酸碱滴定法。见相关分析实验技术。

2. 乙醇含量测定

通过测量液体样品的密度或折射率求得其质量分数。

3. 氯化苄含量测定

采用沉淀滴定法。以乙醇为溶剂，用硝酸银标准溶液滴定。实验步骤参见实验4－9。氯化苄样品的质量分数：

$$\omega_{C_4H_5CH_2Cl} = \frac{V \cdot c_{AgNO_3} \times 126.57}{m}$$

式中　V——滴定消耗硝酸银标准滴定溶液的体积，L；

c_{AgNO_3}——硝酸银标准滴定溶液的实际浓度，mol·L^{-1}；

m——试样的质量，g；

126.57——$C_5H_6CH_2Cl$ 的摩尔质量，$g \cdot mol^{-1}$。

（二）中间体分析

1. 乙酸乙酯含量测定

采用气相色谱法。参见相关分析实验技术。

2. 乙酰乙酸乙酯沸点测定

采用常量法，测定方法见本教材“普通蒸馏”。

（三）产品分析

1. 4-苯基-2-丁酮含量测定

采用羰基测定法。分析原理见相关分析实验技术。

4-苯基-2-丁酮的质量分数：

$$\omega_B = \frac{V \cdot c_{\frac{1}{2}H_2SO_4} \times 148.13}{m}$$

式中　V——滴定消耗硫酸标准滴定溶液的体积，L；

$c_{\frac{1}{2}H_2SO_4}$——硫酸标准滴定溶液的实际浓度，$mol \cdot L^{-1}$；

m——试样的质量，g；

148.13——4-苯基-2-丁酮的摩尔质量，$g \cdot mol^{-1}$。

2. 4-苯基-2-丁酮加成物的熔点测定

采用毛细管法。测定方法见本教材“熔点的测定”。

注释

[1]　控制好混合液的滴加速度是做好本实验的关键。若滴加速度太快，反应温度迅速下降，同时会使乙醇和乙酸来不及反应就被蒸出，降低酯的产量。

[2]　温度太高，副产物乙醚的量会增加。

[3]　粗乙酸乙酯中含有少量乙醇、乙酸、乙醚和水等杂质。

[4]　用饱和食盐水洗涤酯，可降低酯在水溶液中的溶解度，减少酯的损失。

[5]　用饱和食盐水洗涤酯，可洗去夹杂在酯中的少量碳酸钠，故必须将此种含碳酸钠的水层分净，否则下面再用饱和氯化钙洗涤酯时，会产生絮状的碳酸钙沉淀，给分离造成困难。

[6]　纯乙酸乙酯的沸点是77℃，它能和水或乙醇分别形成二元最低共沸物，也能和水、乙醇形成三元最低共沸物。其组成和相应沸点如下：

组成(ω_B)	沸点/℃
乙酸乙酯(0.933)-水(0.067)	70.4
乙酸乙酯(0.691)-水(0.309)	71.8
乙酸乙酯(0.833)-水(0.167)	70.3

如果产物是70~72℃馏出物，就应重新干燥和蒸馏。

[7]　乙酸乙酯应干燥，但需含有0.01~0.02质量分数的乙醇，其提纯方法如下：

将普通乙酸乙酯用饱和氯化钙溶液洗涤数次，再用熔焙过的无水碳酸钾干燥，在水浴上蒸馏，收集76~78℃馏分。

[8]　为提高产品的产率，常采用钠珠来替代切成小片的金属钠。钠珠的制法：将5g清除表皮的金属钠放入一装有回流冷凝管的100mL圆底烧瓶中，立即加入72mL预先用金属钠干燥过的二甲苯，将混合物加热直到金属钠完全熔融。停止加热，拆下烧瓶，立即用塞子塞紧后包在毛巾内用力振荡，使钠分散为尽可能小而均匀的小珠，随着二甲苯逐渐冷却，钠珠迅速固化。待二甲苯冷至室温后，将二甲苯倾去并立即

加入精制过的乙酸乙酯，反应立即开始。用此法既能提高产品的收率，又能缩短反应时间。

亦可用压钠机直接压成钠丝后立即使用。

[9] 这种黄色固体是饱和析出的乙酰乙酸乙酯钠盐。

[10] 用乙酸中和时，宜在振摇下先迅速加入按钠的计算量约0.80质量分数的乙酸，然后在振摇下小心加入乙酸至刚呈弱酸性。若开始时慢慢加入乙酸，会使乙酰乙酸乙酯钠盐成大块析出，不易中和。但加入乙酸过量，蒸馏时使酯分解，同时增加酯在水中的溶解度，降低产率。

[11] 乙酰乙酸乙酯在常压下容易分解，其分解产物为"去水乙酸"，这样会影响产率，故采用减压蒸馏的方法。乙酰乙酸乙酯沸点与压力的关系见表4－11。

表4－11 乙酰乙酸乙酯的沸点与压力

p/kPa	101	10.4	7.98	5.32	3.99	2.66
t/℃	180.4	100	97	92	88	82

[12] 氯化苄需是重新蒸过的。

[13] 此粗产品可直接供后面加成之用，杂质可通过对加成物的重结晶而除去。

[14] 若溶液中有少量不溶物，暂可不过滤。

[15] 该产物的俗名为止咳酮，用于止咳药物的制剂与保存。

五、思考题

1. 酯化反应有什么特点？在实验中如何创造条件促使酯化反应尽量向生成物方向进行？
2. 粗乙酸乙酯中有哪些杂质？在精制中依次用哪些溶液洗涤？各起什么作用？
3. 如何提高克莱森(Claisen)酯缩合反应的转化率？
4. 合成4－苯基－2－丁酮时用回收的乙醇钠的乙醇溶液有何不好？
5. 用乙酰乙酸乙酯合成法还可以合成哪些化合物？试举例说明。